L'ERREUR DE DESCARTES

DU MÊME AUTEUR
aux éditions Odile Jacob

Le Sentiment même de soi – corps, émotions, conscience, 2000.

ANTONIO R. DAMASIO

L'ERREUR DE DESCARTES

LA RAISON DES ÉMOTIONS

Traduit de l'anglais (États-Unis)
par Marcel Blanc

POCHES
ODILE JACOB

Ouvrage proposé par Jean-Pierre Changeux

L'édition originale en langue anglaise de cet ouvrage
est parue chez A. Grosset/Putnam Books sous le titre :
Descartes' Error
Emotion, Reason, and the Human Brain

15, RUE SOUFFLOT, 75005 PARIS

www.odilejacob.fr

ISSN : 1621-0654
ISBN : 2-7381-0920-9

Introduction

Je ne peux pas dire avec certitude ce qui a déclenché à l'origine mon intérêt pour les mécanismes neuraux qui sous-tendent la faculté de raisonnement. Mais je sais parfaitement à partir de quel moment j'ai acquis la conviction que les conceptions traditionnelles sur la nature de cette dernière étaient certainement erronées. On m'avait appris dès le plus jeune âge qu'on ne pouvait prendre de sages décisions que dans le calme ; autrement dit, on m'avait enseigné que les émotions et la raison ne pouvaient pas plus se conjuguer que l'eau et l'huile. Depuis, je m'étais donc totalement imprégné de l'idée que les mécanismes de la raison devaient relever d'un secteur distinct du fonctionnement mental, dans lequel les émotions ne devaient normalement pas pénétrer, et lorsque j'essayais de me représenter les fonctions cérébrales sous-tendant ce dernier, je considérais toujours que la raison et les émotions relevaient de circuits neuraux indépendants. Cette façon de concevoir les rapports entre la faculté de raisonnement et les réactions émotionnelles, en termes mentaux aussi bien que neuraux, était largement répandue.

Mais j'ai été un jour confronté à un être humain intelligent, le plus froid, le moins émotif que l'on puisse imaginer ; or sa faculté de raisonnement était si perturbée que, dans des circonstances variées de la vie quotidienne, elle le conduisait à toutes sortes d'erreurs, le faisant agir perpétuellement à l'opposé de ce que l'on aurait considéré comme socialement approprié et comme avantageux pour lui. Sa santé mentale avait été parfaitement satisfaisante, jusqu'au jour où une maladie neurologique avait détruit un secteur particulier de son cerveau et lui avait légué, subitement, ce profond handicap dans l'aptitude à prendre des décisions. Les facteurs que l'on considère généralement comme nécessaires et suffisants à la mise en œuvre de la raison étaient chez lui intacts. Il disposait des connaissances et des capacités d'attention et de mémoire requises ; il pouvait effectuer des calculs ; il pouvait saisir la logique d'un problème abstrait. Un seul symptôme paraissait accompagner son incapacité à se comporter de façon rationnelle : il était, de façon marquée, incapable d'exprimer et de ressentir la moindre émotion. L'impossibilité de raisonner juste et celle de réagir émotionnellement se signalaient avec évidence comme la conséquence d'une lésion cérébrale particulière. À partir de cette constatation, j'ai pensé que l'expression et la perception des émotions faisaient sans doute partie intégrante des mécanismes de la faculté de raisonnement. Deux décennies de travaux expérimentaux et d'observations cliniques sur un grand nombre de patients atteints de troubles neurologiques m'ont permis de retrouver de nombreuses fois cette corrélation, et de transformer une simple présomption en hypothèse pouvant être mise à l'épreuve [1].

J'ai entrepris d'écrire ce livre afin d'expliquer que la faculté de raisonnement n'est pas aussi pure que la plupart d'entre nous le croit ou le voudrait ; les émotions ne sont pas du tout des éléments perturbateurs pénétrant de façon inopportune dans la tour d'ivoire de la raison : autrement dit, il est probable que la capacité d'exprimer et ressentir des émotions fasse partie des rouages de la raison pour le pire *et* pour le meilleur. La faculté de raisonner s'est probablement développée au cours de l'évolution (et se met en place chez un individu donné) sous l'égide de ces mécanismes de régulation biologique qui se traduisent notamment par la capacité d'exprimer et ressentir des émotions. En outre, même après que la faculté de raisonnement a atteint le stade de sa maturité, à l'issue des années de développement, sa mise en œuvre efficace dépend probablement, dans une large mesure, de la capacité de réagir sur le plan émotionnel.

Il ne s'agit pas de nier que les émotions puissent perturber les processus du raisonnement dans certaines circonstances. Depuis des temps immémoriaux, on sait bien qu'elles le peuvent, et de récentes recherches ont bien montré comment les émotions pouvaient influencer de façon désastreuse le raisonnement. Il est donc d'autant plus surprenant – et c'est là une découverte – que l'*incapacité* d'exprimer et ressentir des émotions soit susceptible d'avoir des conséquences tout aussi graves, dans la mesure où elle peut handicaper la mise en œuvre de cette raison qui nous caractérise tout particulièrement en tant qu'êtres humains et nous permet de prendre des décisions en accord avec nos projets personnels, les conventions sociales et les principes moraux.

Il ne s'agit pas non plus de dire que, lorsque les émotions interviennent de façon positive, elles décident pour nous ; ni de dire que nous ne sommes pas des êtres rationnels. Je suggère seulement que, par certains côtés, la capacité d'exprimer et ressentir des émotions est indispensable à la mise en œuvre des comportements rationnels. Et lorsqu'elle intervient, elle a pour rôle de nous indiquer la bonne direction, de nous placer au bon endroit dans l'espace où se joue la prise de décision, en un endroit où nous pouvons mettre en œuvre correctement les principes de la logique. Dans un certain nombre de circonstances de la vie, nous devons agir dans des domaines où règne l'incertitude : c'est le cas, par exemple, lorsqu'on nous demande de formuler un jugement moral, ou lorsque nous devons nous prononcer sur l'avenir d'une relation personnelle, ou envisager les moyens de nous éviter la misère dans nos vieux jours, ou former des projets pour les années qui viennent. Dans ces circonstances, la capacité d'exprimer et ressentir les émotions, de concert avec les mécanismes physiologiques cachés qui la sous-tendent, nous aide à accomplir cette tâche redoutable consistant à prévoir un avenir incertain et à programmer nos actions en conséquence.

En partant du célèbre cas du XIXe siècle, Phineas Gage, dont le comportement a pour la première fois mis en évidence le rapport existant entre une certaine perturbation de la faculté de raisonnement et une lésion cérébrale spécifique, j'examine les recherches récentes menées sur les malades analogues de notre époque, et je passe en revue les découvertes pertinentes faites récemment en neuropsychologie humaine et animale. En outre, j'avance l'idée que la faculté de raisonnement dépend de plusieurs systèmes de neurones œuvrant de concert à de nombreux niveaux de l'organisation cérébrale, et non pas d'un seul centre cérébral. Du cortex préfrontal à l'hypothalamus et au tronc cérébral, de nombreux centres cérébraux, de « haut niveau » aussi bien que de « bas niveau », concourent au fonctionnement de la faculté de raisonnement.

Les niveaux inférieurs de l'organisation neurale sous-tendant cette dernière sont les mêmes que ceux qui contrôlent les processus émotionnels et les fonctions corporelles nécessaires à la survie de l'organisme. De leur côté, ces niveaux inférieurs sont également en contact direct avec pratiquement tous les organes du corps, inscrivant ainsi ce dernier directement au sein de la série des processus qui sous-tendent l'exercice de la raison et du jugement, même à leurs plus hauts degrés, et, par extension, la mise en œuvre des comportements sociaux et de la créativité. Les mécanismes permettant d'exprimer et de ressentir des émotions et les régulations biologiques jouent tous un rôle dans la faculté de raisonnement. Les rouages les plus primaires de l'organisme sont donc impliqués dans la mise en œuvre de la faculté de raisonnement à son plus haut niveau.

Même si Charles Darwin a anticipé cette constatation en affirmant que la structure corporelle de l'homme portait l'empreinte indélébile d'une origine inférieure [2], il peut paraître curieux de retrouver la trace du passé évolutif de notre espèce au niveau de nos fonctions mentales les plus manifestement humaines. Cependant, ce n'est pas parce que les niveaux inférieurs de l'organisation cérébrale influent sur les décisions rationnelles du plus haut niveau que celles-ci s'en trouvent, de ce fait, dévalorisées. S'il est vrai qu'agir en accord avec un principe moral demande la participation des étages cérébraux les plus bas, ce dernier n'en est pas pour autant discrédité. L'édifice de l'éthique ne s'écroule pas, la morale n'est pas menacée et, chez l'individu normal, la volonté reste la volonté. Ce qui peut changer, c'est notre façon d'envisager le rôle qu'a eu la biologie dans la genèse de certains principes éthiques au sein d'un contexte social (c'est-à-dire dans des conditions où de nombreux individus, dotés de dispositions biologiques similaires, interagissent dans des circonstances déterminées).

La perception des émotions constitue un deuxième thème d'importance centrale dans ce livre, et j'y suis venu non pas de façon arbitraire, mais par nécessité, dès l'instant où je me suis efforcé de comprendre les mécanismes neuraux et cognitifs sous-tendant la faculté de raisonnement et les processus de prise de décision. Une deuxième idée de ce livre est donc que la perception des émotions ne porte sans doute pas sur des entités psychologiques fugitives, mais qu'elle correspond à la perception directe d'un paysage particulier : celui du corps.

J'ai soigneusement observé des patients qui, à la suite de lésions cérébrales, ne percevaient plus du tout d'émotions, et cela m'a conduit à penser que cette capacité ne porte probablement pas sur des entités aussi impalpables qu'on l'avait cru jusqu'ici. Il est possible d'arriver à les cerner sur le plan du fonctionnement mental, et peut-être même de trouver les mécanismes neuraux qui les sous-tendent. Me séparant des conceptions neurobiologiques courantes, j'avance l'idée que les circuits neuronaux qui sont à la base de la perception des émotions ne sont pas seulement localisés dans ce que l'on appelle le système limbique, comme on le dit traditionnellement. Je pense qu'il en figure également dans certaines parties du cortex préfrontal, et aussi, et c'est plus important, dans les régions du cerveau où se projettent et où sont intégrés les signaux en provenance du corps.

Je me représente la perception des émotions à la manière de l'observation, depuis une fenêtre, d'un paysage continuellement changeant, dans lequel figurent des objets en mouvement, plus ou moins lumineux et plus ou moins bruyants. Ce paysage est, en fait, le corps : il présente une structure, constituée par la distribution dans l'espace de ces objets (ce sont les organes internes : cœur, poumons, intestins, muscles) ; et il est caractérisé par un « état » : c'est la luminosité et les bruits que ces objets émettent, signaux qui traduisent leur état fonctionnel à chaque moment. En gros, la perception d'une émotion donnée correspond à l'information sensorielle provenant d'une certaine partie du paysage corporel à l'instant *t*. Elle a un contenu spécifique (c'est l'état du corps) ; et repose sur la mise en œuvre des systèmes de neurones particuliers (il s'agit du système nerveux périphérique et des régions cérébrales qui intègrent les signaux relatifs à la structure et à la régulation de l'organisme). Étant donné que la perception de ce paysage corporel peut se juxtaposer dans le temps à celle d'autre chose ne faisant pas partie du corps (ou au souvenir de cette autre chose) – un visage, une mélodie ou un arôme – les perceptions d'émotions peuvent devenir des sortes de « qualificatifs » pour ces autres choses. Mais la perception d'une émotion ne se réduit pas à cela. Comme je l'expliquerai, un état corporel donné faisant fonction de « qualificatif », positif ou négatif, s'accompagne d'un mode de pensée correspondant : vif et créatif lorsque l'état corporel se situe dans les tonalités positives et plaisantes ; lent et répétitif, lorsque l'état corporel passe au déplaisant.

Dans cette perspective, la capacité de percevoir des émotions représente un mécanisme permettant de détecter la bonne ou la mauvaise adéquation entre les adaptations de l'organisme et les circonstances extérieures. Et en ce qui concerne ces adaptations, j'envisage aussi bien celles dont l'être humain est génétiquement doté à la naissance, que celles qu'il a acquises durant son développement individuel, par le biais des interactions avec son environnement physique et social, qu'elles aient été volontaires ou non. Exprimer et ressentir des émotions n'est pas un luxe. Cela nous permet de nous orienter par rapport à nos dispositions internes, et nous aide à communiquer aux autres des indices qui peuvent aussi les aiguiller dans leur interaction avec nous. Et les perceptions d'émotions ne sont ni fugitives ni insaisissables. Contrairement à l'opinion traditionnelle, je pense qu'elles ont une valeur cognitive, tout autant que les autres percepts. Elles découlent, d'ailleurs, d'un agencement physiologique des plus curieux, puisque celui-ci a mis le cerveau dans l'obligation d'« écouter » le corps.

Les perceptions d'émotions nous donnent un aperçu instantané sur l'organisme en pleine activité biologique ; elles captent le reflet de la vie elle-même, en train de s'accomplir. S'il n'était pas possible de percevoir les états du corps programmés pour être douloureux ou agréables, il n'y aurait ni souffrance ni félicité, ni désir ni satisfaction ni tragédie, ni bonheur, dans la vie humaine.

Au premier abord, la conception de la psychologie humaine qui est présentée ici peut sembler troublante ou ne pas correspondre à l'intuition. Les phénomènes complexes de l'esprit humain ne risquent-ils pas de paraître dévalués, et même vidés de leur substance, par les explications avancées ci-dessus ? Cela serait en fait le cas si nous les confondions avec les mécanismes qui les sous-tendent. Mais tel n'est pas mon propos.

Démontrer que la perception d'une émotion donnée dépend de l'activité de circuits cérébraux interagissant avec un certain nombre d'organes du corps ne diminue en rien la valeur de cette perception en tant que phénomène humain. Ni l'angoisse, ni l'extase qui peuvent accompagner l'amour ou l'art ne se trouvent dévalorisés par le fait que nous avons compris quelques-uns des milliers de processus biologiques qui font de ces émotions ce qu'elles sont. C'est précisément le contraire qui est vrai : nous ne pouvons qu'être émerveillés devant la complexité des mécanismes qui rendent possibles ces sortilèges. La perception des émotions est à la base de ce que les êtres humains appellent, depuis des millénaires l'âme ou l'esprit.

Ce livre aborde un troisième thème, relié aux deux premiers, que j'énoncerais de la manière suivante : le corps, par le biais de sa représentation cérébrale, constitue sans doute l'indispensable cadre de référence de ces processus neuraux dont nous éprouvons la mise en œuvre comme celle de notre esprit. Notre organisme même, et non pas quelque réalité externe, est pris comme base pour la représentation que nous nous formons en permanence du monde et de notre « moi », dans le contexte de notre « vécu » ; nos pensées les plus élevées et nos actes les meilleurs, nos plus grandes joies et nos plus profondes peines, ont notre corps pour aune.

Cela peut sembler surprenant, mais le psychisme n'existe que par et pour un organisme intégré ; notre fonctionnement mental ne serait pas ce qu'il est s'il n'y avait pas eu cette interaction du corps et du cerveau pendant l'évolution, si elle ne s'était pas poursuivie durant le développement individuel et ne continuait pas à chaque instant de notre vie. Le psychisme a dû en premier lieu se rapporter au corps, faute de quoi il n'aurait pu être. À partir de la référence fondamentale fournie en permanence par le corps, l'esprit peut ensuite se rapporter à beaucoup d'autres choses, réelles et imaginaires.

Cette troisième thèse s'appuie sur les notions suivantes : 1. Le cerveau humain et le reste du corps constituent une entité globale (autrement dit, l'organisme), dont le fonctionnement intégré est assuré par des circuits de régulation neuraux et biochimiques mutuellement interactifs (impliquant aussi les systèmes endocrine, immunitaire et nerveux autonome) ; 2. L'organisme interagit avec l'environnement en tant que tout : l'interaction n'est pas le seul fait du corps, ni le seul fait du cerveau ; 3. Les processus physiologiques que nous appelons mentaux émanent de ce tout, fonctionnel et structural, et non pas seulement du cerveau : les phénomènes mentaux ne peuvent être pleinement compris que dans le contexte de l'interaction de la totalité de l'organisme avec l'environnement. Il faut donc considérer que l'environnement est, en partie, le produit de l'activité elle-même de l'organisme, et cela ne fait que souligner la complexité des interactions que nous devons prendre en compte.

Ordinairement, on ne se réfère pas à l'organisme lorsqu'on parle du cerveau et de l'esprit. Il paraît si évident que le mental découle de l'activité des neurones, qu'on ne discute que de ceux-ci, comme si leur mise en œuvre pouvait être indépendante de celle du reste de l'organisme. Mais lorsque j'ai entrepris des recherches sur les troubles de la mémoire, du langage et de la faculté de raisonnement chez de nombreux êtres humains souffrant de lésions cérébrales, l'idée s'est imposée à moi que l'activité mentale, de ses aspects les plus simples aux plus sublimes, nécessite la participation à la fois du cerveau et du corps proprement dit. Je crois que, par rapport au cerveau, le corps proprement dit est davantage qu'une structure le soutenant et modulant son fonctionnement : il fournit un contenu fondamental aux représentations mentales.

Il existe des faits étayant cette hypothèse et des indices incitant à considérer celle-ci comme plausible, ainsi que des raisons de la trouver particulièrement satisfaisante. L'idée, proposée ici, de la préséance du corps pourrait en effet jeter une certaine lumière sur l'une des questions les plus irritantes que se posent les hommes depuis qu'ils s'interrogent au sujet de leur esprit : comment se fait-il que nous soyons conscients du monde autour de nous, que nous savons ce que nous savons et que nous savons que nous savons ?

Dans l'optique de l'hypothèse proposée ci-dessus, l'amour, l'angoisse et la haine, la bonté et la cruauté, l'activité mentale conduisant à la solution d'un problème scientifique ou à la création d'un nouvel objet technique ou artistique, tout cela résulte de processus neuraux prenant place au sein du cerveau, pourvu que ce dernier ait été jusqu'ici et continue à être, au moment présent, en interaction avec le corps. L'esprit respire par le biais du corps, et la souffrance, qu'elle ait sa source au niveau de la peau ou d'une image mentale, prend effet dans la chair.

J'écris ce livre comme si je tenais une conversation avec un ami imaginaire, intelligent, curieux et cultivé, ne sachant pas grand-chose des neurosciences, mais ayant une grande expérience de la vie. Nous avons fait un marché : la conversation doit bénéficier à tous deux. Mon ami apprendra un certain nombre de notions concernant le cerveau et ces mystérieux phénomènes mentaux, et de mon côté j'apprendrai à envisager les choses de façon nouvelle, tandis que je m'efforcerai d'expliquer mes conceptions au sujet du corps, du cerveau et du psychisme. Nous avons convenu qu'il ne faudra pas transformer la conversation en une ennuyeuse leçon ; ne pas donner place à de violents désaccords ; et ne pas essayer d'aborder trop de sujets. Je parlerai des faits établis, des faits sur lesquels le consensus ne règne pas, et j'évoquerai des hypothèses, même lorsque je ne pourrai produire que de simples présomptions pour les soutenir. Je ferai état des recherches en cours, de plusieurs projets de recherche juste lancés, et de travaux qui ne commenceront que bien après la fin de notre dialogue. Il a été aussi admis que, comme pour toute conversation, il y aura des à-côtés et des digressions, de même que des passages qui ne seront pas clairs du premier coup et qui pourront bénéficier d'une deuxième évocation. C'est pourquoi vous me verrez, dans ce livre, revenir de loin en loin à certains sujets, abordés selon différents angles.

D'emblée, j'ai fait part à mon ami de mes conceptions sur les limites de la science : je suis tout à fait sceptique devant les prétentions de la science à l'objectivité et à la vérité. Il m'est certes pénible de voir que les résultats scientifiques, surtout en neurobiologie, ne sont rien d'autre que des approximations provisoires, que l'on peut trouver bonnes pendant un moment, mais seulement jusqu'à ce qu'elles soient écartées pour laisser place à de meilleures interprétations. Cependant, ce n'est pas parce qu'il faut être sceptique sur la portée des explications fournies par la science que l'on ne doit pas s'enthousiasmer pour les efforts déployés afin d'améliorer les approximations en cours.

Il se pourrait que l'esprit humain soit d'une telle complexité qu'on ne puisse jamais complètement en rendre compte, étant donné nos limitations intrinsèques. Peut-être même s'agit-il d'une entité qui ne relève pas de l'ordre de l'explicable, mais de celui du mystère, car il faut s'efforcer de distinguer les questions pouvant légitimement être abordées par la science de celles qui nous seront à jamais inaccessibles [3]. Mais quelle que soit ma sympathie pour ceux qui ne pensent pas que l'on puisse éclaircir le mystère (ils ont été baptisés les « mystéristes [4] »), et pour ceux qui pensent qu'on le peut, mais seraient désappointés si l'explication finalement trouvée se fondait sur quelque chose de déjà connu, je crois vraiment, même si j'ai des moments de doute, que nous arriverons à comprendre le fonctionnement mental.

Maintenant, vous aurez peut-être conclu que la conversation avec mon ami ne va porter ni sur Descartes ni sur la philosophie, bien qu'elle doive évidemment tourner autour du cerveau, de l'esprit et du corps. Mon ami a suggéré cependant qu'elle soit placée sous le signe de Descartes, puisqu'il est impossible d'aborder ces sujets sans évoquer le grand personnage qui a avancé la conception la plus fréquemment retenue de nos jours des rapports entre le cerveau et l'esprit. Je me suis alors rendu compte que, de curieuse façon, ce livre devrait porter sur l'Erreur de Descartes. Vous voudriez bien savoir ce qu'est cette erreur, mais pour le moment, je suis tenu au secret. Je promets, cependant, de vous la révéler.

Notre conversation commence donc pour de bon par l'étrange cas de Phineas Gage, sa vie et ses malheurs.

Première partie

CHAPITRE PREMIER

Désagrément dans le Vermont

PHINEAS P. GAGE

C'est l'été 1848. Nous sommes en Nouvelle-Angleterre. Phineas P. Gage, vingt-cinq ans, chef d'équipe dans les travaux de construction des voies ferrées, est sur le point de passer de la richesse à la pauvreté. Un siècle et demi plus tard, on tirera encore toutes sortes d'enseignements de sa chute.

Gage travaille pour la compagnie Rutland & Burlington Railroad et a la responsabilité d'une équipe nombreuse d'ouvriers, dont la tâche est de construire les voies ferrées nécessitées par l'expansion du chemin de fer dans le Vermont. Durant les deux dernières semaines, les hommes ont progressé lentement en direction de la ville de Cavendish ; ils ont maintenant atteint la berge d'une rivière, la Black River. Le travail n'est pas facile. Le terrain est très irrégulier avec des couches rocheuses extrêmement dures. Plutôt que de contourner chaque escarpement, il a été décidé de faire sauter les rocs de loin en loin, afin d'obtenir un tracé plus rectiligne et plus horizontal. Gage supervise avec compétence l'ensemble des opérations. Mesurant un mètre soixante-sept, il est bâti comme un athlète et ses mouvements sont vifs et précis. Il ressemble à un jeune Jimmy Cagney *, à un vrai

---

* L'acteur américain James Cagney (1899-1986) a été l'un des artistes de cinéma les plus populaires aux États-Unis dans les années 1930-1940. Il a tourné notamment dans le film *Yankee Doodle Dandy* (« Un dandy nord-américain »), rôle pour lequel il a obtenu un Oscar en 1942. *(N. d. T.)*

dandy nord-américain faisant voltiger ses chaussures à claquettes par-dessus les rails et les traverses, avec des mouvements pleins de force et d'élégance.

Aux yeux de ses employeurs, il est cependant davantage qu'un homme doté de bonnes qualités physiques. Ils disent de lui qu'il est « le plus compétent et efficace » de tous ceux qui sont à leur service [1]. Et c'est heureux, parce que la tâche demande à la fois performances physiques et capacité de concentration, notamment quand il s'agit de faire sauter les mines. Celles-ci requièrent d'être préparées en plusieurs étapes obéissant à un ordre précis. Il faut d'abord creuser un trou dans le rocher. Après l'avoir rempli à moitié de poudre, on y insère une mèche, et on le bourre avec du sable. Ce dernier doit être tassé au moyen d'une tige de fer actionnée en une série de coups bien calculés. Pour finir, on allume la mèche et, si tout va bien, l'explosion se produit au sein de la roche. Le bourrage de sable est essentiel, car s'il est mal fait, les gaz issus de la combustion de la poudre s'épancheront hors de la roche sans la briser. La forme de la barre de fer et la façon dont on la manipule sont aussi essentielles. Gage s'est fait faire une barre selon ses indications, et c'est un spécialiste du bourrage des mines.

Il est quatre heures et demie, par une après-midi très chaude. Gage vient juste de verser la poudre dans le trou et de demander à l'ouvrier qui l'aide de la recouvrir avec le sable. Quelqu'un l'appelle derrière lui, et Gage regarde au loin, par-dessus son épaule droite, juste un instant. Distrait, il commence à bourrer la poudre avec sa barre de fer, alors que son aide n'a pas encore versé le sable. Presque instantanément, cela met le feu à la charge explosive, et la mine lui saute à la figure [2].

La détonation est si brutale que tous les membres de l'équipe en restent figés. Il leur faut quelques secondes avant de comprendre ce qui s'est passé. Le bruit de l'explosion n'a pas été habituel, et la roche est restée intacte. Il y a eu aussi un autre bruit inhabituel, une sorte de sifflement, comme celui d'une fusée se ruant vers le ciel. Mais il s'est agi de bien autre chose que d'un feu d'artifice. Il y a eu coups et blessures. La barre de fer a pénétré dans la joue gauche de Gage, lui a percé la base du crâne, traversé l'avant du cerveau, pour ressortir à toute vitesse par le dessus de la tête. Elle est retombée à une trentaine de mètres de là, recouverte de sang et de tissu cérébral. Phineas Gage a été projeté au sol. Il gît, tout étourdi dans la lumière éblouissante de l'après-midi, silencieux mais conscient. Comme tous les spectateurs, impuissants.

« Horrible accident », tel sera le titre prévisible des journaux de Boston, le *Daily Courier* et le *Daily Journal*, du 20 septembre, une semaine plus tard. « Miraculeux accident », titrera de façon étrange le *Vermont Mercury* du 22 septembre. « La tête transpercée par une barre de fer » sera le titre, plus précis, du journal médical *Boston Medical and Surgical Journal*. À la façon crue dont les auteurs de ces articles racontent l'histoire, on pourrait croire qu'ils sont des familiers des récits bizarres et horribles d'Edgar Allan Poe. Cela se pourrait, mais n'est guère vraisemblable, puisque les contes fantastiques de cet écrivain n'ont pas encore atteint la célébrité, et que ce dernier mourra l'année suivante, inconnu et pauvre. Peut-être que l'horrible est simplement dans l'air du temps.

L'article du journal médical de Boston signale que les témoins ont été fort surpris que Gage n'ait pas été tué sur le coup, et rapporte que « le patient a été projeté sur le dos par l'explosion » ; que peu de temps après, « les extrémités de ses membres ont été agitées par quelques mouvements convulsifs », et « qu'il a parlé quelques minutes plus tard » ; que « ses hommes (dont il était très apprécié) l'ont pris dans leurs bras pour le transporter jusqu'à la route, à quelques centaines de mètres de là, et l'ont assis dans un char à bœufs, et qu'il a ainsi voyagé en position assise sur plus d'un kilomètre jusqu'à l'hôtel de Mr. Joseph Adams » ; et que Gage « est sorti de la charrette, presque sans l'aide de ses hommes ».

Permettez-moi de vous présenter Mr. Adams. C'est le juge de paix de Cavendish, et il est aussi le propriétaire de l'hôtel et de la taverne de la ville. Il est plus grand que Gage, deux fois plus gros que lui, et plein de sollicitude, comme le suggère sa silhouette de Falstaff. Il s'approche de Gage et fait demander immédiatement le docteur John Harlow, l'un des médecins de la ville. Tandis qu'ils l'attendent, j'imagine qu'il dit : « Voyons, voyons, Mr. Gage, qu'y a-t-il donc ? » et pourquoi pas : « Mon Dieu, mon Dieu, nous avons eu des ennuis. » Il secoue la tête, perplexe, et conduit Gage dans un coin à l'ombre dans le hall de l'hôtel, lieu que certains ont décrit ultérieurement comme une terrasse, ce qui a suggéré qu'il s'agissait d'un endroit grand, spacieux et à l'air libre. Mais, s'il est sans doute grand et spacieux, il n'est pas à l'extérieur. Ce n'est que le hall de l'hôtel. Et là, peut-être que Mr. Adams est en train de donner à boire de la limonade à Phineas Gage, ou peut-être du cidre frais.

Une heure s'est écoulée depuis l'explosion. Le soleil est en train de baisser et la température devient plus acceptable. Un collègue plus jeune du docteur Harlow arrive. C'est le docteur Edward Williams. Des années plus tard, Williams décrira la scène : « Il était assis sur une chaise dans le hall de l'hôtel de Mr. Adams, à Cavendish. Tandis que j'arrivais, il m'a dit : "Docteur, il y a du travail pour vous." J'ai aperçu sa blessure à la tête, avant même d'être descendu de voiture ; les pulsations du cerveau y étaient très visibles. Jusqu'à ce que je l'examine, je ne m'expliquais pas son aspect : le dessus de la tête paraissait un peu comme un entonnoir inversé ; j'ai découvert que c'était dû au fait que l'os était fracturé autour de l'ouverture sur une distance d'environ cinq centimètres, dans toutes les directions. J'aurais dû tout de suite mentionner que l'orifice ouvert dans le crâne et les téguments avait un diamètre d'environ trois centimètres et demi ; ses bords étaient retournés et, globalement, l'aspect de la blessure donnait l'impression qu'un corps en forme de coin était passé de bas en haut. Pendant que je l'examinais, Mr. Gage expliquait la façon dont il avait été blessé aux personnes présentes ; il parlait si rationnellement et paraissait si désireux de répondre aux questions, que je me suis adressé à lui plutôt qu'aux hommes qui étaient présents au moment de l'accident et se tenaient maintenant là autour de nous. Mr. Gage m'a alors raconté certaines des circonstances de l'affaire, comme il l'a fait aussi par la suite ; et je peux assurer que, ni à cette occasion, ni plus tard, sauf une fois, je n'ai pu le considérer autrement que comme quelqu'un de parfaitement rationnel. La seule fois à laquelle je fais allusion s'est produite une quinzaine de jours après l'accident : il n'a, à ce moment-là, cessé de m'appeler John Kirwin, alors qu'il répondait correctement à toutes mes questions [3]. »

Le fait qu'il ait survécu est encore plus étonnant quand on considère la forme et le poids de la barre de fer. Henry Bigelow, professeur de chirurgie à Harvard, la décrit comme suit : « La barre qui a donc traversé le crâne pèse six kilos. Elle mesure un mètre dix, avec un diamètre de trois centimètres. L'extrémité qui a pénétré la première est effilée sur dix-huit centimètres de long, le diamètre de la pointe terminale étant de six millimètres. Le patient doit sans doute la vie à l'ensemble de ces circonstances. Le fer est d'une qualité à nulle autre pareille et a été fait tout spécialement par un forgeron des environs pour répondre à la demande expresse du propriétaire [4]. » On voit que Gage mettait beaucoup de sérieux dans son travail et les outils qu'il utilisait.

Survivre à une aussi grande blessure à la tête, ainsi qu'être capable de parler, de marcher et de rester lucide immédiatement après l'accident – tout cela est surprenant. Mais il va être aussi surprenant de voir Gage survivre à l'infection qui va inévitablement toucher sa blessure. Le docteur Harlow est bien conscient de la nécessité de désinfecter. Il n'a pas d'antibiotiques à sa disposition, mais recourant à tous les antiseptiques disponibles, il va nettoyer la plaie vigoureusement et régulièrement, et placer le patient en position à demi couchée, de façon à rendre le drainage naturel et facile. Gage va développer de fortes fièvres et sera atteint d'au moins un abcès, rapidement opéré par Harlow avec son scalpel. Finalement, la jeunesse et la constitution robuste de Gage vont avoir le dessus, avec l'aide, sans doute, comme le dira Harlow, de l'intervention divine : « Je l'ai pansé ; Dieu l'a guéri. »

Phineas Gage sera rétabli en moins de deux mois. Cependant, le côté étonnant de ce dénouement va être dépassé de loin par l'extraordinaire changement de personnalité que cet homme va connaître. Son caractère, ses goûts et ses antipathies, ses rêves et ses ambitions, tout cela va changer. Le corps de Gage sera bien vivant, mais c'est une nouvelle âme qui l'habitera.

GAGE N'ÉTAIT PLUS GAGE

Il est possible aujourd'hui de savoir exactement ce qui s'est passé, grâce au rapport rédigé par le docteur Harlow vingt ans après l'accident [5]. C'est un texte digne de confiance, qui abonde en descriptions factuelles, et ne recourt que rarement aux interprétations. Il est tout à fait crédible sur le plan humain et neurologique, et permet de se faire une idée non seulement de Gage, mais aussi de son médecin. John Harlow avait été enseignant avant de faire des études à la faculté de médecine Jefferson de Philadelphie, et n'exerçait comme médecin que depuis quelques années, lorsqu'il a eu à s'occuper de Gage. Le cas de ce dernier est devenu alors l'affaire de sa vie, et je soupçonne qu'il a poussé Harlow à vouloir devenir un savant, ce qu'il n'avait sans doute pas envisagé lorsqu'il s'était établi comme médecin dans le Vermont. Le traitement réussi de Gage et la présentation de ses résultats à ses collègues de Boston ont constitué les moments les plus brillants de sa carrière, et il a dû être très ennuyé par le fait qu'une ombre est venue, tout de même, assombrir le tableau de la guérison de Gage.

Le récit de Harlow décrit comment Gage a retrouvé sa vigueur et combien sa guérison physique a été totale. Ses principaux sens – le toucher, l'audition, la vision – étaient fonctionnels et il n'était paralysé d'aucun membre, ni de la langue. Il avait perdu la vue de son œil gauche, mais voyait parfaitement bien avec le droit. Sa démarche était assurée ; il se servait de ses mains avec adresse, et n'avait pas de difficulté notable d'élocution ou de langage. Et cependant, comme le raconte Harlow, « l'équilibre, pour ainsi dire, entre ses facultés intellectuelles et ses pulsions animales » avait été aboli. Ces changements étaient devenus apparents dès la fin de la phase aiguë de la blessure à la tête. Il était à présent « d'humeur changeante ; irrévérencieux ; proférant parfois les plus grossiers jurons (ce qu'il ne faisait jamais auparavant) ; ne manifestant que peu de respect pour ses amis ; supportant difficilement les contraintes ou les conseils, lorsqu'ils venaient entraver ses désirs ; s'obstinant parfois de façon persistante ; cependant, capricieux, et inconstant ; formant quantité de projets, aussitôt abandonnés dès qu'arrêtés [...]. Se comportant comme un enfant, il avait néanmoins les pulsions animales d'un homme vigoureux ». Il employait un langage tellement grossier qu'on avertissait les dames de ne pas rester longtemps en sa présence, si elles ne voulaient pas être choquées. Les remontrances les plus sévères de Harlow lui-même n'ont pas réussi à ramener notre rescapé à des comportements plus raisonnables.

Ces nouveaux traits de personnalité contrastaient de façon marquée avec la modération et la force considérable de caractère dont on savait qu'il avait fait preuve avant l'accident. Il avait été « très équilibré et considéré par ceux qui le connaissaient comme très fin et habile en affaires, capable d'énergie et de persévérance dans l'exécution de tous ses plans d'action ». Il ne fait pas de doute qu'il avait, avant l'accident, particulièrement bien réussi dans le cadre de son métier. La transformation qui l'a affecté a été si radicale que ses amis et connaissances ont eu du mal à le reconnaître. Ils ont tristement fait la remarque que « Gage n'était plus Gage ». C'était un homme si différent que ses employeurs n'ont pu le garder lorsqu'il est retourné à son travail, car « ils ont estimé qu'un tel changement s'était opéré dans son psychisme qu'ils ne pouvaient pas lui redonner sa place ». Le problème n'était pas qu'il n'avait plus la capacité physique ou l'habileté requises : la difficulté venait de sa nouvelle personnalité.

La chute de statut social a ensuite continué. Ne pouvant plus travailler comme chef d'équipe, Gage s'est engagé dans les élevages de chevaux, n'occupant d'emploi que brièvement, soit parce qu'il décidait de le quitter, de façon capricieuse, soit parce qu'il était renvoyé. Comme le note Harlow, il ne semblait réussir qu'à « toujours trouver des emplois qui ne lui convenaient pas ». Puis il a commencé une carrière comme attraction de cirque. Il a fait partie du spectacle présenté par le cirque Barnum à New York, où il montrait orgueilleusement ses blessures ainsi que la barre de fer. (Harlow fait la remarque que cette dernière semblait l'accompagner partout, et souligne l'attachement très vif que manifestait Gage pour les objets et les animaux, ce qui était nouveau et sortait quelque peu de l'ordinaire. J'ai aussi observé ce trait, que l'on pourrait appeler le « comportement du collectionneur », chez des patients ayant reçu des blessures analogues à celle de Gage, et aussi chez des individus autistes.)

Le cirque, à cette époque, faisait, beaucoup plus qu'aujourd'hui, appel à la cruauté de la nature. Parmi les attractions, il y avait des patients atteints de maladies endocrinologiques, tels que des nains ; la femme la plus grosse du monde ; le plus grand des hommes ; le type avec la plus grosse mâchoire, etc. D'autres étaient des patients atteints de maladies neurologiques, tels que des jeunes gens possédant une peau d'éléphant (ils souffraient de neurofibromatose). Gage faisait partie de cette dernière catégorie. On peut l'imaginer au sein d'une telle troupe fellinienne, exhibant son malheur pour de l'argent.

Quatre ans après l'accident, un nouveau coup de théâtre a eu lieu. Gage est parti pour l'Amérique du Sud. Il y a peut-être travaillé dans les élevages de chevaux, et a même été conducteur de diligence à Santiago et Valparaiso. On ne sait pas grand-chose d'autre de sa vie d'expatrié, si ce n'est qu'en 1859 sa santé a commencé à s'altérer.

En 1860, Gage est revenu aux États-Unis pour vivre avec sa mère et sa sœur, lesquelles avaient, depuis, déménagé à San Francisco. Il a d'abord trouvé un emploi dans une ferme à Santa Clara, mais n'y est pas resté longtemps. De temps en temps il a trouvé du travail comme ouvrier non qualifié dans la région de la baie de San Francisco. Il est clair qu'il n'arrivait plus à assurer son indépendance économique et qu'il ne pouvait plus tenir le type d'emploi régulier et rémunérateur qu'il avait occupé jadis. La fin de la chute était proche.

Dans mon esprit, le San Francisco des années 1860 était une ville trépidante d'activité, où l'on pouvait rencontrer quantité d'audacieux entrepreneurs se lançant dans l'exploitation des mines, de l'agriculture et des transports maritimes. C'est ce monde-là qu'avaient rejoint la mère et la sœur de Phineas Gage (cette dernière s'était mariée à un riche marchand de San Francisco, Monsieur D. D. Shattuck), et on peut penser que Phineas Gage, vieillissant, aurait pu aussi s'y rallier. Mais si nous pouvions remonter le temps, ce n'est pas dans ce San Francisco-là que nous pourrions le trouver. Nous le rencontrerions probablement dans cette ville, aussi étonné que tout le monde lorsque la faille se met à jouer et la terre à trembler dangereusement *, mais il serait en train de boire et de faire du tapage dans des quartiers douteux, et non pas en train de converser avec les capitaines du commerce. Il avait, en fait, rejoint la foule des personnes désespérées qui, comme le dira Nathanael West ** quelques décennies plus tard, et quelques centaines de kilomètres plus au Sud, « étaient venues en Californie pour mourir [6] ».

Le peu de documents que nous ayons suggère que Gage s'est mis à subir des crises d'épilepsie. Il est mort le 21 mai 1861, à la suite d'une maladie qui n'a duré guère plus d'un jour. Il a été atteint d'une grande crise convulsive, qui lui a fait perdre conscience. Une série de crises a suivi, les accès

---

* Allusion à la faille géologique qui parcourt toute la Californie, et dont les mouvements déclenchent périodiquement des tremblements de terre dans cette région, et notamment à San Francisco. *(N. d. T.)*

** Nathanael West (1903-1940) est un écrivain américain, qui a notamment écrit un roman noir, *The Day of the Locust*, 1939, ayant pour cadre Los Angeles, située à cinq cents kilomètres au sud de San Francisco. *(N. d. T.)*

se succédant sans répit. Il n'a jamais repris conscience. Je pense qu'il a été victime de ce que l'on appelle le *status epilepticus*, un état dans lequel les crises deviennent pratiquement continues et débouchent sur la mort. Il avait trente-huit ans. Il n'y a pas eu de notice nécrologique dans les journaux de San Francisco.

POURQUOI PHINEAS GAGE ?

Pourquoi rapporter cette triste histoire ? Quel enseignement est-il éventuellement possible de tirer d'un conte aussi bizarre ? La réponse est simple. Tandis que d'autres cas de lésions neurologiques qui se sont présentés à peu près à la même époque ont révélé que le cerveau était le siège du langage, de la perception et de la motricité, et ont fourni, de manière générale, des enseignements assez clairs, celui de Gage a laissé entrevoir un fait étonnant : d'une façon ou d'une autre, il semblait y avoir dans le cerveau humain des systèmes neuraux se rapportant davantage au raisonnement qu'à n'importe quelle autre fonction, et mettant en jeu, en particulier, les dimensions sociales et personnelles du raisonnement. Il semblait donc qu'à la suite d'une lésion cérébrale, on pouvait perdre le respect des conventions sociales et des règles morales antérieurement apprises, alors même que ni les fonctions intellectuelles fondamentales, ni le langage ne semblaient compromis. Sans le vouloir, le cas de Gage indiquait que quelque chose dans le cerveau se rapportait de façon spécifique à des caractéristiques propres à l'homme, parmi lesquelles : la capacité d'anticiper l'avenir et de former des plans d'action en fonction d'un environnement social complexe ; le sentiment de responsabilité vis-à-vis de soi-même et des autres ; et la possibilité d'organiser sa survie, en fonction de sa libre volonté.

Le plus frappant dans cette triste histoire a été le contraste entre la personnalité normale de Gage avant l'accident et les traits inconvenants de celle-ci après la catastrophe. Il avait jadis su tout ce qu'il était nécessaire de savoir pour faire les choix pouvant conduire à une amélioration de sa condition. Il avait eu le sens des responsabilités, à la fois sur les plans personnel et social : il avait ainsi obtenu de l'avancement dans son travail, s'était soucié de la qualité de ce dernier, et s'était attiré l'admiration de ses collègues et de ses employeurs. Il avait été bien adapté socialement et semblait avoir respecté les règles de la morale dans ses relations avec les autres. Après l'accident, il n'a plus pris en compte les conventions sociales, a ignoré la « morale » au sens large du terme et pris des décisions qui ne servaient pas au mieux ses intérêts. Il s'est mis aussi à inventer des histoires « dénuées de tout fondement, si ce n'est dans son imagination », selon les termes de Harlow. Il n'a plus semblé se préoccuper de son avenir et n'a plus montré aucun signe de prévoyance.

On ne peut pas dire que les altérations de la personnalité de Gage étaient légères. Il était devenu incapable de prendre de bonnes décisions, et celles qu'il prenait n'étaient pas simplement neutres. Elles n'avaient pas cet aspect de modération, caractéristique des personnes aux capacités mentales diminuées et qui ont peur d'agir. Au contraire, elles étaient ouvertement désavantageuses. On peut se demander si son système de valeurs était devenu différent ; ou bien s'il était resté le même, mais ne pouvait absolument plus influencer ses décisions. Nous ne disposons d'aucun élément pour choisir entre ces deux solutions. Cependant, mes recherches chez les patients atteints de lésions cérébrales similaires à celles de Phineas Gage m'incitent à penser qu'aucune de ces deux explications ne rend compte de ce qui se passe réellement dans ces circonstances. Une certaine partie du système de valeurs persiste et peut être utilisée en termes abstraits, mais elle n'est pas mise en jeu dans les circonstances de la vie réelle. Autrement dit, il semble bien que, lorsque Phineas Gage avait besoin d'agir dans le contexte de la vie quotidienne, son processus mental de prise de décision n'était que peu influencé par les valeurs qu'il avait appris à reconnaître autrefois.

Un autre aspect important du cas de Gage était la discordance entre sa personnalité altérée et l'intégrité d'un certain nombre de ses facultés mentales – l'attention, la perception, la mémoire, le langage, l'intelligence. Généralement, lorsqu'on observe une telle discordance, appelée *dissociation*, en neuropsychologie, certaines aptitudes se singularisent par rapport aux autres. Dans le cas de Gage, c'était la personnalité altérée qui se trouvait dissociée des autres caractéristiques mentales restées intactes, telles que les facultés cognitives. Chez d'autres patients, observés à la même époque, et dont les lésions touchaient d'autres régions du cerveau, le langage était la fonction perturbée, tandis que la personnalité et les facultés cognitives étaient intactes ; chez eux, le langage était la caractéristique mentale « dissociée ». L'étude ultérieure de patients analogues à Gage a confirmé que, dans ce type d'atteinte, la dissociation de la personnalité, observée chez ce dernier, est un trait caractéristique.

Il avait dû être difficile d'admettre, pour l'entourage de Gage, que le changement de personnalité n'allait pas se résorber de lui-même, et, en premier lieu, même le docteur Harlow n'avait pas voulu considérer qu'il serait permanent. C'était bien compréhensible, puisque l'aspect le plus spectaculaire de la triste mésaventure de Gage avait été le fait qu'il avait survécu, et cela sans même présenter de déficit évident, tel qu'une paralysie, un trouble du langage ou une perte de mémoire. D'une certaine façon, relever les déficiences inattendues de Gage dans le domaine social aurait ressemblé à de l'ingratitude, aussi bien pour la providence que pour la médecine. En 1868, cependant, le docteur Harlow s'est rendu à l'évidence : la personnalité de son patient avait considérablement changé.

À l'époque, les neurologues avaient bien noté que Gage avait survécu à son accident, mais ils avaient considéré cette information avec prudence, comme il est de mise pour les phénomènes sortant de l'ordinaire, et ils ne s'étaient généralement pas interrogés sur la signification de ses changements ultérieurs de comportement. Et il y avait de bonnes raisons à cela. Même si les neurosciences ne représentaient pas encore une discipline très étoffée à l'époque, il était déjà en train de s'y former deux camps. L'un d'eux soutenait que les fonctions psychologiques, comme le langage ou la mémoire, ne pouvaient absolument pas être rapportées à telle ou telle région particulière du cerveau. Selon ce point de vue, l'on pouvait, à la rigueur, accepter que le cerveau était bien à la base du phénomène mental ; mais celui-ci était le produit du fonctionnement cérébral dans sa totalité, et nullement celui d'une série de régions cérébrales aux fonctions spécialisées. L'autre camp soutenait, au contraire, que le cerveau présentait bien des régions spécialisées, et que ces dernières étaient à l'origine de fonctions mentales distinctes. Ce n'était pas simplement parce que les recherches sur le cerveau étaient encore balbutiantes que s'étaient formées ces deux conceptions opposées : la dispute s'est poursuivie durant le siècle qui a suivi, et persiste encore de nos jours.

Au XIXe siècle, lorsque le cas de Phineas Gage faisait l'objet de débats scientifiques, ceux-ci tournaient toujours autour de la question du « siège » du langage ou des fonctions motrices, au sein du cerveau. Ils ne portaient jamais sur le point de savoir s'il existait un rapport entre un comportement social défectueux et une lésion des lobes frontaux. Cela me rappelle un aphorisme de Warren McCulloch * : « Lorsque je montre du doigt un objectif, regardez où je pointe et non pas mon doigt **. » (McCulloch, neurophysiologiste haut en couleur et pionnier de la discipline qui deviendra plus tard les « neurosciences computationnelles », était aussi poète et prophète. Il recourait généralement à cet aphorisme dans le cadre de ses propos prophétiques.) Peu de neurologues ont regardé dans la direction involontairement indiquée par Gage. Il

* Warren McCulloch (1898-1969), médecin et neurophysiologiste américain, a été l'un des pionniers de la cybernétique, avec N. Wiener, von Neuman, etc. *(N. d. T.)*

** Selon d'autres auteurs, une idée similaire est exprimée par un ancien proverbe chinois : « Lorsque le doigt montre la lune, l'imbécile ne voit que le doigt. » *(N. d. T.)*

est bien sûr difficile d'imaginer que certains, à l'époque de Gage, aient pu avoir, à la fois, les connaissances *et* le courage de regarder dans la bonne direction. On pouvait comprendre que certaines régions du cerveau n'avaient pas été touchées par la barre de fer : c'était le cas de celles qui contrôlaient les battements du cœur et les mouvements de la ventilation pulmonaire, sinon ces organes auraient cessé de fonctionner ; ou bien de celles contrôlant la vigilance (ces régions devaient se trouver loin des sites cérébraux qui avaient été traversés par le projectile et avaient donc été épargnées). On pouvait même comprendre que la blessure n'avait pas plongé Gage dans le coma pendant une longue période. (On sait, de nos jours, d'après les études récentes sur les blessures à la tête, que celles-ci ont des conséquences très différentes, suivant la nature du coup : si celui-ci a revêtu la forme d'un choc violent sur la tête, et même s'il n'a entraîné ni fracture des os du crâne, ni lésion par pénétration, comme dans le cas d'une arme, il peut en résulter une perte de conscience profonde pendant une longue durée ; c'est que, dans ce cas, les forces libérées par le choc ont désorganisé profondément la fonction cérébrale. Mais lorsque la blessure est due à la pénétration d'un objet dans le cerveau, les forces mécaniques résultantes peuvent rester concentrées sur une trajectoire de faible diamètre, de sorte que les tissus cérébraux ne sont pas repoussés violemment contre la boîte crânienne, et qu'une dysfonction cérébrale ne se manifestera que là où le tissu a été réellement détruit, le reste des fonctions cérébrales étant préservé.) Mais pour comprendre le changement de comportement de Gage, il aurait fallu faire l'hypothèse qu'une région particulière du cerveau était nécessaire à la réalisation des conduites sociales normales, et cette notion était bien plus impensable que dans le cas du siège de la motricité, des perceptions sensorielles ou même du langage.

En fait, l'exemple de Gage a précisément été invoqué par ceux qui ne pensaient pas que l'on pouvait mettre en rapport des fonctions mentales avec des régions cérébrales particulières. À partir d'une analyse superficielle des observations médicales, ils ont affirmé que la blessure de Gage n'avait entraîné ni paralysie ni trouble du langage. Selon eux, il était donc évident qu'on ne pouvait pas rapporter la motricité ou le langage à ces régions relativement petites du cerveau que les neurologues, à l'époque, pensaient avoir identifiées comme centres de ces fonctions. Les partisans de cette interprétation « anti-localisatrice » estimaient – mais complètement à tort, nous allons le voir – que la blessure de Gage avait directement détruit ces régions [7].

Le neurophysiologiste britannique David Ferrier a été l'un des rares qui aient pris la peine d'analyser les observations avec soin, y appliquant compétence et réflexion [8]. Il avait étudié d'autres cas de lésions cérébrales ayant entraîné des changements de comportement, et il avait fait des expériences chez l'animal, consistant à stimuler électriquement le cortex cérébral ou à en enlever chirurgicalement des parties. De ce fait, il était particulièrement bien placé pour porter un jugement sur les observations faites par Harlow. Dans ses conclusions, il a estimé que la blessure n'avait pas touché les « centres » de la motricité et du langage, mais qu'elle avait effectivement lésé cette région du cerveau qu'il avait lui-même appelée le cortex préfrontal. Et il a, en outre, déclaré que l'on pouvait rapporter cette lésion au changement très particulier qui s'était opéré dans la personnalité de Gage – changement que Ferrier a appelé de façon pittoresque « dégradation mentale » et qu'il a implicitement comparé au changement de comportement qu'il avait observé chez les animaux porteurs de lésions frontales. Il se pourrait que l'interprétation de Harlow et de Ferrier n'ait, à l'époque, obtenu de soutien que d'un secteur bien particulier de la neurologie : celui des adeptes de la phrénologie.

Un intermède sur la phrénologie

La phrénologie, qui a d'abord été appelée « organologie », a été fondée par Franz Joseph Gall à la fin du XVIIIe siècle. En Europe, elle a connu un grand succès, teinté de scandale, dans les cercles intellectuels de Vienne, Weimar et Paris. En Amérique, elle a été introduite par le disciple et ancien ami de Gall, Johann Caspar Spurzheim. Elle consistait en un curieux mélange de notions primitives de psychologie et de neurophysiologie, associées à des conceptions philosophiques pratiques. Elle a exercé une grande influence sur les sciences et les lettres, tout au long du XIXe siècle, bien que cela n'ait pas toujours été reconnu et que les auteurs ayant été influencés par elle aient pris soin de s'en tenir à l'écart.

Certaines des idées de Gall étaient tout à fait étonnantes pour l'époque. Sans aucune ambiguïté, il a déclaré que le cerveau était l'organe de l'esprit, et qu'il consistait en une collection de nombreux centres fonctionnels (qu'il appelait également « organes »), chacun desservant une faculté psychologique particulière. Ainsi, il a non seulement pris ses distances avec la conception dualiste classiquement admise jusque-là, selon laquelle le corps et l'esprit étaient complètement indépendants l'un de l'autre, mais il a aussi développé l'idée (qui s'est révélée correcte) qu'il existait de nombreuses régions dans le cerveau, et qu'elles présentaient des spécialisations fonctionnelles [9]. C'était une fabuleuse intuition, puisque la spécialisation des régions cérébrales est aujourd'hui un fait bien établi. Cependant, il n'a pas compris – et ce n'est pas surprenant pour son époque – que la fonction de chacune des régions distinctes du cerveau n'était pas indépendante, et qu'elle représentait plutôt une contribution à la fonction de systèmes neuraux plus vastes, formés justement de ces nombreuses régions. Mais on ne peut pas critiquer Gall à ce sujet. Il a fallu presque deux siècles pour arriver à la conception « moderne. » Nous pouvons à présent dire avec certitude qu'il n'y a pas de « centres » uniques de la vision ou du langage, ni, d'ailleurs, de la raison ou du comportement social. Il existe des « systèmes » composés de plusieurs unités cérébrales reliées. Sur le plan anatomique, mais non sur le plan fonctionnel, ces unités cérébrales ne sont rien d'autre que les anciens « centres » des théories inspirées par la phrénologie ; et ces systèmes desservent, de fait, des fonctions relativement distinctes, qui sont à la base de la vie mentale. Il est également vrai que les diverses unités cérébrales, selon la place qu'elles occupent dans un système donné, fournissent différentes contributions au fonctionnement de ce dernier, et ne sont donc pas interchangeables. Et ce point mérite d'être souligné : la contribution d'une unité cérébrale donnée au fonctionnement du système auquel elle appartient ne dépend pas seulement de sa structure, mais aussi de sa *place* au sein du système.

Puisque la position d'une unité au sein du cerveau est d'une importance capitale, je serai amené à parler beaucoup, tout au long de ce livre, de neuro-anatomie (autrement dit, d'anatomie cérébrale) ; je définirai différentes régions du cerveau, et je vous demanderai même de souffrir la mention répétée de leur nom et de celui d'autres régions auxquelles elles sont reliées. À de nombreuses reprises, je ferai allusion à la fonction supposée de telle ou telle région cérébrale. Mais il devra être bien clair qu'il ne s'agit que de la fonction qu'elle dessert au sein du système auquel elle appartient. Je ne tomberai pas dans le piège de la phrénologie. Dit de la façon la plus simple possible, la vie mentale est le produit du fonctionnement de chacune des unités cérébrales évoquées ci-dessus, ainsi que du fonctionnement coordonné des nombreux systèmes constitués par l'interconnexion de ces unités.

S'il faut rendre hommage à Gall d'avoir découvert la notion de spécialisation cérébrale – ce qui était un exploit, étant donné les maigres connaissances de l'époque en matière de neurophysiologie – il faut lui faire grief d'avoir été l'inspirateur de la notion de « centres » cérébraux. Cette dernière a, par la suite, été constamment associée, dans les travaux des neurologues et des physiologistes du XIXe siècle, à celle de « fonctions mentales ». Il faut aussi critiquer diverses notions très spectaculaires avancées par la phrénologie, comme, par exemple, l'idée que les facultés mentales engendrées par les différents « organes » du cerveau étaient d'autant plus fortes que la dimension de ces derniers était grande ; ou bien que tous les « organes » et toutes les facultés correspondantes étaient innés. L'idée que la taille d'un « centre cérébral » reflète la « puissance » d'une faculté mentale donnée est amusante et fausse (et pourtant, certains spécialistes contemporains des neurosciences ne se sont pas encore abstenus de recourir à des notions très voisines). Cette hypothèse était assortie d'une proposition corollaire (qui a beaucoup pesé dans le discrédit qui a frappé la phrénologie ; et c'est à elle que pensent la plupart des gens lorsqu'ils entendent le mot) : les « organes » cérébraux pouvaient être détectés de l'extérieur par les bosses révélatrices qu'ils déterminaient sur la boîte crânienne. Tout comme l'innéité des « organes » et des facultés, cette idée a exercé une grande influence tout au long du XIXe siècle, en littérature comme ailleurs ; on verra au chapitre V combien était grande cette erreur.

Le rapport entre la phrénologie et l'histoire de Phineas Gage mérite qu'on s'y arrête. Alors qu'il recherchait des données sur le cas de ce patient, un psychologue de notre époque, M. B. MacMillan [10], a découvert une piste au sujet d'un certain Nelson Sizer, un personnage connu dans le milieu de la phrénologie, qui faisait des conférences en Nouvelle-Angleterre et est venu dans le Vermont au début des années 1840, avant l'accident de Gage. Sizer a rencontré Harlow en 1842. Dans son livre, par ailleurs plutôt ennuyeux [11], Sizer écrit que « Harlow était alors un jeune médecin qui participait en tant que membre du comité à nos conférences sur la phrénologie en 1842 ». Plusieurs adeptes de la phrénologie figuraient dans les facultés de médecine à cette époque, et Harlow connaissait bien leurs idées. Il avait pu les entendre à Philadelphie (lieu où la phrénologie avait été très bien accueillie), ou bien à New Haven ou à Boston – Spurzheim était arrivé dans cette dernière ville en 1832, peu de temps après la mort de Gall, et y était devenu une figure scientifique de proue, en même temps qu'un personnage défrayant la chronique. La Nouvelle-Angleterre a, en effet, fêté Spurzheim, mais celui-ci est malheureusement mort quelques semaines après son arrivée. Les témoignages de reconnaissance n'ont d'ailleurs pas tardé, puisque la Société phrénologique de Boston a été fondée le soir même de ses funérailles.

Que Harlow ait entendu ou non parler Spurzheim, il est tout à fait passionnant d'apprendre qu'il a assisté directement à au moins une conférence prononcée par Sizer, c'est-à-dire lorsque celui-ci est passé à Cavendish (où il est descendu – et où aurait-il pu aller ailleurs ? – à l'hôtel de Mr. Adams). Il a donc subi l'influence de la phrénologie, et cela pourrait expliquer qu'il ait avancé cette audacieuse hypothèse, selon laquelle le changement de comportement de Gage avait été provoqué par une lésion cérébrale spécifique et n'avait pas consisté en une réaction d'ordre général à l'accident. Curieusement, Harlow n'a pas fait appel à la phrénologie pour soutenir son interprétation.

Sizer est, en fait, revenu à Cavendish (et est encore descendu à l'hôtel de Mr. Adams – dans la chambre qui a vu le rétablissement de Gage, naturellement), et il a eu pleinement connaissance de l'histoire de ce dernier. Lorsqu'il a écrit son livre sur la phrénologie en 1882, il a mentionné Phineas Gage : « Nous avons suivi de bout en bout, et avec un très grand intérêt, le compte rendu que le docteur Harlow a fait du cas survenu en 1848, et nous n'oublions pas non plus que le pauvre patient a été logé dans le même hôtel que nous, et de plus, dans la même chambre [11]. » De l'avis de Sizer, la barre de fer était passée dans le voisinage de Bienveillance et dans la partie antérieure de Vénération. Mais, non, Bienveillance et Vénération n'étaient pas des bonnes sœurs, hébergées dans quelque couvent de Carmélites. Il s'agissait de « centres » phrénologiques, d'« organes » du cerveau. Les centres dénommés Bienveillance et Vénération induisaient les individus à se conduire correctement, à être bienveillants et respectueux pour les autres personnes. Vous pouvez ainsi comprendre la conclusion à laquelle Sizer est finalement arrivé à propos de Gage : « Son organe de la Vénération semble avoir été lésé, et c'est pourquoi, sans doute, il n'arrêtait pas de proférer de grossiers jurons. » Certainement !

UN CAS PARADIGMATIQUE A POSTERIORI

Il ne fait aucun doute que la personnalité de Gage a changé en conséquence de la lésion circonscrite qui a affecté son cerveau en un site spécifique. Mais cette explication n'a commencé à être prise en compte que deux décennies après son accident, et n'est devenue plus ou moins acceptable qu'à notre époque. Pendant longtemps, tout le monde a pensé, y compris John Harlow, que « la partie du cerveau qui avait été traversée par la barre de fer, était, pour plusieurs raisons, celle qui, de tout le tissu cérébral, pouvait le mieux supporter cette agression [12] ». En d'autres termes, on pensait que cette partie du cerveau ne jouait pas de grand rôle et qu'elle pouvait donc être sacrifiée. Mais rien n'était plus éloigné de la réalité, comme

Harlow lui-même l'a finalement compris. Il a, ainsi, écrit que le rétablissement mental de Gage n'avait été « que partiel, car ses facultés intellectuelles étaient manifestement diminuées, bien que pas totalement abolies ; son état ne ressemblait pas à la démence, car ses fonctions mentales étaient seulement affaiblies – bonnes sur le plan qualitatif, mais pas sur le plan quantitatif ». Sans l'avoir voulu, le cas de Gage enseignait que pour suivre les conventions sociales, se comporter selon les règles de la morale et prendre des décisions allant dans le sens de sa propre survie, il était nécessaire non seulement de connaître les règles et les stratégies pertinentes, *mais aussi* de posséder, à l'état intact, certains systèmes neuraux spécifiques au sein du cerveau. Mais cette leçon n'a pas été aperçue à l'époque, parce qu'elle n'était pas étayée par des preuves pouvant la rendre compréhensible et inévitable. En fait, le cas de Gage a plutôt passé pour un mystère et servi à illustrer l'idée que la fonction des lobes frontaux était une « énigme » – enseignement qui nous a été transmis jusqu'à aujourd'hui.

Et, en effet, l'histoire de Gage, telle qu'elle nous est parvenue, posait plus de questions qu'elle n'apportait de réponses. D'abord, la seule chose que nous savions à propos de sa lésion cérébrale était qu'elle siégeait probablement au niveau des lobes frontaux. Mais c'est un peu comme si l'on disait que Chicago est situé aux États-Unis – c'est vrai, mais n'est pas très précis, et ne nous apprend pas grand-chose. En admettant que la lésion concernait probablement les lobes frontaux, pouvions-nous savoir plus précisément quel en avait été le site ? S'agissait-il du lobe frontal gauche ? du lobe frontal droit ? des deux ? D'autres sites cérébraux avaient-ils été aussi touchés ? Comme nous le verrons au prochain chapitre, les nouvelles techniques d'imagerie médicale nous ont permis de trouver une solution à ce problème.

Ensuite, on pouvait se demander quelle était la nature exacte du trouble de la personnalité éprouvé par Gage. Comment cette anomalie s'était-elle produite ? La cause initiale, bien sûr, avait été un « trou dans la tête ». Mais cette constatation nous apprend seulement pourquoi une anomalie s'était manifestée, et non comment elle s'était établie. Une lésion ailleurs dans les lobes frontaux aurait-elle eu le même résultat ? Par quels mécanismes plausibles la destruction d'une région cérébrale de ce type avait-elle pu conduire à un changement de personnalité ? S'il existe des sites spécifiques dans les lobes frontaux pouvant sous-tendre une telle modification, quelle est leur structure et quelle est leur fonction dans le cerveau à l'état normal ? Constituent-ils quelque chose que l'on pourrait appeler un « centre » du comportement social ? Représentent-ils des unités modulaires ayant été sélectionnées au cours de l'évolution, et dans lesquelles seraient stockés des algorithmes qui nous permettraient de mener à bien des raisonnements et de prendre des décisions ? Ou bien n'existe-t-il pas du tout de telles unités modulaires ?

Comment interpréter le fait que Gage n'arrivait pas à prendre de décisions appropriées ? On pouvait peut-être penser qu'il avait perdu les connaissances permettant de résoudre rationnellement tel ou tel problème, ou bien qu'elles ne lui étaient plus accessibles, de sorte qu'il ne pouvait plus prendre de décisions cohérentes. Cependant, il était également possible de penser que les connaissances en question étaient toujours présentes et accessibles, mais que, chez lui, les stratégies de raisonnement étaient compromises. Et si c'était le cas, quelles étapes du raisonnement étaient manquantes ? Et, plus important, quelles étapes peut-on reconnaître chez les personnes réputées normales ? Et si, par chance, nous arrivons à cerner la nature de quelques-unes de ces étapes, par quelles sortes de systèmes neuraux sont-elles sous-tendues ?

Pour intéressantes que soient toutes ces questions, un autre problème peut-être encore plus important est de savoir quel était le statut de Gage en tant qu'être humain. Peut-on dire qu'il disposait de sa libre volonté ? Avait-il encore la notion du Bien et du Mal, ou bien était-il asservi à sa nouvelle organisation cérébrale, de telle sorte qu'il ne pouvait faire autrement qu'agir comme il le faisait ? Autrement dit, était-il responsable de ses actes ? Si nous estimons que non, cela nous apprend-il quelque chose au sujet de la responsabilité, de façon plus générale ? Il existe de nombreux Gage autour de nous, c'est-à-dire des personnes subissant une chute de statut social qui ressemble, hélas, à celle de Gage. Pour certains, c'est la conséquence de lésions cérébrales engendrées par des tumeurs ou des blessures à la tête ou d'autres maladies neurologiques. Cependant, chez d'autres, il n'existe pas de trouble neurologique évident, et pourtant, ils se comportent comme Gage, pour des raisons qui relèvent soit de leur système nerveux, soit de la société dans laquelle ils sont nés. Il est nécessaire de comprendre la nature de ces êtres humains dont les actes peuvent être très destructeurs, aussi bien pour eux-mêmes que pour les autres, si nous voulons résoudre de façon humaniste les problèmes qu'ils posent. Ni l'emprisonnement ni la peine de mort – parmi les réponses actuelles de la société, face à ces personnes – ne permettent de comprendre leur cas ou de résoudre leur problème. En fait, il faudrait approfondir un peu plus notre interrogation, et nous demander dans quelle mesure nous sommes responsables, lorsque nous, individus « normaux », glissons vers ces comportements irrationnels qui ont caractérisé la chute sociale de Phineas Gage.

Ce dernier avait perdu une caractéristique propre à l'homme : faire des projets pour son avenir, en tant qu'être social. Dans quelle mesure était-il conscient de cette perte ? Peut-on dire qu'il était conscient de lui-même, de la même façon que vous et moi le sommes ? Est-il juste de dire que ses facultés mentales étaient affaiblies, ou qu'il avait perdu son âme ? Et si oui, qu'en aurait pensé Descartes, s'il avait connu le cas de Gage et s'il avait eu les connaissances de neurobiologie que nous avons aujourd'hui ? Aurait-il voulu savoir ce qu'il était advenu de la glande pinéale de Gage ?

CHAPITRE II

L'étude du cerveau de Gage

LE PROBLÈME

À peu près à l'époque de l'accident de Gage, les neurophysiologistes Paul Broca en France et Carl Wernicke en Allemagne attiraient l'attention du monde médical par leurs études sur des patients atteints de lésions cérébrales. Indépendamment l'un de l'autre, Broca et Wernicke avaient tous deux avancé que la destruction de régions bien circonscrites du cerveau était à l'origine d'un trouble particulier du langage, survenu à un certain âge chez ces patients [1]. Le trouble en question a été appelé, en termes techniques, aphasie. Selon Broca et Wernicke, ces lésions mettaient ainsi en évidence les soubassements neuraux de deux modalités différentes de la fonction du langage chez les individus normaux. Leurs propositions ont suscité beaucoup de controverses et n'ont pas été adoptées immédiatement, mais elles ont indubitablement été remarquées. Et puis, petit à petit, avec une certaine réticence et beaucoup de remaniements, elles ont finalement été acceptées. En revanche, ni les recherches de Harlow sur le cas de Gage, ni d'ailleurs les commentaires de Ferrier à ce sujet, n'ont jamais eu droit à autant d'attention, et n'ont jamais enflammé l'imagination de leurs collègues de la même façon.

Il y a eu plusieurs raisons à cela. Même si, au nom de certaines positions philosophiques, on pouvait accepter que le cerveau était à la base de l'esprit, il était difficile d'admettre que la possibilité de formuler des jugements éthiques ou de se comporter de telle ou telle façon dans la société dépendait d'une région cérébrale spécifique, tant ces dispositions paraissaient seulement relever de la conscience personnelle ou du conditionnement social. Et puis, à côté des professeurs Broca et Wernicke, Harlow faisait figure d'amateur, et n'avait pu, en outre, rassembler suffisamment de faits convaincants pour étayer sa thèse. Cette dernière était manifestement incomplète : il y manquait notamment la description précise de la localisation de la lésion cérébrale. Broca avait pu affirmer avec certitude quelle région bien définie du cerveau avait été détruite dans le cadre du trouble du langage observé chez ses patients. Il avait étudié le cerveau de ces derniers lors de leur autopsie. Wernicke avait, de même, observé après la mort de ses patients qu'une portion arrière de leur lobe temporal gauche avait été partiellement détruite. Le scientifique allemand avait constaté que ces sujets, lorsqu'ils étaient encore en vie, avaient présenté un déficit du langage qui n'était d'ailleurs pas le même que celui des patients de Broca. Harlow n'avait fait aucune observation de ce type. Non seulement il avait posé de façon hypothétique l'existence d'une relation entre le trouble du comportement et la lésion cérébrale de Gage, mais, en ce qui concernait la localisation de cette dernière, il en avait été réduit aux suppositions. Il n'avait pu prouver quoi que ce soit de manière satisfaisante.

La thèse de Harlow avait été mise encore en plus mauvaise posture par les résultats récemment publiés de Broca. Selon ces derniers, la lésion du lobe frontal gauche, au niveau de la troisième circonvolution, était responsable du trouble du langage chez ses patients. Chez Gage, d'après la trajectoire de la barre de fer à l'intérieur de la boîte crânienne, il semblait que la lésion du cerveau avait pu concerner le lobe frontal gauche. Cependant, Gage ne manifestait aucun déficit du langage, tandis que de leur côté les patients de Broca ne présentaient aucun trouble de la personnalité. Comment des conséquences aussi diffé-

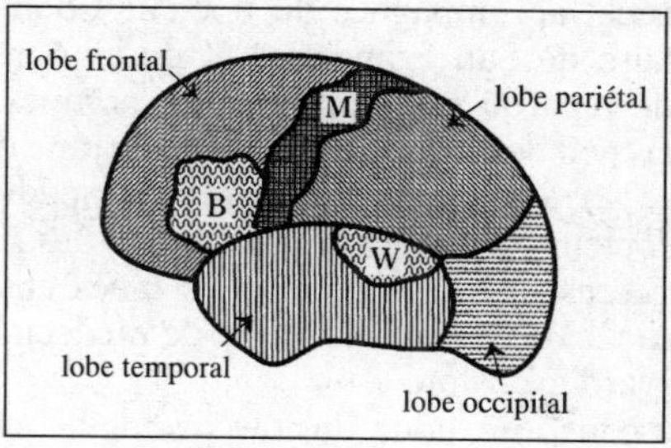

Figure 2-1. B = aire de Broca ; M = aire motrice ; W = aire de Wernicke. Ce dessin montre les quatre lobes du cerveau. Les opposants de Harlow affirmaient que la lésion de Gage avait touché l'aire de Broca, ou l'aire motrice, ou même les deux, et se servaient de cet argument pour attaquer la théorie des spécialisations fonctionnelles au sein du cerveau humain.

rentes pouvaient-elles résulter de la destruction d'une même région cérébrale ? Étant donné les maigres connaissances de neuro-anatomie fonctionnelle de l'époque, certains scientifiques ont affirmé que la lésion de Gage était, en effet, approximativement localisée au même endroit que celle des patients de Broca, et que leurs conséquences différentes ne faisaient que mettre en évidence la sottise de ceux qui espéraient trouver dans le cerveau une spécialisation fonctionnelle par régions.

Lorsque Gage est mort en 1861, aucune autopsie n'a été pratiquée. Harlow lui-même n'a appris la mort de son patient que cinq années plus tard. La guerre de Sécession avait fait rage dans l'intervalle et les nouvelles de cette sorte n'avaient pas pu, durant cette période, voyager bien vite. Harlow a dû apprendre avec tristesse la mort de Gage et être atterré en constatant qu'il avait manqué l'occasion d'examiner son cerveau. Il s'est alors mis en devoir d'écrire à la sœur de Gage, lui adressant une bizarre requête : il l'a supplié d'exhumer le corps afin d'en prélever le crâne – celui-ci serait ensuite conservé comme pièce témoignant du cas.

Phineas Gage a donc de nouveau été involontairement au centre d'une scène lugubre. Sa sœur et son mari,

D. D. Shattuck, accompagnés du docteur Coon (qui était alors le maire de San Francisco) et de leur médecin de famille, ont regardé un employé des pompes funèbres ouvrir le cercueil de Gage et en extraire le crâne de celui-ci. La barre de fer a aussi été récupérée et expédiée avec le crâne au docteur Harlow, sur la côte Est des États-Unis. Ces deux pièces ont depuis été conservées ensemble au musée médical Warren de la faculté de médecine de l'université Harvard à Boston.

Elles ont constitué, pour Harlow, les meilleures preuves dont il pouvait disposer pour attester qu'il n'avait pas inventé cette histoire et qu'un homme affligé d'une telle blessure avait réellement existé. Pour Hanna Damasio, quelque cent vingt ans plus tard, le crâne de Gage a été le point de départ d'un vrai travail de détective, qui a permis de parachever la thèse non terminée du docteur Harlow, et de faire le lien entre le cas de Gage et les résultats des recherches modernes sur la fonction des lobes frontaux.

Elle a commencé par examiner soigneusement la trajectoire de la barre de fer. Celle-ci était entrée par la joue gauche, et s'était dirigée vers le haut, à l'intérieur du crâne, brisant l'arrière de la cavité orbitaire gauche, située immédiatement au-dessus de son point de pénétration. Poursuivant son chemin vers le haut, elle avait dû entrer dans la partie frontale du cerveau, dans le voisinage de sa ligne médiane, bien qu'il fût difficile de dire exactement où. Puisqu'elle semblait être montée à l'oblique vers la droite, elle avait dû d'abord léser le côté gauche de la partie frontale du cerveau, avant d'en toucher une certaine portion du côté droit. Le siège primaire de la lésion cérébrale avait probablement été la région orbitaire frontale, juste au-dessus des orbites. Puis, poursuivant sa trajectoire, la barre de fer avait dû détruire une certaine portion de la face interne du lobe frontal gauche, et peut-être aussi de celle du lobe frontal droit. Finalement, en ressortant, elle avait dû endommager une certaine partie de la région dorsale des lobes frontaux, du côté gauche évidemment, mais peut-être aussi du côté droit.

Ces déductions présentaient évidemment bien des incertitudes. En prenant comme référence un cerveau « standard », on pouvait envisager de nombreuses trajectoires possibles. De plus, on ne savait pas dans quelle mesure le cerveau de Gage se rapprochait de ce modèle de cerveau « moyen », car, si la neuro-anatomie détermine des relations absolument invariables entre les structures cérébrales, il existe des variations individuelles considérables dans leur topographie, de sorte que nos cerveaux respectifs diffèrent beaucoup plus les uns des autres que des voitures de même modèle. Autrement dit, il en est de la morphologie du cerveau comme de celle des visages humains, à la fois semblables et tous différents : on peut distinguer dans un visage humain des éléments en nombre invariable, distribués dans l'espace de façon également fixe. Cependant, les visages sont infiniment divers, et individuellement reconnaissables, en raison de petites différences anatomiques dans les dimensions, la forme et la position de ces éléments invariables (leur topographie fine varie d'un individu à l'autre). De la même façon, il existe des variations individuelles dans l'anatomie du cerveau et, par suite, les déductions avancées ci-dessus pouvaient parfaitement être inexactes.

Hanna Damasio a fait appel aux ressources les plus modernes de la neuro-anatomie et de l'imagerie médicale [2]. Elle a mis en œuvre une technique nouvelle, appelée *Brainvox* [3], qu'elle avait récemment mise au point pour reconstruire en trois dimensions l'image du cerveau d'êtres humains vivants, et qui repose sur le traitement par ordinateur des données fournies par l'exploration du cerveau au moyen de la résonance magnétique nucléaire de haute résolution. Cette technique permet de voir le cerveau d'individus normaux ou de patients souffrant de troubles neurologiques, exactement comme si on l'observait à la table d'autopsie. Les images en trois dimensions qu'elle fournit sont de véritables merveilles, fascinantes et troublantes. Pensez à ce qu'aurait pu dire le prince Hamlet, s'il avait pu contempler ses propres trois livres de cerveau agité de pensées confuses, plutôt que le crâne vide que lui avait tendu le fossoyeur.

Un intermède sur l'anatomie du système nerveux

Il peut être utile de décrire l'anatomie du système nerveux humain. Pour quelle raison ? Dans le chapitre précédent, lorsque j'ai parlé de la phrénologie et du rapport entre structures et fonctions cérébrales, j'ai mentionné l'importance de la neuro-anatomie (autrement dit, de l'anatomie du cerveau). Je la souligne de nouveau, car la neuro-anatomie est la discipline fondamentale des neurosciences, s'appliquant depuis le niveau des neurones (cellules nerveuses) individuels, à l'échelle microscopique, jusqu'à celui des systèmes neuraux s'étendant à l'ensemble du cerveau, à l'échelle macroscopique. Il est illu-

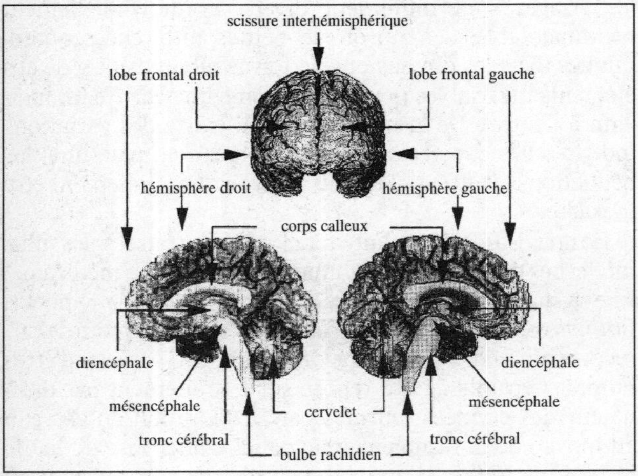

Figure 2-2. Le cerveau d'un sujet humain vivant actuellement, reconstruit en trois dimensions par ordinateur. L'image du haut le montre vu par le pôle frontal. Le corps calleux est caché sous la scissure interhémisphérique. Les images du bas montrent les deux hémisphères du même cerveau, comme s'ils avaient été séparés par le milieu lors d'une opération dite de « *split-brain* » (« cerveau dédoublé »). Les principales structures anatomiques sont signalées. La surface plissée sur le dessus des hémisphères cérébraux est le cortex cérébral.

soire d'espérer comprendre les nombreux niveaux des fonctions cérébrales, si l'on n'a pas une connaissance précise de la géographie du cerveau à différentes échelles.

Il est facile de voir que le système nerveux, considéré dans sa globalité, possède des parties centrales et des parties périphériques. La figure 2-2 représente une vue en trois dimensions de l'encéphale, la composante principale du système nerveux central. Outre le télencéphale, avec ses deux hémisphères cérébraux droit et gauche, réunis par le corps calleux (un important ensemble de fibres assurant des connexions fonctionnelles bidirectionnelles entre les hémisphères droit et gauche), le système nerveux central comprend le diencéphale (un ensemble de noyaux, où figurent, par exemple, le thalamus et l'hypothalamus, situés dans le plan médian et sous les

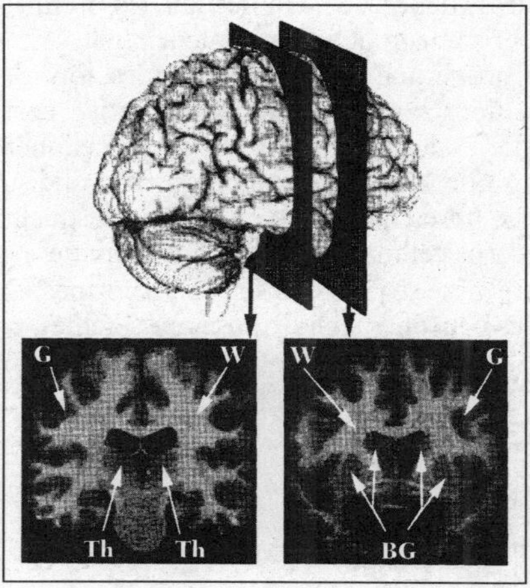

Figure 2-3. Deux coupes à travers l'image du cerveau d'un être humain vivant actuellement, reconstruites par ordinateur à partir des données de la résonance magnétique nucléaire, grâce à la technique du « Brainvox ». Sur l'image du haut, on voit la position des plans de coupes. La matière grise (G) se distingue aisément de la matière blanche (W). La première s'observe au niveau du cortex cérébral, ce ruban gris qui suit les contours très plissés de la périphérie de ces coupes, et aussi au niveau des noyaux profonds, tels que les ganglions de la base (BG) ou le thalamus (Th).

hémisphères), le mésencéphale, le tronc cérébral, le cervelet et la moelle épinière.

Le système nerveux central est relié à presque tous les coins et recoins du reste du corps par des fibres nerveuses. Celles-ci sont regroupées dans des nerfs, et l'ensemble de ces derniers forme le système nerveux périphérique. L'influx nerveux circule dans les nerfs, allant du cerveau vers le corps et du corps vers le cerveau. Cependant, comme on le verra au chapitre V, le corps et le cerveau sont également en communication par voie chimique, par le biais de substances, telles que des hormones ou des peptides, qui sont émises depuis le cerveau et gagnent le corps par la circulation sanguine (ou sont émises depuis le corps et gagnent le cerveau par la même voie).

Lorsqu'on pratique une section du système nerveux central, il n'est pas difficile d'y distinguer des régions sombres et des régions claires (figure 2-3). On désigne les premières du nom de matière grise, bien que leur couleur réelle soit le plus souvent plutôt brune que grise. Les secondes sont désignées du nom de matière blanche. La matière grise correspond en grande partie à des ensembles de corps cellulaires de neurones, tandis que la matière blanche correspond surtout à des ensembles de fibres nerveuses ou axones, lesquelles ont pour origine les corps cellulaires situés dans la matière grise.

La matière grise se présente sous deux formes. Dans un premier type, les neurones sont disposés en couches, comme dans

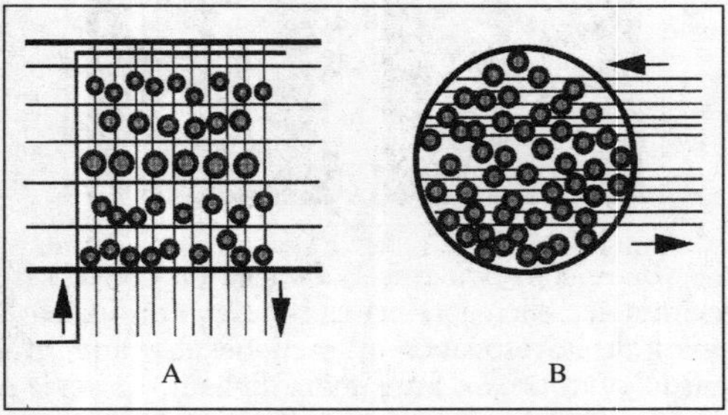

Figure 2-4. A = schéma montrant comment sont distribués les neurones dans le cortex cérébral, c'est-à-dire selon des séries de couches ; B = schéma montrant la distribution des neurones au sein d'un noyau.

un cake, et forment ce que l'on appelle un *cortex*. Un exemple typique en est le cortex cérébral (qui recouvre les hémisphères cérébraux), ou bien le cortex cérébelleux (qui enveloppe le cervelet). Dans le second type de matière grise, les neurones ne sont pas disposés en couches, et se présentent au contraire comme des noix de cajou entassées dans un bol. Ils forment ce que l'on appelle un *noyau*. Il existe de gros noyaux, tels que les structures dénommées « noyau caudé », ou *putamen* ou *pallidum*, enfouis dans la profondeur de chaque hémisphère ; ou bien encore, l'amygdale, dont un exemplaire figure à l'intérieur de chacun des deux lobes temporaux. Il existe aussi de grands ensembles de petits noyaux, comme ceux qui forment le thalamus ; ou bien encore de petits noyaux individuels,

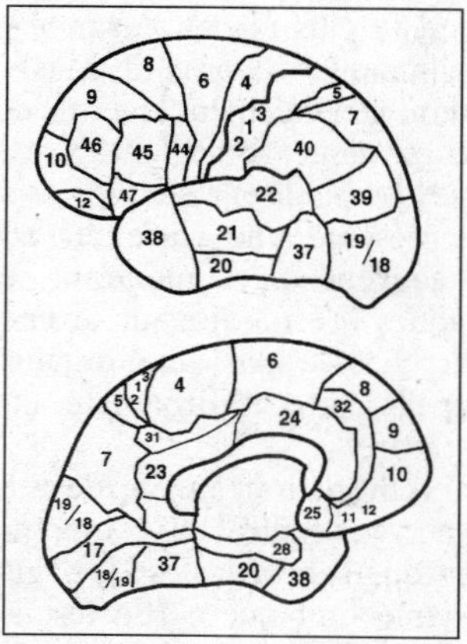

Figure 2-5. Carte des principales aires du cerveau, telles qu'elles ont été délimitées par Brodmann, à l'issue de ses études portant sur l'organisation cellulaire des diverses régions du cerveau (cytoarchitectonie). Il ne s'agit ni d'une carte phrénologique, ni d'une carte des fonctions cérébrales telles qu'elles sont reconnues actuellement. Il s'agit simplement d'une carte délimitant de façon commode des régions anatomiques. Certaines aires n'ont pas été représentées ici parce qu'elles sont trop petites ou bien qu'elles sont cachées dans la profondeur des scissures ou des sillons. Le schéma du haut montre la face externe de l'hémisphère gauche, et celui du bas, sa face interne.

comme ceux qui forment la substance noire ou le *nucleus ceruleus*, ces deux derniers étant situés dans le tronc cérébral.

La structure cérébrale à laquelle les neurosciences ont consacré le plus de travaux, est le cortex cérébral. On peut se le représenter comme un manteau enveloppant toute la surface des hémisphères cérébraux, y compris au sein des sillons qui donnent à l'extérieur du cerveau son aspect plissé caractéristique (voir la figure 2-2). Ce manteau possède une épaisseur d'environ trois millimètres, et comprend de multiples couches, organisées de façon parallèle les unes par rapport aux autres, ainsi que par rapport à la surface du cerveau (voir la figure 2-4). Toute la matière grise située au-dessous du cortex (les noyaux, gros ou petits, ainsi que le cortex cérébelleux) est dite subcorticale. La partie du cortex cérébral la plus récente sur le plan évolutif est appelée « néo-cortex ». La plus grande partie du cortex cérébral la plus ancienne sur le plan évolutif est appelée « cortex limbique » (voir ci-dessous). Tout au long de ce livre, j'emploierai généralement le terme de cortex cérébral pour désigner, en pratique, le néo-cortex, et je ferai souvent référence au cortex limbique et à ses régions spécifiques.

La figure 2-5 présente une carte du cortex cérébral à laquelle on fait souvent appel, montrant ses diverses aires cyto-architectoniques (c'est-à-dire ses diverses régions, dont chacune est caractérisée par une organisation cellulaire propre). On l'appelle carte de Brodmann et les aires y sont repérées par un chiffre.

Je me référerai souvent, tout au long de ce livre, à une structure du système nerveux central qui comprend des parties corticales aussi bien que subcorticales : il s'agit d'une structure appelée le « système limbique ». (Ce terme est un peu un fourre-tout, servant à désigner un certain nombre de structures évolutivement anciennes, et bien que de nombreux spécialistes des neurosciences s'abstiennent de s'en servir, il est souvent très commode.) Parmi les importantes composantes du système limbique, on peut citer le gyrus cingulaire (qui fait partie du cortex cérébral) ainsi que deux ensembles de noyaux : l'amygdale et les structures de la base du télencéphale.

Le tissu nerveux est formé de cellules nerveuses (ou neurones), soutenues par des cellules gliales. Les neurones sont les cellules fondamentales de l'activité cérébrale. Ils sont au nombre de plusieurs milliards dans le cerveau, organisés en circuits locaux, lesquels constituent, à leur tour, des régions corticales (s'ils sont disposés en couches) ou des noyaux (s'ils sont entassés dans des ensembles non structurés en couches). Enfin, les régions corticales et les noyaux sont interconnectés pour former des systèmes et des systèmes de systèmes, à des niveaux de complexité de plus en plus élevés. En ce qui concerne les dimensions, les neurones et les circuits sont des entités microscopiques, alors que les régions corticales, les noyaux et les systèmes sont macroscopiques.

On peut distinguer trois parties fondamentales dans les neurones : un corps cellulaire ; un axone, c'est-à-dire un prolongement principal par lequel est émis l'influx nerveux ; et des dendrites, c'est-à-dire de petits prolongements par lesquels sont reçus les messages nerveux (voir figure 2-6). Les neurones sont reliés les uns aux autres, formant des circuits dans lesquels on peut reconnaître l'équivalent de fils conducteurs (les fibres axoniques des neurones) et des zones de connexion (des synapses, c'est-à-dire des points où des axones font contact avec les dendrites d'autres neurones).

Lorsque les neurones entrent en activité (on dit qu'ils « déchargent », dans le jargon de la neurobiologie), ils donnent lieu à une sorte de courant électrique qui se propage le

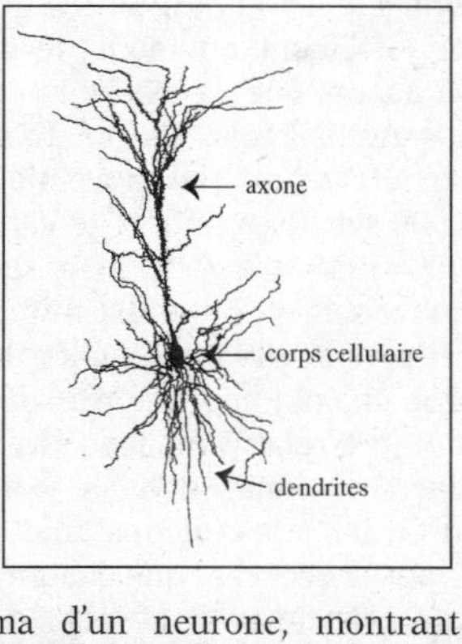

Figure 2-6. Schéma d'un neurone, montrant ses principales structures : le corps cellulaire, l'axone et les dendrites.

long de l'axone, en s'éloignant du corps cellulaire. Ce courant est appelé « potentiel d'action ». Lorsqu'il parvient à la synapse, il y déclenche la libération de messagers chimiques appelés des neurotransmetteurs (comme, par exemple, le glutamate). À leur tour, les neurotransmetteurs agissent sur des récepteurs. Dans le cas des neurones dits excitateurs, l'interaction coopérative de nombreux neurones, dont les synapses sont adjacentes les unes aux autres et qui peuvent ou non libérer leurs neurotransmetteurs, détermine si le neurone suivant dans le circuit va, à son tour, émettre un potentiel d'action. Celui-ci va conduire à la libération de neurotransmetteurs au niveau de la terminaison axonique de ce neurone, et ainsi de suite.

Les synapses peuvent être « fortes » ou « faibles ». Cette caractéristique détermine si l'influx nerveux peut être transmis facilement ou non au neurone suivant. En général, dans le cas des synapses excitatrices, les synapses « fortes » facilitent la circulation de l'influx nerveux dans les circuits, tandis que les synapses dites « faibles » l'entravent ou l'arrêtent [4].

Pour finir, il me faut mentionner une question de neuro-anatomie relative à la connectivité neuronale. Il n'est pas rare de rencontrer des scientifiques désespérant de jamais comprendre le cerveau face à la complexité des connexions entre neurones. Certains préfèrent se rabattre sur l'idée que, chaque neurone étant connecté à tous les autres, le fonctionnement mental et le comportement émanent de cette connectivité anarchique d'une façon que la neuro-anatomie ne pourra jamais éclaircir. Heureusement, ils ont tort. Considérez, en effet, le raisonnement suivant : en moyenne, chaque neurone forme environ 1 000 synapses, bien que certains puissent en avoir jusqu'à 5 000 ou 6 000. Cela peut sembler un chiffre élevé, mais lorsqu'on sait qu'il y a dix milliards de neurones dans le cerveau, et plus de dix mille milliards de synapses, on se rend compte que chaque neurone n'est fondamentalement l'objet que d'un nombre relativement modeste de connexions. Choisissez quelques neurones dans le cortex ou dans un noyau, au hasard ou dans les régions anatomiques que vous voudrez, et vous vous apercevrez que chaque neurone n'est en communication qu'avec un petit nombre d'autres neurones, mais jamais avec la plupart ou la totalité des neurones du cerveau. En fait, beaucoup de neurones ne sont en communication qu'avec des neurones qui ne sont pas très éloignés d'eux, faisant partie de circuits relativement locaux au sein de régions corticales ou de noyaux. D'autres neurones envoient leurs axones sur des distances de quelques millimètres ou même de quelques centimètres au sein du cerveau ; mais, là encore, ils n'entrent en contact qu'avec un nombre relativement petit d'autres neurones. On peut tirer d'importantes conclusions de ces principes d'organisation : premièrement, pour connaître les fonctions de neurones donnés, il faut connaître celles de l'ensemble de neurones dont ils font partie ; deuxièmement, pour comprendre les fonctions d'un système donné, il faut comprendre comment des ensembles de neurones influencent d'autres ensembles de neurones au sein de leur organisation en série, formant le système en question ; troisièmement, pour comprendre comment chaque ensemble de neurones contribue à la fonction du système auquel il appartient, il faut connaître sa place au sein de ce système. En d'autres termes, la spécialisation des fonctions cérébrales, dont nous avons parlé dans l'intermède sur la phrénologie (chapitre premier), peut s'analyser en termes de place occupée par des ensembles de neurones au sein de systèmes plus vastes, étant entendu que les neurones composant chacun de ces ensembles sont assez faiblement interconnectés.

En résumé, donc, le cerveau est un supersystème de systèmes. Chacun de ces derniers est formé d'un réseau complexe de petites entités (mais de dimensions macroscopiques) : il s'agit de « régions corticales » ou de « noyaux subcorticaux ». Celles-ci sont, à leur tour, formées d'entités plus petites, de dimensions microscopiques : il s'agit de « circuits locaux ». Ceux-ci, enfin, sont formés par des neurones, lesquels sont interconnectés par le biais de synapses. (Il n'est pas rare de trouver dans la littérature scientifique des termes tels que « circuits » ou « réseaux », utilisés comme synonymes de « systèmes ». Pour éviter toute confusion, il est important de préciser si l'on se place au niveau de l'échelle microscopique ou macroscopique. Ici, sauf lorsqu'on le mentionnera expressément, on considérera que les systèmes se situent toujours au niveau macroscopique, tandis que les circuits relèvent du microscopique.)

LA SOLUTION

Puisque Phineas Gage n'était plus ici pour qu'on puisse l'examiner au moyen de la résonance magnétique nucléaire, Hanna Damasio a imaginé d'étudier son cerveau de façon indirecte [5]. Elle a obtenu l'aide d'Albert Galaburda, un neurologue de la faculté de médecine de l'université Harvard à Boston. Ce dernier est allé au musée médical Warren pour y photographier soigneusement le crâne de Gage sous différents angles, et mesurer la distance entre les contours de la lésion osseuse et toute une série de points de repère standard sur la boîte crânienne.

L'étude de ces photographies, associée à la description de la blessure, a permis de restreindre à un minimum la gamme des trajectoires possibles qu'avait pu emprunter la barre de fer lors de l'accident. Les photographies ont aussi permis à Hanna Damasio et à son collègue neurologue, Thomas Grabowski, d'élaborer une image en trois dimensions du crâne de Gage, et d'en déduire l'image la plus précise du cerveau qui en épousait au mieux les formes. Avec l'aide d'un ingénieur, Randall Frank, Hanna Damasio a alors réalisé une simulation grâce à un ordinateur très puissant. Elle a reconstitué très exactement l'image en trois dimensions de la barre de fer, et l'a fait « pénétrer » dans celle d'un cerveau dont la forme et les dimensions étaient proches de celui de Gage, en lui faisant décrire l'une ou l'autre des trajectoires possibles telles qu'elles avaient été déterminées ci-dessus. On peut voir les résultats de ces divers travaux en examinant les figures 2-7 et 2-8.

Nous sommes donc maintenant en mesure de confirmer la conclusion de David Ferrier, selon laquelle, en dépit de la masse de tissu cérébral perdue, la lésion n'avait pas touché, dans le cerveau de Gage, les régions cérébrales nécessaires à la motricité ou au langage. (Dans les deux hémisphères, les régions restées intactes englobaient les

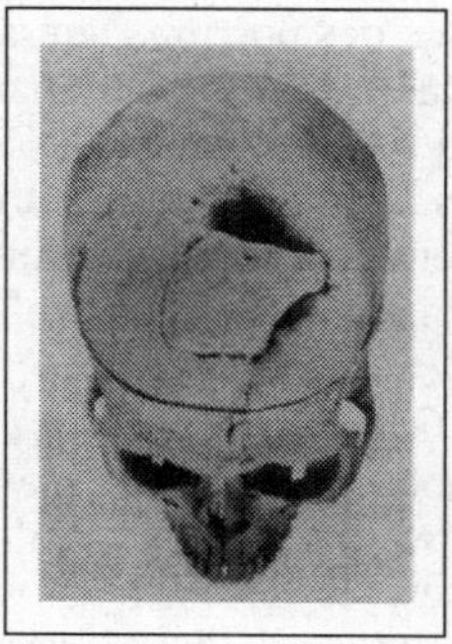

Figure 2-7. Photographie du crâne de Phineas Gage, prise en 1992.

aires motrices et prémotrices, de même que, du côté gauche, l'opercule frontal appelé « aire de Broca ».) Nous pouvons également affirmer en toute certitude que les dégâts ont été plus importants dans l'hémisphère gauche que dans l'hémisphère droit, et dans les portions antérieures que dans les postérieures, au sein de la région frontale. La lésion a détruit une certaine partie des cortex préfrontaux, leurs portions ventrales et internes, et ceci dans les deux hémisphères, tandis que les portions latérales (ou externes) de ces cortex préfrontaux ont été plutôt préservées.

Ainsi, une partie de la région préfrontale ventromédiane était certainement endommagée chez Gage. Or, nos recherches récentes ont mis en évidence que cette région joue un rôle capital dans les processus normaux de prise de décision. (Dans la terminologie de la neuro-anatomie, la région orbitaire est appelée « la région *ventromédiane* du lobe frontal », et c'est ainsi que je l'appellerai tout au long de ce livre. Elle est en effet située en quelque sorte au niveau du « ventre » du lobe frontal, et à proximité de la ligne médiane séparant les deux hémisphères, là où ces deux derniers s'affrontent par leur face interne.) Ces études de simulation par ordinateur nous ont donc aussi appris que les régions connues pour leur rôle dans d'autres fonctions neuropsychologiques n'avaient pas été lésées chez Gage. Le cortex des portions latérales des lobes frontaux, dont la destruction abolit la capacité de faire attention, d'accomplir des calculs et de passer de façon appropriée d'un stimulus à un autre, était intact.

Ces études modernes ont donc permis de tirer certaines conclusions. Hanna Damasio et ses collègues ont pu dire, de façon fondée, qu'une lésion sélective du cortex préfrontal de Phineas Gage avait aboli chez ce dernier la capacité de programmer ses actions dans l'avenir, de se conduire en fonction des règles sociales qu'il avait antérieurement apprises, et de faire les choix susceptibles d'être les plus avantageux pour sa survie. Il restait maintenant à comprendre comment le fonctionnement mental avait été perturbé chez Phineas Gage pour qu'il fasse preuve d'un tel comportement aberrant. Pour cela, il était nécessaire d'étudier les équivalents actuels de ce patient.

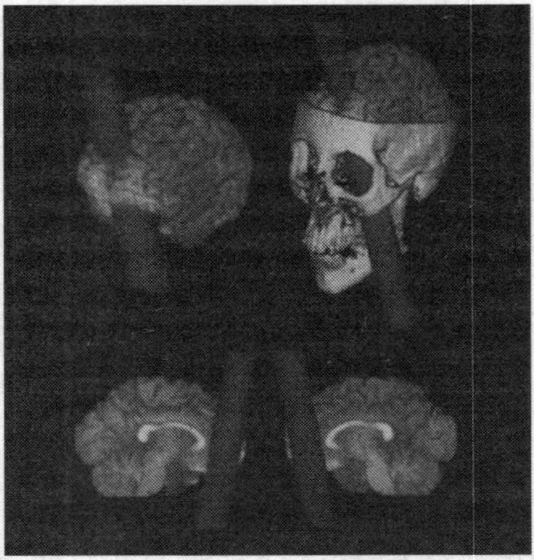

Figure 2-8. IMAGES DU HAUT : Images reconstruites par ordinateur du cerveau et du crâne de Gage, avec la trajectoire probable de la barre de fer représentée en gris sombre. IMAGES DU BAS : Les hémisphères droit et gauche, vus de l'intérieur, montrant comment la barre de fer a lésé certaines structures des lobes frontaux, des deux côtés.

CHAPITRE III

Un Phineas Gage d'aujourd'hui

Il y a deux décennies de cela, je venais de commencer à observer des patients dont le comportement ressemblait à celui de Gage et à être fasciné par les conséquences des lésions frontales, lorsqu'on m'a demandé d'examiner un patient présentant ce type de trouble pratiquement à l'état pur. Cet homme avait subi un changement radical de personnalité, m'avait-on dit, et les médecins qui me l'envoyaient m'adressaient une demande particulière : ils voulaient savoir si le nouveau comportement qu'exhibait ce patient, si différent de celui qu'il avait présenté antérieurement, était réellement maladif. Elliot, comme je l'appellerai désormais, avait alors la trentaine [1]. Dorénavant incapable de travailler, il vivait sous la protection d'un frère, et un problème pressant se posait : on lui avait refusé toute allocation pour invalidité. D'après tous les signes extérieurs, Elliot paraissait intelligent, expérimenté, en pleine possession de ses moyens, et il semblait qu'il n'avait qu'une seule chose à faire : reprendre ses esprits et se remettre au travail. Plusieurs médecins avaient déclaré que ses facultés mentales étaient intactes – ce qui voulait dire qu'Elliot, au mieux, était un paresseux, au pire, un simulateur.

Je l'ai examiné sans tarder, et j'ai été frappé par son air agréable, mais intrigant : il était tout à fait charmant, mais se contrôlait excessivement sur le plan émotionnel. Il affichait une attitude respectueuse et un calme diplomatique, que démentait un sourire ironique, signifiant une sagesse supérieure et une légère condescendance pour les folies de ce monde. Il était froid, détaché, et ne se troublait même pas lorsqu'on évoquait des questions personnelles éventuellement embarrassantes. Il me rappelait un peu Addison De Witt, le personnage joué par George Sanders dans *All about Eve* *.

Non seulement Elliot faisait preuve d'un esprit vif et cohérent, mais il était manifestement tout à fait averti de ce qui se passait dans le monde. Il connaissait parfaitement toutes les dates, tous les noms, et tous les détails de l'actualité. Il discutait des problèmes politiques avec l'humour qu'il convient souvent d'avoir dans ce domaine, et paraissait comprendre parfaitement la conjoncture économique. Il continuait à faire preuve d'une bonne connaissance du domaine des affaires dans lequel il avait travaillé auparavant. On m'avait dit qu'il paraissait tout aussi compétent qu'il l'avait été, et cela semblait plausible. Ses souvenirs, concernant sa vie personnelle, étaient sans défauts, y compris pour les événements les plus récents et les plus étranges. Car il avait, en effet, connu des événements bien étranges.

Elliot avait été un bon mari et un bon père de famille, avait occupé un emploi au sein d'une entreprise réalisant des affaires commerciales, et avait pu apparaître comme un vrai modèle pour ses frères ou ses collègues plus jeunes. Il avait atteint un statut social, professionnel et personnel, enviable. Mais un jour, sa vie avait commencé à prendre une autre direction. Il s'était mis à souffrir de violents maux de tête, et bientôt il lui était devenu difficile de se concentrer. À mesure que son mal avait empiré, il avait semblé perdre le sens de ses responsabilités, et son travail avait dû être achevé ou rectifié par d'autres. Son médecin de famille avait soupçonné qu'il était victime d'une tumeur cérébrale. Malheureusement, cela s'est révélé exact.

Il s'agissait d'une grosse tumeur qui croissait rapidement. À l'époque où a été posé le diagnostic, elle atteignait la taille d'une petite orange. C'était un méningiome, c'est-à-

* Film de 1950 de Joseph Mankiewicz, d'après la nouvelle *The Wisdom of Eve* de Mary Orr, dont le titre en français est *Ève*. *(N. d. T.)*

dire une tumeur issue des méninges (enveloppes recouvrant le cerveau). J'ai appris ultérieurement que la tumeur d'Elliot s'était formée initialement au niveau de la ligne médiane du cerveau, juste au-dessus des cavités nasales, et au-dessus du plan formé par le plafond des orbites. À mesure qu'elle s'était développée, elle avait comprimé de plus en plus les deux lobes frontaux, exerçant une pression dirigée de bas en haut.

Les méningiomes sont généralement bénins, en ce qui concerne la nature du tissu tumoral lui-même ; mais, si on ne les retire pas chirurgicalement, ils peuvent être tout aussi fatals que les tumeurs dites « malignes ». Ils ne cessent de comprimer les tissus cérébraux, tandis qu'ils croissent, finissant par les détruire. Elliot devait être opéré, sa vie était en jeu.

Une excellente équipe médicale s'est chargée de l'ablation de la tumeur. Comme il est de règle dans ces circonstances, le tissu cérébral endommagé par cette dernière a également dû être enlevé. L'opération a été totalement couronnée de succès et, dans la mesure où de telles tumeurs ne récidivent généralement pas, le pronostic s'annonçait excellent. Cependant, un phénomène moins heureux est survenu : des changements dans la personnalité d'Elliot se sont manifestés, dès la période de son rétablissement physique, et sa famille et ses amis en ont été profondément étonnés. Certes, il était toujours plein de vivacité, ses capacités à se mouvoir et à parler étaient intactes. Mais, de bien des façons, Elliot n'était plus Elliot.

Voyez, par exemple, comment il commençait ses journées : il fallait le pousser, le matin, pour qu'il se mette en train et se prépare à aller travailler. Arrivé au bureau, il se montrait incapable de gérer son emploi du temps de façon rationnelle ; on ne pouvait se fier à lui pour suivre un programme. Si sa tâche demandait d'interrompre une activité pour passer à une autre, il pouvait, néanmoins, persister dans l'accomplissement de la première, semblant perdre de vue le but principal. Ou bien, il pouvait également interrompre l'activité dans laquelle il s'était engagé pour se tourner vers quelque chose qu'il trouvait plus attrayant à un moment précis. Imaginez qu'il s'agissait d'une tâche consistant à lire et à classer des documents relatifs à un client donné. Elliot allait lire et parfaitement comprendre la signification de ces derniers, et il allait indubitablement savoir les classer en fonction des similitudes ou des différences de leur contenu. Seulement, il y avait de fortes chances que, soudainement, il passe de la tâche de classement par laquelle il avait commencé, à la lecture, soignée et intelligente, de l'un de ces documents, à laquelle il consacrerait une journée entière. Ou bien, il allait peut-être passer toute une après-midi à se demander sur quel principe il allait faire son classement : serait-ce d'après la chronologie, la dimension des documents, la pertinence du cas, ou encore autre chose ? La progression du travail allait être stoppée. Tout se passait comme si l'étape particulière de la tâche sur laquelle Elliot allait rester bloqué, était en réalité accomplie *trop bien*, et au détriment de l'objectif général. Il semblait qu'Elliot ne pouvait rationnellement se couler dans les perspectives globales d'un travail donné, tandis qu'il consacrait, sans que cela soit nécessaire, beaucoup trop d'efforts aux aspects secondaires de ce dernier.

Ses connaissances ne paraissaient pas altérées et il pouvait réaliser de nombreux travaux distincts aussi bien qu'auparavant. Mais on ne pouvait compter sur lui pour exécuter un travail donné au moment où l'on en avait besoin. Les remontrances répétées de ses collègues et de ses supérieurs n'ayant pas été suivies d'effet, Elliot, comme il fallait s'y attendre, a été renvoyé de son travail. Il a essayé ensuite d'autres emplois – pour être à chaque fois renvoyé. Le destin d'Elliot était en train de suivre un nouveau cours.

Désormais déchargé de tout travail régulier, il s'est lancé dans de nouveaux passe-temps et des spéculations financières. Il s'est mis en effet à collectionner des objets – ce qui n'était pas une mauvaise chose en soi, mais posait des problèmes quand il s'agissait d'objets trouvés dans les ordures. Quant aux tentatives de spéculation, elles sont allées de l'immobilier à la gestion de placements. Dans l'une d'entre elles, il s'est associé à un personnage de réputation douteuse. Les avertissements de ses amis sont restés sans effet, et la tentative s'est achevée par une faillite. Il avait investi toutes ses économies dans cette malheureuse entreprise, et il y a tout perdu. Il était vraiment étonnant de voir un homme de l'expérience d'Elliot se lancer dans des spéculations financières aussi douteuses.

Sa femme, ses enfants et ses amis n'arrivaient pas à comprendre comment un homme aussi bien informé que lui, ayant reçu des avis circonstanciés, pouvait agir de façon aussi déraisonnable. Certains ne l'ont plus supporté. Il y a eu un premier divorce. Puis, un bref mariage avec une femme que ni la famille ni les amis n'ont appréciée. Et un nouveau divorce. Puis, une nouvelle dérive, avec plus aucun revenu, et le coup final pour ceux qui persistaient à se soucier de lui et ne le perdaient pas de vue dans les coulisses : la sécurité sociale lui a refusé toute indemnité pour invalidité.

Mais j'ai pu obtenir l'annulation de cette décision. J'ai expliqué que ses mésaventures répétées résultaient vraiment d'un trouble neurologique. Certes, il était toujours en possession de ses moyens physiques et la plus grande partie de ses capacités mentales était intacte. Mais il lui était impossible de prendre des décisions, de même qu'il lui était impossible de planifier efficacement son activité dans les heures à venir, sans parler des mois ou des années à venir. Cette incapacité n'avait rien de comparable avec les erreurs de jugement que nous faisons tous, occasionnellement. Des individus normaux et intelligents, de niveau d'éducation comparable, font parfois des erreurs et prennent quelquefois de mauvaises décisions, mais pas avec des conséquences aussi systématiquement désastreuses. Les « dérapages » chez Elliot étaient de bien plus grandes dimensions et signalaient une pathologie. On ne pouvait pas dire non plus qu'ils étaient la conséquence d'une faiblesse antérieure du caractère. Et, sans aucun doute, ils échappaient à la volonté du patient. Leur cause était tout simplement la lésion d'une région particulière du cerveau. En outre, les changements ayant affecté la personnalité d'Elliot avaient un caractère chronique. Son trouble pathologique n'était nullement transitoire. Il allait durer.

La tragédie de cet homme, par ailleurs en bonne santé et intelligent, venait du fait qu'il n'était ni stupide ni ignorant, mais qu'il se comportait souvent comme s'il l'était. Les mécanismes de prise de décision étaient chez lui tellement perturbés qu'il ne pouvait plus se comporter comme un être social normal. Il voyait bien les résultats désastreux de ses décisions, mais il était incapable de tirer la leçon de ses erreurs. Il semblait qu'il ne pouvait absolument pas s'amender, à l'image du délinquant récidiviste qui déclare sincèrement se repentir, tandis qu'il quitte la prison, mais commet un nouveau crime peu de temps après. On ne pouvait que reconnaître qu'il ne jouissait plus de sa libre volonté et sans doute cela avait-il été vrai aussi de Gage – pour répondre à la question posée dans le premier chapitre, concernant ce dernier.

Sous certains aspects, Elliot était un nouveau Phineas Gage : comme lui, il avait connu la disgrâce sociale, était devenu incapable de raisonner et de prendre des décisions pouvant conduire au maintien ou à l'amélioration de son niveau de vie et de celui de sa famille, et était désormais incapable de se comporter comme un être humain indépendant. Et comme Gage, il s'était mis lui aussi à collectionner des objets. Mais sous d'autres aspects, cependant, Elliot était différent de Gage. Il était moins exalté que ce dernier semblait l'avoir été, et ne proférait jamais de jurons. Je ne sais pas, pour le moment, si ces différences entre les deux hommes correspondent à des localisations légèrement différentes de leurs lésions respectives, à des différences dans leur arrière-plan socioculturel, à des différences dans leur personnalité d'avant la maladie, ou à des différences d'âge.

Avant même d'avoir étudié le cerveau d'Elliot au moyen des techniques d'imagerie moderne, je savais que la lésion dont il souffrait concernait le lobe frontal ; son profil neuropsychologique signalait cette région, et elle seule. Comme nous le verrons au chapitre IV, des lésions au niveau d'autres sites (dans le cortex somatosensoriel, du côté droit, par exemple) peuvent perturber les mécanismes de prise de décision, mais dans des cas de ce genre, il existe simultanément d'autres déficits (tels que paralysie générale ou perturbation de la perception sensorielle).

Les examens pratiqués sur Elliot au moyen du scanner et de la résonance magnétique nucléaire ont révélé que les lobes frontaux aussi bien gauche que droit étaient atteints, et que la lésion était plus grande à droite qu'à gauche. En fait, la face externe du lobe frontal gauche était intacte et, du côté gauche, la lésion ne concernait que les régions orbitaire et médiane. Du côté droit, ces mêmes régions étaient touchées, mais, en outre, le centre du lobe (c'est-à-dire la matière blanche, au-dessous du cortex cérébral) était détruit. En conséquence, une grande partie du cortex préfrontal droit n'était plus fonctionnelle.

Des deux côtés, les parties du lobe frontal assurant la commande des mouvements (les régions motrices et prémotrices) n'étaient pas lésées. Cela n'était pas surprenant, puisque la motricité, chez Elliot, était complètement normale. Comme on pouvait s'y attendre, également, les parties du cortex frontal dévolues à la fonction du langage (l'aire de Broca et les zones voisines) étaient intactes. La région située juste en arrière de la base du lobe frontal, la base du télencéphale, était, de même, intacte. Il s'agit de l'une de celles qui sont nécessaires à l'apprentissage et à la mémoire. Si elle avait été endommagée, la mémoire d'Elliot aurait montré des déficits.

Y avait-il des preuves d'autres lésions dans le cerveau d'Elliot ? La réponse est catégoriquement : non. Les régions temporales, occipitales et pariétales étaient intactes dans les deux hémisphères, de même que les gros noyaux de matière grise situés au-dessous du cortex, c'est-à-dire les ganglions de la base et le thalamus. La lésion était donc limitée au cortex préfrontal. Tout comme dans le cas de Gage, la portion ventro-médiane en était le site principal. Cependant, dans le cerveau d'Elliot, la lésion était plus étendue à droite qu'à gauche.

On aurait pu penser que la quantité de tissu cérébral

perdue était minime, et que la plus grande partie du cerveau était intacte. Mais la dimension de la lésion n'est souvent pas ce qui importe dans le domaine des atteintes cérébrales. Le cerveau n'est pas un gros tas de neurones ayant tous les mêmes fonctions, quelle que soit leur localisation au sein de cette masse. Il se trouvait que les structures détruites aussi bien chez Gage que chez Elliot étaient nécessaires à la réalisation des raisonnements menant à des prises de décision.

UN NOUVEAU FONCTIONNEMENT MENTAL

Je me souviens avoir été impressionné par le bon fonctionnement intellectuel d'Elliot, mais je me rappelle aussi avoir immédiatement pensé à une notion bien connue : les patients souffrant de lésions frontales *peuvent sembler* être intacts sur le plan intellectuel, alors qu'en réalité ils présentent de subtils changements dans ce domaine, qui ne peuvent être décelés que par des tests neuropsychologiques spéciaux. On a souvent attribué ces perturbations de comportement à des déficits de la mémoire ou des processus d'attention. Mais Elliot allait démentir ce type d'interprétation.

Il avait été testé antérieurement dans un autre hôpital, et, au vu de ses résultats, on avait déclaré qu'il ne présentait aucun signe de « syndrome cérébral organique ». En d'autres termes, il ne montrait aucun déficit dans les tests classiques d'intelligence. Son quotient intellectuel (ou QI) était élevé, et ses résultats au test appelé « Échelle Wechsler d'intelligence chez les adultes » ne révélaient aucune anomalie. On avait estimé que ses problèmes ne provenaient ni d'un « trouble organique » ni d'un « dysfonctionnement neurologique » – en d'autres termes, d'une maladie du cerveau – mais traduisaient plutôt des problèmes « émotionnels » ou « psychologiques » – en d'autres termes, des troubles mentaux – qui pouvaient donc être justiciables d'une psychothérapie. C'est seulement après qu'une série de séances de cette dernière se fut révélée sans effets, qu'Elliot a été adressé à notre unité de soins. (La distinction entre maladies du « cerveau » et maladies « mentales », entre problèmes « neurologiques » et « psychologiques », relève d'un héritage culturel malheureux qui imprègne toute la société, en général, et la médecine, en particulier. Elle reflète une méconnaissance fondamentale des rapports entre le cerveau et l'esprit. Dans le cadre de cette tradition, on estime que les maladies du cerveau sont des affections dont on ne peut blâmer ceux qui en sont atteints, tandis que les maladies psychologiques, et surtout celles qui touchent à la façon de se conduire et aux réactions émotionnelles, sont des troubles de la relation interpersonnelle, dans lesquels les malades ont une grande part de responsabilité. Dans ce contexte, il est courant de reprocher aux individus leurs défauts de caractère, le déséquilibre de leurs réactions émotionnelles, et ainsi de suite ; le manque de volonté est considéré comme la source primordiale de tous leurs problèmes.)

Le lecteur peut ici se demander comment les observations médicales antérieures avaient pu à ce point être erronées. Est-il concevable qu'une personne aussi perturbée qu'Elliot ait pu obtenir de bons résultats aux tests psychologiques ? La réponse est oui : les patients présentant d'importants troubles du comportement social peuvent réussir normalement à de nombreux tests d'intelligence, et même à la plupart, et les cliniciens et les chercheurs se battent avec cette énigme depuis des années. Les patients de ce type présentent réellement une lésion cérébrale, mais la majorité des tests de laboratoire restent incapables de déceler le moindre déficit. Cependant, ce sont les tests qui posent problème, et non pas les patients. On peut dire que ces examens ne mettent en évidence aucun déficit, simplement parce qu'ils ne cernent pas correctement la fonction cérébrale touchée. Sachant quelle était la lésion dont souffrait Elliot, j'ai prédit qu'on le trouverait normal dans la plupart des tests psychologiques, et anormal seulement dans le petit nombre de tests qui sont très sensibles au fonctionnement défectueux du cortex frontal. Comme nous allons le voir, Elliot allait me surpendre.

Les tests psychologiques et neuropsychologiques classiques ont donc révélé qu'il était d'une intelligence supérieure [2]. Dans chacune des rubriques de l'Échelle Weschler d'intelligence chez les adultes, Elliot a fait preuve d'aptitudes soit supérieures, soit moyennes. Sa mémoire immédiate pour les nombres était de niveau supérieur, de même que sa mémoire à court terme pour le matériel verbal et les figures géométriques. Dans le domaine du rappel différé testé par les épreuves de Rey (listes de mots et figures complexes), ses résultats se situaient dans la gamme du normal. Ceux qu'il a obtenus à la série de tests appelée « Recherche d'aphasies multilinguistiques » (destinée à vérifier de nombreux aspects de la compréhension et de la production du langage) étaient également normaux. Sa perception visuelle et son aptitude à réaliser des constructions étaient normales, telles qu'elles étaient évaluées d'après les tests de Benton sur la reconnaissance faciale, l'appréciation de l'orientation des lignes, l'orientation géographique et la construction de blocs (sur le papier ou dans l'espace). Sa capacité à recopier la figure complexe de Rey-Osterrieth était aussi normale.

Elliot a obtenu des résultats normaux aux tests visant à évaluer la mémoire dans des conditions où l'on gêne les processus de mémorisation. Par exemple, dans l'un des tests, le sujet essaye de se rappeler des groupes de trois consonnes après un intervalle de trois, neuf ou dix-huit secondes, au cours duquel on lui demande de compter à l'envers. Dans un autre test, il doit se rappeler certaines choses après un intervalle de quinze secondes passé à faire des calculs. La plupart des patients porteurs de lésions frontales obtiennent des résultats anormaux à ces tests. Elliot, quant à lui, a réussi les deux types de tâche à cent pour cent et quatre-vingt-quinze pour cent, respectivement.

En résumé, ses capacités perceptives, sa mémoire à long et à court terme, ses aptitudes à apprendre, à parler et à faire des calculs, étaient intactes. Sa capacité d'attention, c'est-à-dire à se concentrer sur un objet mental particulier à l'exclusion d'autres, était aussi intacte. Et il en était de même de sa mémoire de travail, laquelle se définit comme la possibilité de retenir des informations dans l'esprit pendant plusieurs secondes et de les manipuler mentalement. On teste généralement celle-ci dans le domaine de la rétention des mots ou des nombres ou du souvenir de certains objets. Par exemple, on donne au patient un numéro de téléphone, et on lui demande de le répéter immédiatement à l'envers et en sautant les nombres impairs.

Ma prévision selon laquelle Elliot échouerait aux tests détectant spécifiquement les troubles des lobes frontaux, s'est révélée inexacte. Il s'est avéré qu'il était vraiment intellectuellement intact, au point où réussir à ces tests très particuliers était un jeu d'enfant pour lui. On lui a ainsi demandé de passer le test appelé « Test du classement de cartes du Wisconsin », l'un des plus employés parmi le petit nombre de ceux destinés à évaluer le fonctionnement des lobes frontaux. Il consiste à classer de longues séries de cartes représentant une image comprenant diverses formes (étoiles, cercles, carrés), de couleur variable (rouge ou verte), en nombre varié (un, deux ou trois éléments). Le critère de classement (couleur, forme ou nombre) peut être changé par l'expérimentateur et le sujet testé doit prendre conscience rapidement du changement et le mettre en application. Dans les années soixante, la psychologue Brenda Milner a montré que les patients souffrant de lésions préfrontales sont souvent handicapés dans ce type de tâche, et ce résultat a été confirmé de façon répétée par d'autres chercheurs [3]. Ces patients tendent à persévérer dans l'obéissance à un critère donné, au lieu d'en changer de façon appropriée. Elliot a réussi à changer six fois de catégorie de classement au cours de soixante-dix opérations de tri – un résultat que ne peuvent atteindre la plupart des patients souffrant de lésions frontales. Il n'éprouvait aucune difficulté à réaliser cette tâche, semblant ne différer en rien d'une personne ne présentant aucune lésion. Au cours des années, il a maintenu ce type de résultat au test du Wisconsin et à des tests comparables.

Puisque Elliot obtenait des résultats normaux aux examens de ce type, cela voulait dire qu'il était en mesure de prêter attention et de manipuler des données conservées dans sa mémoire de travail, ainsi que de maîtriser fondamentalement la logique et d'opérer des changements dans les règles mentales.

La possibilité de faire des estimations à partir de connaissances incomplètes est un autre aspect des fonctions intellectuelles supérieures, qui est souvent perturbé chez les patients souffrant de lésions frontales. Deux chercheurs, Tim Shallice et M. Evans, ont mis au point un test permettant d'évaluer cette fonction : il consiste en des questions auxquelles on ne peut normalement pas avoir de réponses précises (à moins, peut-être, d'être un collectionneur de vétilles). Pour pouvoir y répondre, il faut invoquer toute une série de faits non reliés, et raisonner sur eux de façon logique, pour arriver enfin à une déduction plausible [4]. Imaginez qu'on vous demande, par exemple, combien il y a de girafes à New York, ou combien il y a d'éléphants dans l'Iowa. Vous devez commencer par vous dire qu'aucune de ces deux espèces n'est originaire d'Amérique du Nord, et que, par suite, dans cette région du monde, les zoos et les parcs d'attraction sont les seuls endroits où l'on peut en trouver ; vous devez ensuite penser à la carte de la ville de New York ou à celle de l'Iowa, et évaluer le nombre des zoos ou des parcs pouvant y figurer ; et sur la base d'une autre catégorie de connaissances, il vous faut estimer combien il peut y avoir de girafes ou d'éléphants dans *chaque* zoo ou parc ; et, finalement, faire la synthèse de tout cela, et en déduire un chiffre. (J'espère que vous allez avancer un nombre grossièrement raisonnable ; en tout cas, je serais très étonné que vous connaissiez le chiffre exact – cela réduirait d'ailleurs à néant tout le raisonnement ci-dessus.) En définitive, il vous faut donc arriver à une estimation acceptable, en partant de fragments de connaissances disparates ; et, pour cela, vous devez faire preuve de capacités normales dans les domaines de la logique, de l'attention et de la mémoire de travail. Dans ce cadre, il est intéressant d'apprendre qu'Elliot, par ailleurs si souvent déraisonnable, était capable de faire de telles estimations fondées sur des connaissances disparates, de façon normale.

Ainsi donc, jusqu'ici, Elliot avait passé tous les tests avec succès, alors que ceux-ci auraient dû mettre en évidence les déficits de ses fonctions frontales. Il n'avait pas encore passé de test de personnalité, et là, je pensais que son problème allait vraiment être cerné. Je me disais qu'il y avait bien peu de chances qu'il réussisse de façon normale à l'Inventaire de personnalité multiphasique du Minnesota [5]. Mais, comme vous l'avez sans doute déjà deviné, il allait se révéler normal là aussi. Il a obtenu un profil cohérent.

À l'issue de tous ces tests, il fallait donc considérer qu'Elliot possédait un fonctionnement intellectuel normal, mais qu'il était incapable de prendre des décisions correctes, surtout lorsque celles-ci touchaient à des questions personnelles ou sociales. Se pouvait-il que les processus de raisonnement et de prise de décision dans ces domaines fussent différents de ceux mis en œuvre dans les domaines où la réflexion intellectuelle porte sur des choses, des nombres ou des mots ? Et s'il y avait deux types de processus, dépendaient-ils de systèmes neuraux différents ? Je ne pouvais faire autrement qu'accepter la conclusion suivante : en dépit des grands changements qu'avait connus Elliot à la suite de sa lésion cérébrale, on ne pouvait pas, chez lui, déceler grand-chose en laboratoire au moyen des tests neuropsychologiques habituels. On avait quelquefois trouvé ce type de discordance chez certains patients, mais jamais de manière aussi déconcertante pour nous autres chercheurs. Si l'on voulait mettre en évidence quelque déficit que ce soit, il fallait envisager de nouvelles approches. Et si l'on voulait expliquer les perturbations de comportement d'Elliot de manière satisfaisante, il fallait renoncer à invoquer les interprétations habituelles ; les résultats irréprochables d'Elliot signifiaient qu'il ne fallait pas incriminer les habituels suspects.

RELEVER LE DÉFI

Lorsqu'on est confronté à un problème déroutant, l'une des meilleures choses que l'on puisse faire est de l'oublier pendant un temps. Je ne m'en suis donc plus préoccupé pendant une période, et lorsque je m'y suis remis, j'ai trouvé que ma façon de l'envisager avait commencé à changer. Je me suis aperçu que je m'étais beaucoup trop soucié des capacités intellectuelles d'Elliot, et des facteurs mentaux sous-tendant sa faculté de raisonnement, mais que, pour diverses raisons, j'avais complètement négligé de m'intéresser à sa réactivité émotionnelle. Au premier abord, celle-ci ne paraissait pas sortir de l'ordinaire. Certes, comme je l'ai dit plus haut, Elliot semblait se contrôler énormément, mais de nombreuses personnes célèbres et socialement exemplaires ont été, ou sont aujourd'hui, dans ce cas. Bien sûr, il n'était guère démonstratif : il ne riait ni ne pleurait de façon déplacée, et il ne semblait jamais ni triste ni gai. Il n'était pas facétieux, faisant seulement preuve d'un humour serein (ses traits d'esprit étaient beaucoup plus plaisants et socialement acceptables que ceux de certaines personnes que je connais). Lors d'un examen plus serré, cependant, il apparaissait qu'un élément manquait dans le profil psychologique d'Elliot, et je n'avais jusque-là pas pris en compte les signes qui l'attestaient : par exemple, il était capable de raconter sa tragédie avec un détachement qui contrastait avec la gravité de ce qui lui était arrivé. Il ne laissait percer aucune émotion, racontant toujours les événements comme s'il en était un spectateur non personnellement engagé et impartial. À aucun moment on n'avait l'impression qu'il ressentait de la souffrance, alors qu'il était pourtant le protagoniste de ces histoires. Notez bien que du point de vue du médecin qui écoute un patient, un tel contrôle de soi est souvent apprécié, puisqu'il permet plus facilement de rester serein. Mais, tandis que mes entretiens avec Elliot se prolongeaient, il m'est apparu de plus en plus clairement que l'ampleur de son détachement avait quelque chose d'inhabituel. Il ne faisait aucun effort pour maîtriser ses émotions. Il était calme et détendu. Ses récits coulaient sans heurts. Il ne cherchait pas à limiter l'expression d'une émotion ressentie intérieurement ou à étouffer quelque trouble interne. Car il n'avait tout simplement pas de trouble interne. Son attitude n'était pas du tout le résultat d'un apprentissage. De façon étrange et non calculée, il ne souffrait pas de sa tragédie. Je me suis aperçu que j'éprouvais plus de peine en écoutant les récits d'Elliot que lui-même ne paraissait en ressentir. En fait, il me semblait que je souffrais davantage que lui, rien qu'en *pensant* à ces histoires.

Fragment par fragment, le tableau de ce déficit particulier s'est mis en place, à la suite de mes observations, des propres explications du patient, et des témoignages de ses proches. Elliot faisait preuve d'infiniment plus de modération dans ses réactions émotionnelles qu'il ne le faisait avant sa maladie. Il semblait envisager la vie sur un mode neutre. Je n'ai jamais aperçu chez lui une trace d'émotion au long des nombreuses heures de conversation que j'ai eues avec lui : aucune tristesse, aucune impatience, aucun signe d'énervement face à mon questionnement incessant et répétitif. J'ai appris que son comportement était exactement le même dans son environnement quotidien. Il tendait à ne jamais se mettre en colère, et dans les rares occasions où cela se produisait, l'épisode était très bref ; très vite, il revenait à son attitude calme et ne gardait aucune rancune.

Plus tard, et tout à fait spontanément, j'allais obtenir de lui directement la preuve que je cherchais. Mon collègue Daniel Tranel avait effectué des expériences de psychophysiologie consistant à montrer aux patients des images suscitant de vives réactions émotionnelles – immeubles en train de s'effondrer au cours de tremblements de terre, maisons en train de brûler, personnes blessées au cours d'accidents sanglants ou sur le point de périr noyées. Alors que nous interrogions Elliot à la suite de l'une de ces nombreuses séances de présentation d'images, il m'a déclaré carrément qu'il ne réagissait plus comme auparavant sur le plan émotionnel. Il s'était aperçu que des sujets qui, autrefois, suscitaient chez lui de vives émotions, ne le faisaient maintenant plus réagir, ni positivement, ni négativement.

C'était absolument renversant. Essayez de vous représenter la situation. Essayez d'imaginer que vous ne ressentez aucun plaisir en contemplant un tableau que vous aimiez jusque-là, ou en entendant un de vos morceaux de musique préférés. Essayez de vous représenter comment vous pourriez vivre dès l'instant où vous seriez à jamais privé de cette possibilité et cependant intellectuellement conscient du contenu de cette image ou de cette mélodie, et également conscient que ceux-ci vous avaient autrefois procuré beaucoup de plaisir. Nous pourrions définir en peu de mots la malheureuse condition d'Elliot, en disant qu'il était désormais en mesure de *connaître, mais non de ressentir.*

J'ai commencé à me demander s'il n'y avait pas un rapport entre les capacités émotionnelles réduites d'Elliot et les erreurs dont il faisait preuve dans l'appréhension rationnelle des situations. Pour soutenir cette hypothèse, il me fallait étudier plus avant aussi bien Elliot que d'autres patients. Il me fallait d'abord et avant tout absolument exclure la possibilité que j'étais passé à côté d'un déficit intellectuel fondamental, lequel aurait permis d'expliquer les perturbations de comportement de ce patient, indépendamment de tout autre déficit.

RAISONNEMENT ET PRISE DE DÉCISION

Pour éliminer définitivement toute éventualité de déficit intellectuel subtil, il fallait effectuer de nombreuses recherches. Il était important de voir si Elliot connaissait encore les normes de comportement qu'il avait négligées de mettre en pratique dans sa vie quotidienne, après sa maladie. En d'autres termes, avait-il perdu le savoir se rapportant au comportement social, de telle sorte que, même jouissant d'une capacité de raisonnement normale, il lui était devenu impossible de résoudre un problème dans ce domaine ? Ou bien possédait-il encore ce savoir, mais ne pouvait-il plus l'invoquer et s'en servir ? Ou bien pouvait-il accéder à ces connaissances, mais était-il devenu incapable de s'en servir pour faire des choix ?

J'ai été aidé dans ces recherches par Paul Eslinger, qui était alors mon étudiant. Nous avons commencé par présenter à Elliot une série de problèmes, reposant sur des dilemmes éthiques et des questions financières. Par exemple, on lui disait : s'il avait besoin d'argent liquide, est-ce qu'il volerait, s'il en avait l'occasion et la garantie quasi absolue de ne pas être pris ? Ou bien : s'il apprenait que les actions de telle société avaient obtenu de bons résultats au cours du mois écoulé, allait-il vendre celles qu'il possédait ou bien en acheter davantage ? Les réponses d'Elliot n'ont pas été différentes de celles qu'aurait pu fournir n'importe lequel d'entre nous qui travaillions au laboratoire. Il mettait en œuvre les mêmes principes éthiques que nous tous. Il savait parfaitement résoudre les problèmes en fonction des conventions sociales admises. Ses décisions dans le domaine financier paraissaient tout à fait raisonnables. Les problèmes que nous lui avons posés n'étaient pas spécialement complexes, mais il était néanmoins très intéressant de constater qu'Elliot y répondait d'une façon qui n'était pas anormale. En effet, sa vie réelle n'était pourtant qu'une longue suite de « dérapages », précisément dans les domaines envisagés par les problèmes ci-dessus. Cette discordance entre les réponses erronées qu'il faisait dans sa vie quotidienne et celles, exactes et conformes à la normalité, qu'il donnait au laboratoire, posait encore une nouvelle énigme.

Mon collègue Jeffrey Saver s'est plus tard attaqué à celle-ci, en étudiant le comportement d'Elliot dans une série de tests de laboratoire mettant en jeu les conventions sociales et les valeurs morales. Permettez-moi de vous décrire les tâches qu'on lui a demandé d'accomplir.

La première consistait à élaborer des stratégies possibles dans un contexte donné. Ce test avait pour but d'évaluer l'aptitude à trouver toutes sortes de solutions pour faire face à d'hypothétiques problèmes se posant dans le domaine des relations interpersonnelles. On décrivait verbalement quatre situations épineuses, en demandant au sujet testé de dire quelle attitude il pouvait préconiser pour se tirer d'affaire. Dans l'une d'entre elles, l'acteur de l'histoire avait cassé le pot de fleurs préféré de son épouse ; le sujet testé pouvait-il imaginer quelles paroles pouvait dire, ou quels actes pouvait entreprendre, le protagoniste en question, pour éviter que son épouse ne se mette en colère ? Pour inciter le sujet testé à énoncer toutes sortes de nouvelles solutions, on lui posait des séries de questions du type : « Et que peut-il faire d'autre ? » On enregistrait le nombre de solutions pertinentes et distinctes proposées par le sujet avant et après l'incitation. Les résultats d'Elliot n'ont nullement été inférieurs à ceux des sujets-contrôles, tant en ce qui concernait le nombre des solutions pertinentes proposées avant l'incitation, qu'en ce qui concernait le nombre total des solutions pertinentes, ou le degré de pertinence.

La deuxième tâche portait sur la perception des conséquences d'actions données. Ce test était destiné à évaluer l'inclination spontanée d'un sujet à envisager les conséquences de certaines actions. On décrivait au sujet quatre situations hypothétiques dans lesquelles se présentait la tentation de transgresser les conventions sociales. Dans l'une d'elles, l'acteur de l'histoire se faisait payer le montant d'un chèque à la banque et le caissier lui donnait, par erreur, trop d'argent. On demandait au sujet de décrire ce qui allait se passer ensuite, et d'indiquer quelles allaient être les pensées du protagoniste en question avant et après tout acte qu'il allait poser. On attribuait des notes aux réponses, et la note globale finale reflétait la fréquence avec laquelle le sujet testé prenait en considération les conséquences de telle ou telle action choisie. Dans cette tâche, Elliot s'est révélé même supérieur aux sujets-contrôles.

Le troisième type de test, appelé « Problème des moyens et des fins », portait sur la capacité à imaginer des moyens efficaces d'atteindre un but dans le domaine des relations interpersonnelles. On donnait au sujet dix scénarios différents, en lui demandant d'imaginer des démarches efficaces permettant d'atteindre un but particulier satisfaisant à des besoins sociaux – par exemple, établir des relations amicales ou bien entretenir une relation sentimentale ou bien encore résoudre un conflit dans les relations de travail. On racontait par exemple au sujet testé l'histoire d'une personne qui avait déménagé dans une ville nouvelle pour elle, s'y était fait de nombreux nouveaux amis et s'y était ainsi sentie tout à fait chez elle. On demandait alors au sujet d'imaginer une histoire décrivant par quelles étapes le protagoniste de l'histoire était passé pour arriver à cet heureux résultat. La note obtenue à ce test correspondait au nombre des actions ayant pu efficacement conduire au résultat en question. Elliot a réussi à ce test de façon irréprochable.

La quatrième tâche portait sur l'aptitude à prédire les suites de certaines situations sociales. Dans chacune des trente questions de ce test, on présentait au sujet testé une petite bande dessinée mettant en scène une certaine interaction entre des personnes, et on lui demandait de choisir, parmi trois autres bandes dessinées, celle qui dépeignait le mieux la suite de la bande dessinée initiale. Le niveau du résultat était apprécié par le nombre de choix corrects. Dans ce test, Elliot n'a pas différé des sujets-contrôles normaux.

Le cinquième et dernier test, dit de « Jugement moral formulé dans des situations classiques » (représentant une version modifiée du dilemme de Heinz par L. Kohlberg et ses collègues) [6], portait sur le stade de développement du jugement moral. On décrivait au sujet une situation sociale dans laquelle se posait un conflit entre deux impératifs moraux, et on lui demandait de trouver une solution à ce dilemme et d'en fournir une justification détaillée sur le plan de l'éthique. Dans l'une de ces situations, par exemple, le sujet devait décider et expliquer si un personnage devait ou non voler un médicament pour sauver la vie de sa femme. L'évaluation des sujets testés consistait à assigner leurs jugements à un niveau donné de développement moral, en se fondant sur une gradation de critères.

Ainsi, un sujet pouvait se retrouver classé, à l'issue de ce test, dans l'un ou l'autre de cinq stades de développement de plus en plus complexe du raisonnement moral. Ces cinq stades sont dits préconventionnels (stade 1 : obéissance et orientation par punition, et stade 2 : échange et démarche répondant à un objectif) ; conventionnels (stade 3 : accord entre personnes et orthodoxie ; stade 4 : accord social et soutien du système) ; post-conventionnels (stade 5 : contrat social, principe d'utilité et droits individuels). Des études ont montré qu'à l'âge de trente-six ans, quatre-vingt-neuf pour cent des Américains de sexe masculin atteignent le stade conventionnel de jugement moral et onze pour cent le stade post-conventionnel. Elliot s'est classé à un niveau intermédiaire entre les stades 4 et 5. C'était un excellent résultat.

Pour résumer, Elliot était donc capable d'imaginer toutes sortes de solutions à des situations sociales et d'envisager spontanément les conséquences du choix de certaines actions. Il était aussi capable d'imaginer les moyens permettant d'atteindre un objectif social, de prédire la suite la plus vraisemblable à une situation sociale donnée, et de formuler un jugement moral se situant à un niveau élevé de développement. Ces résultats indiquaient très clairement que la lésion de la région ventro-médiane du lobe frontal n'avait pas fait disparaître la mémoire du savoir social, puisque celle-ci était évoquée dans les conditions du laboratoire [7].

Les bons résultats d'Elliot dans le domaine de l'évaluation du comportement social s'accordaient bien avec ceux de niveau supérieur qu'il avait obtenus dans le domaine des tests classiques visant à évaluer la mémoire et l'intelligence. Mais ils contrastaient fortement avec la façon défectueuse dont il prenait des décisions dans la vie réelle. Comment l'expliquer ? Nous avons rendu compte de cette discordance spectaculaire en invoquant plusieurs différences existant entre les conditions mises en œuvre au cours des tests et celles rencontrées dans la vie réelle. Analysons-les.

À l'exception du dernier des cinq tests, il n'avait jamais été demandé au sujet de faire un choix parmi les solutions envisagées. Il lui avait suffi d'imaginer les solutions et les conséquences vraisemblables. En d'autres termes, il lui avait suffi de raisonner sur le problème, et il ne lui avait pas été nécessaire de raisonner dans le but d'aboutir à une décision. Le fait qu'il ait obtenu des résultats normaux à ces tests avait démontré qu'il n'avait pas perdu son savoir social, et qu'il pouvait y faire appel ; mais cela ne nous avait rien appris sur le processus de choix lui-même. La vie réelle, au contraire, nous oblige à choisir. Si l'on ne ressent pas cette obligation, on peut se retrouver tout aussi indécis qu'Elliot.

Cette distinction s'est trouvée justement bien mise en évidence par une réflexion de notre patient. Lors d'une de ces séances de test, il avait énoncé une très grande quantité de solutions alternatives permettant de faire face à une situation donnée, qui étaient toutes valables et en mesure d'être mises en pratique. À la fin de cette session, il a souri, apparemment satisfait de sa riche imagination, mais a ajouté : « Et après tout ça, je ne saurais toujours pas quoi faire ! »

Même si nous avions recouru à des tests demandant à Elliot de faire un choix dans le cadre de chacune des questions, les conditions auraient continué à différer de celles rencontrées dans la vie réelle ; il aurait eu à faire face seulement à l'ensemble des contraintes initiales et non aux nouvelles contraintes surgissant de sa réponse de départ. Dans la vie réelle, pour chaque solution avancée par Elliot pour faire face à une situation donnée, il y aurait eu une réaction de la partie adverse, ce qui aurait changé la situation et nécessité une série supplémentaire de nouvelles solutions de la part d'Elliot, ce qui aurait encore conduit à une nouvelle réaction, laquelle, à son tour, aurait requis de nouvelles solutions, et ainsi de suite. En d'autres termes, le caractère continuellement évolutif et imprédictible des situations rencontrées dans la vie réelle n'était pas présent dans les situations évoquées par les tests de laboratoire. Il est vrai que l'objectif de Jeffrey Saver avait été, au moyen de ces tests, de voir si certaines connaissances existaient toujours et si elles étaient accessibles, et non pas d'évaluer les processus de raisonnement menant à des choix.

Il me faut également signaler d'autres différences entre la vie réelle et les tests de laboratoire. Le contexte temporel des situations envisagées au cours des tests était très resserré par rapport au déroulement du temps dans la vie réelle. Dans certains cas, les processus que l'on met en œuvre dans le cadre de cette dernière demandent que l'on garde présentes à l'esprit des informations – représentations de personnes, de choses ou de scènes – pendant des périodes assez longues, surtout lorsque de nouvelles conséquences ou de nouvelles solutions se font jour, demandant à être comparées aux précédentes. En outre, dans nos tests, les situations et les questions qu'elles appelaient étaient présentées aux sujets testés pratiquement par le seul biais du langage. Or, la vie réelle nous confronte fréquemment à des situations où les problèmes nous sont, en fait, posés à la fois par le biais du langage et par celui de la perception visuelle. Nous faisons face à des personnes et des choses ; des scènes, des sons, des odeurs, etc. ; des actions évocatrices d'émotions plus ou moins fortes ; et nous les accompagnons d'une interprétation, sous forme verbale ou sous celle de représentation imagée.

Ces défauts mis à part, nous avions cependant progressé. Les résultats obtenus suggéraient que nous ne pouvions attribuer les malencontreuses décisions d'Elliot à une lacune du savoir social ou à l'impossibilité d'accéder à celui-ci, ou à une déficience fondamentale dans la faculté de raisonnement ; elles ne découlaient pas non plus de défauts fondamentaux dans les processus d'attention ou de la mémoire de travail, tels qu'ils sont mis en œuvre lors du traitement des informations factuelles qui prépare une prise de décision dans les domaines personnel et social. La déficience paraissait se manifester dans les derniers stades du raisonnement, à proximité du point où un choix entre diverses solutions devait intervenir pour que soit prise une décision. En d'autres termes, quel que fût le mécanisme qui « déraillait », ce déraillement devait se produire tardivement dans le processus. Le défaut d'Elliot semblait être de ne pas pouvoir faire un choix approprié, ou bien de ne pas pouvoir choisir du tout. Vous souvenez-vous qu'il pouvait perdre de vue la tâche qu'il était en train d'accomplir et rester des heures durant à travailler dans une voie de garage ? Lorsque nous travaillons à une tâche, un certain nombre de pistes s'ouvrent devant nous, et nous devons à chaque instant choisir notre voie de façon appropriée, si nous ne voulons pas perdre de vue notre objectif. Elliot était devenu incapable de choisir correctement sa voie. Comprendre ce qui l'en empêchait allait être la prochaine étape de nos recherches.

J'étais maintenant certain qu'Elliot avait beaucoup de traits en commun avec Phineas Gage. Les défauts dont ils souffraient (ou avaient souffert) dans leur comportement social et leur processus de prise de décision étaient compatibles avec un savoir social normalement préservé, ainsi que des fonctions neuropsychologiques supérieures également intactes (telles que mémoire, langage, processus d'attention, mémoire de travail et processus de raisonnement fondamentaux). En outre, j'étais certain que, chez Elliot, la déficience dont il souffrait était accompagnée par une diminution de ses réactions émotionnelles et de la perception des émotions. (Selon toute vraisemblance, la même déficience sur le plan émotionnel devait exister chez Gage, bien que l'absence de témoignage explicite ne nous permette pas d'en être absolument certains. Nous pouvons du moins le déduire du fait qu'il ne semblait pas ressentir de gêne à parler de façon ordurière ou à donner ses malheurs en spectacle dans un cirque.) Je soupçonnais aussi fortement que la déficience d'Elliot dans la capacité d'exprimer et ressentir des émotions n'était pas un facteur annexe, n'ayant pas d'influence sur sa déficience dans le domaine du comportement social. La perturbation de l'émotivité jouait certainement un rôle dans les problèmes d'Elliot. J'ai commencé à penser que sa façon de raisonner totalement de sang-froid pouvait l'empêcher d'attribuer des poids différents aux diverses solutions qui s'offraient à lui, de sorte que, pour lui, le paysage où s'opéraient les prises de décision était désespérément plat. Il était également possible que ce même détachement dans le domaine émotionnel lui ait rendu ce paysage mental trop mouvant, de telle sorte qu'il ne lui laissait pas le temps d'opérer une sélection entre les diverses solutions possibles – en d'autres termes, il aurait alors pu s'agir d'un déficit subtil dans la mémoire de travail, qui pouvait peut-être altérer la suite du processus de raisonnement nécessaire pour prendre une décision. Quoi qu'il en soit, il semblait bien que la recherche d'une explication aux troubles d'Elliot aussi bien qu'à ceux de Gage promettait de conduire à la neurobiologie de la faculté de raisonnement.

CHAPITRE IV

De sang-froid

Personne n'a jamais douté que, dans certaines circonstances, l'émotion perturbe la faculté de raisonnement. Les preuves en sont abondantes et sont à l'origine du conseil fort juste que nous avons tous appris depuis notre plus jeune âge : Gardez la tête froide, contrôlez vos émotions ! Ne laissez pas vos passions interférer avec votre jugement. Dès lors, nous nous représentons généralement la capacité de ressentir des émotions comme une faculté mentale surnuméraire, un à-côté de la pensée rationnelle, voulu par la nature mais non par le sujet pensant. S'il s'agit d'émotions agréables, nous les ressentons comme un luxe ; si elles sont désagréables, nous les endurons comme des perturbations non souhaitées. Dans tous les cas, la sagesse demande de n'éprouver d'émotions et de sentiments que de façon judicieuse. Il faut être raisonnable.

Cette conception largement répandue est manifestement très sensée, et je n'irai pas nier que des réactions émotionnelles incontrôlées ou « déplacées » puissent être une source majeure de comportement irrationnel. Et je n'irai pas non plus nier qu'une faculté de raisonnement apparemment normale puisse être perturbée par de subtils facteurs émotionnels. Par exemple, un patient acceptera plus facilement de suivre un traitement si on lui dit que quatre-vingt-dix pour cent de ceux qui l'ont suivi sont en vie cinq ans après, que si on lui dit que dix pour cent sont morts [1]. Bien que le résultat soit exactement le même, il est probable que les sentiments évoqués par l'idée de la mort conduisent à rejeter une solution qui peut pourtant être acceptée si elle est présentée de l'autre façon. Autrement dit, le rejet du traitement repose ici sur une idée illogique et irrationnelle. Et on ne peut pas dire que cette dernière est la conséquence d'un manque de connaissances, car, dans ces circonstances, les médecins tendent à se comporter exactement comme les non-médecins. Néanmoins, cette façon traditionnelle d'envisager le rapport entre émotion et raison passe à côté d'une notion qui a été bien mise en évidence par l'étude de patients tels qu'Elliot et par d'autres observations que je discuterai plus bas : *l'affaiblissement de la capacité de réagir émotionnellement peut également être à la source de comportements irrationnels*. Le rapport entre l'absence d'émotions et la perturbation du raisonnement peut sembler aller à l'encontre de l'intuition, mais il peut nous éclairer sur les mécanismes biologiques qui sont à la base de la faculté de raisonner.

J'ai d'abord cherché à établir cette notion en recourant à la démarche de la neuropsychologie expérimentale [2]. En deux mots, cela consiste à procéder par étapes : on repère d'abord des corrélations systématiques entre la lésion de certains sites cérébraux et certaines perturbations du comportement et des facultés cognitives ; on confirme ensuite ces observations en établissant l'existence de ce que l'on appelle des doubles dissociations : la lésion du site cérébral A provoque la perturbation X, mais non la perturbation Y, tandis que la lésion du site cérébral B provoque la perturbation Y mais non la perturbation X ; on formule ensuite des hypothèses aussi bien générales que particulières, selon lesquelles un système neural donné, comprenant à l'état normal diverses composantes (régions corticales et noyaux subcorticaux), sous-tend un comportement et une fonction cognitive définis ; et finalement, on met à l'épreuve ces hypothèses en observant de nouveaux cas de neuropathologie, dans lesquels on recherche si la lésion d'un site cérébral donné a bien pour conséquence de provoquer la perturbation attendue.

La démarche neuropsychologique a donc pour but d'expliquer comment certaines fonctions cognitives sont sous-tendues par des systèmes neuraux définis. La neuropsychologie n'a pas, ou ne devrait pas avoir, pour but de découvrir la « localisation cérébrale » d'un « symptôme » ou d'un « syndrome ».

Mon premier objectif a été de vérifier si nos observations au sujet d'Elliot pouvaient être confirmées par celles d'autres patients. Cela s'est avéré être le cas. À ce jour, nous avons étudié douze patients porteurs de lésions préfrontales du type de celle rencontrée chez Elliot, et chez aucun d'entre eux nous n'avons manqué de constater l'association d'une déficience dans le domaine de la prise de décision et d'un affaiblissement de la capacité de ressentir des émotions. La faculté de raisonner et la capacité d'éprouver des émotions déclinent de concert, et leur amoindrissement tranche nettement par rapport à un profil neuropsychologique qui se caractérise par ailleurs par la préservation parfaite des processus fondamentaux de l'attention, de la mémoire, de l'intelligence et du langage, de sorte qu'on ne peut absolument pas invoquer ceux-ci pour expliquer les erreurs de jugement des patients.

Mais l'amoindrissement concomitant et frappant de la faculté de raisonnement et de la capacité d'éprouver des émotions ne s'observe pas que dans le cadre des lésions préfrontales. Dans ce chapitre, je vais montrer que cette double déficience peut aussi être provoquée par la lésion d'autres sites cérébraux et que cela suggère l'existence d'interactions entre le système neural responsable de la capacité de ressentir des émotions et celui sous-tendant la faculté de raisonnement et de prise de décision.

OBSERVATIONS D'AUTRES CAS DE LÉSIONS PRÉFRONTALES

Pour rapporter les observations qui ont été faites sur d'autres cas de lésions préfrontales, je les envisagerai tour à tour par ordre chronologique. L'exemple de Phineas Gage n'est pas la seule source historique importante lorsqu'on cherche à comprendre les bases neurales des processus de raisonnement et de prise de décision. On peut invoquer quatre autres exemples, répertoriés dans les annales de la neurologie, pour essayer de définir le profil neuropsychologique fondamental de ce type de patients.

Le premier de ces cas, étudié en 1932 par Brickner, un neurologue de l'université Columbia, a été celui d'un agent de change new-yorkais de trente-neuf ans, ayant jusque-là bien réussi dans sa vie personnelle et professionnelle. Désigné de façon anonyme par l'expression « patient A », il avait été victime d'une tumeur cérébrale, identique à celle d'Elliot, c'est-à-dire un méningiome [3]. Elle s'était développée depuis le haut, pressant sur les lobes frontaux vers le bas. L'effet produit sur ce patient a été le même que celui que nous avons vu chez Elliot. Le neurochirurgien Walter Dandy, faisant œuvre de pionnier, a pu réaliser l'ablation de la tumeur. Celle-ci avait, cependant, déjà eu le temps de provoquer d'importants dégâts dans le cortex cérébral des lobes frontaux, aussi bien à droite qu'à gauche. Les régions touchées correspondaient à toutes celles qui avaient été détruites chez Gage et Elliot, et étaient même un peu plus étendues. Du côté gauche, l'opération chirurgicale a retiré tout le cortex frontal situé en avant des aires du langage. À droite, la partie de cortex frontal enlevée par le chirurgien a été encore plus étendue, et a correspondu à l'ensemble de la région dorsale située en avant des aires de la motricité. Les cortex de la face ventrale (orbitaire) et de la face interne (région médiane), des deux côtés des lobes frontaux, ont été également enlevés. Le cortex cingulaire a été préservé. (Les données de la neurochirurgie ont été totalement confirmées vingt ans plus tard, à l'autopsie.)

Le patient A jouissait d'une perception normale. Il faisait preuve d'une connaissance normale des personnes, des lieux et du temps. Sa mémoire des événements récents ou lointains était normale. Son aptitude au langage et ses capacités motrices étaient intactes, de même que son intelligence, pour autant que les tests psychologiques disponibles à l'époque permettaient d'en juger. On n'a d'ailleurs

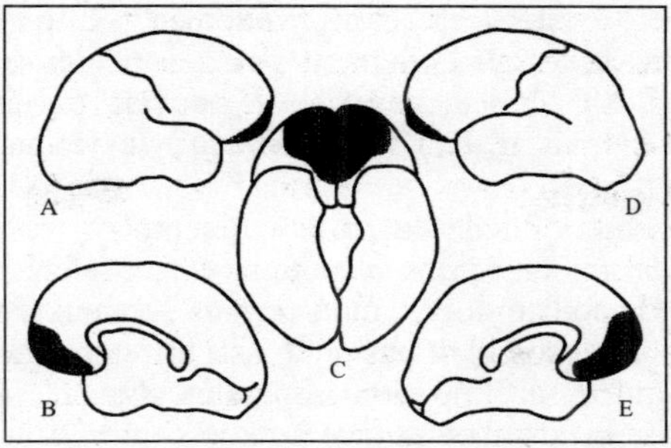

Figure 4-1. Les aires en grisé correspondent aux régions ventrales et médianes du lobe frontal qui sont toujours lésées chez les patients présentant le « tableau de Phineas Gage ». Remarquez que les régions dorso-latérales des lobes frontaux ne sont jamais touchées.
A : Hémisphère cérébral droit, vue externe (de côté).
B : Hémisphère cérébral droit, vue interne (face médiane).
C : Le cerveau vu de dessous (vue ventrale orbitaire).
D : Hémisphère cérébral gauche, vue externe.
E : Hémisphère cérébral gauche, vue interne.

pas manqué de souligner qu'il était tout à fait capable de faire des calculs et de bien jouer au jeu de dames. Mais malgré une impressionnante santé physique et de bonnes aptitudes mentales, le patient A n'a jamais repris son travail. Il est resté à la maison, échafaudant des plans pour son retour à la vie professionnelle, mais sans jamais mettre à exécution le plus simple d'entre eux. La destinée de cet homme a donc pris, là aussi, un cours malheureux.

La personnalité de A avait profondément changé. Son ancienne modestie s'était évanouie. Il avait été poli et prévenant, mais à présent il pouvait être inconvenant jusqu'à un point embarrassant. Ses remarques au sujet des gens, y compris sa femme, étaient désagréables et parfois carrément cruelles. Il se vantait de ses prouesses dans les domaines professionnel, sportif et sexuel, alors qu'il ne travaillait plus, ne faisait rien de sportif, et n'avait plus de rapport sexuel avec sa femme, ni avec personne d'autre. Une grande partie de sa conversation tournait autour de ses mythiques exploits et était parsemée de facétieuses remarques, faites généralement aux dépens des autres. À l'occasion, s'il était contrarié, il pouvait devenir mal embouché, mais n'allait jamais jusqu'à la violence physique.

La vie émotionnelle du patient A semblait très appauvrie. De temps en temps, il pouvait être affecté par une émotion de courte durée, mais le plus souvent il n'exprimait rien. Il ne semblait pas qu'il ressentît quoi que ce soit pour les autres, et il ne montrait aucun signe d'embarras, de tristesse ou d'angoisse face à cette situation. L'adjectif qui convenait le mieux pour décrire son état affectif était « plat ». De façon générale, le patient A était devenu dépendant et passif. Il a passé le reste de sa vie sous la supervision de sa famille. On lui a appris à se servir d'une machine à imprimer, grâce à laquelle il a fait des cartes de visite, et cela est devenu sa seule activité productive.

Chez le patient A, le comportement et les fonctions cognitives présentaient manifestement les caractéristiques que je cherche à cerner, définissant ce que l'on pourrait appeler le « tableau de Phineas Gage » : en conséquence de la lésion du cortex frontal qu'il avait subie, il avait perdu toute aptitude à choisir les démarches les plus avantageuses dans sa vie personnelle, bien que ses capacités mentales fussent par ailleurs intactes ; et sa capacité d'exprimer et ressentir des émotions était très diminuée. Ce type de tableau présente, bien sûr, des variantes dans le profil des personnalités, lorsqu'on compare les différents cas répertoriés. Mais il est dans la nature des syndromes de se présenter sous forme de tableaux dans lesquels des symptômes fondamentaux sont constants, tandis que d'autres symptômes sont plus variables. Comme je l'ai indiqué lorsque j'ai discuté des différences superficielles entre Gage et Elliot, il est trop tôt pour se prononcer sur l'origine de ces variations. Pour le moment, je désire seulement mettre en évidence les traits fondamentaux communs à tous les cas, caractérisant un tableau pathologique.

Le deuxième exemple dont je peux faire état date de 1940[4]. Donald Hebb et Wilder Penfield, à l'université

McGill au Canada, ont décrit un patient qui avait été victime d'un grave accident à l'âge de seize ans, et ils ont ainsi mis en lumière un point important. Phineas Gage, le patient A et leurs équivalents modernes ont été des adultes normaux, ayant complètement développé leur personnalité, avant de souffrir de lésions des lobes frontaux et de présenter un comportement anormal. Que se serait-il passé si ces lésions étaient survenues durant le développement, au cours de l'enfance ou de l'adolescence ? On peut peut-être prédire que des enfants ou des adolescents ainsi perturbés ne pourraient jamais atteindre une personnalité normale, car ils ne pourraient pas développer leur sens des rapports sociaux. Et c'est précisément ce qui a été trouvé dans ce type de cas. Le patient de Hebb et Penfield avait subi, à l'âge de seize ans, des fractures multiples au niveau des os frontaux et ceux-ci avaient comprimé et lésé le cortex frontal des deux côtés. Il avait jusque-là présenté une enfance et une adolescence normales ; mais après son accident, son développement dans le domaine des relations sociales s'est arrêté, et, de plus, son comportement social s'est détérioré.

Le cas décrit par S. S. Ackerly et A. L. Benton en 1948 est peut-être encore plus parlant [5]. Leur patient avait subi une lésion des lobes frontaux au moment de la naissance, et avait donc traversé l'enfance et l'adolescence démuni de la plupart des systèmes neuraux que je crois être nécessaires au développement d'une personnalité normale. Son comportement était donc anormal. Il n'était pas stupide et ses facultés mentales fondamentales paraissaient être intactes, mais il n'a jamais acquis un comportement social normal. À l'âge de dix-neuf ans, il a subi une exploration neurochirurgicale : celle-ci a révélé qu'il ne subsistait qu'un peu de lobe frontal gauche, tandis que le lobe frontal droit était totalement absent par suite d'atrophie. De graves lésions survenues au moment de la naissance avaient donc irrévocablement endommagé la plus grande partie de son cortex frontal.

Ce patient n'a jamais été capable d'occuper longtemps un emploi. Après quelques jours durant lesquels il se comportait bien, il commençait à ne plus s'intéresser à son travail et finissait même par voler et faire preuve d'un comportement anarchique. Tout changement par rapport à la routine lui était une source de contrariété, et pouvait le mettre en colère, alors qu'en général il tendait à être docile et poli. (On a dit de son attitude courtoise qu'elle évoquait la « politesse du valet de chambre anglais ».) Il ne s'intéressait que peu à la sexualité, et n'a jamais éprouvé le moindre sentiment pour une éventuelle partenaire. Son comportement était stéréotypé, manquant d'imagination. Il ne prenait jamais aucune initiative et n'a jamais développé de compétence professionnelle, ni ne s'est jamais passionné pour des « violons d'Ingres ». Son comportement ne paraissait pas pouvoir être influencé par des récompenses ou des punitions. Sa mémoire était capricieuse ; elle présentait des signes de défaillance dans des apprentissages pourtant faciles ; et tout à coup, elle manifestait son efficacité dans le cadre de sujets annexes, comme par exemple la reconnaissance des marques d'automobiles. Ce patient ne semblait ni heureux ni triste, et ne paraissait éprouver du plaisir ou du déplaisir qu'au cours de brefs moments.

Les patients de Hebb-Penfield et d'Ackerly-Benton présentaient de nombreux traits de personnalité communs. Ils faisaient preuve, dans leur vie quotidienne, de rigidité et d'une certaine tendance à l'obstination ; ils étaient incapables de programmer leur activité dans le futur, et ne pouvaient occuper un emploi rémunéré ; ils manquaient d'originalité et de créativité ; ils tendaient à se vanter et à présenter une image très favorable d'eux-mêmes ; ils faisaient généralement preuve de politesse, mais de façon stéréotypée ; ils étaient relativement moins capables que quiconque d'éprouver du plaisir et de réagir à la souffrance ; ils étaient sexuellement peu actifs, et leur comportement d'exploration était très faible ; ils n'avaient aucune déficience dans le domaine de la motricité, de la perception sensorielle ou de la communication, et leur intelligence se situait au niveau attendu, étant donné leur milieu socioculturel. Des cas similaires continuent à se rencontrer de nos jours, et chez ceux que j'ai observés, le tableau est semblable. Ces patients ressemblent au malade d'Ackerly et Benton sur le plan de l'histoire médicale et du comportement social. On pourrait décrire leur problème en disant qu'ils n'ont jamais réussi à se faire une représentation théorique d'eux-mêmes, ni de leur rôle social, aussi bien dans le cadre du passé que dans celui du futur. Et ils n'y ont pas davantage réussi pour ce qui concerne les autres. Ils sont démunis de toute représentation théorique de leur propre psychologie et de celle des êtres humains avec lesquels ils interagissent [6].

Une quatrième catégorie de cas historiques est fournie par une source inattendue : la littérature sur la leucotomie préfrontale. Cette technique chirurgicale, mise au point en 1936 par le neurologue portugais Egas Moniz, avait pour but de traiter l'anxiété et l'agitation accompagnant certains troubles psychiatriques comme la schizophrénie ou la psychonévrose obsessionnelle [7]. Telle qu'elle était envisagée par Moniz, et a été mise en pratique par son collaborateur, le neurochirurgien Almeida Lima, l'opération consistait à réaliser de petites lésions au sein de la matière blanche située dans la profondeur des deux lobes frontaux. (Le nom de cette technique est d'étymologie fort simple, puisqu'il vient de λευκος, mot grec signifiant « blanc », et de τομεῖν, mot grec signifiant « couper » ; le terme de « préfrontale » désignant le lieu de l'opération.) Comme nous l'avons vu au chapitre II, la matière blanche située audessous du cortex cérébral est composée de faisceaux de fibres nerveuses, ou axones. Chacun de ces derniers correspond au prolongement d'un neurone. Un axone est, en fait, la structure par laquelle une cellule nerveuse donnée fait contact avec une autre. Les faisceaux d'axones courent au sein de la matière blanche du cerveau, mettant en rapport différentes régions du cortex cérébral. Certaines connexions sont locales, s'opérant entre des régions du cortex situées seulement à quelques millimètres les unes des autres, tandis que d'autres relient des régions très éloignées, comme, par exemple, des régions corticales d'un hémisphère cérébral avec des régions corticales de l'autre hémisphère. Il existe aussi des connexions bidirectionnelles entre les régions corticales et les noyaux subcorticaux, c'est-à-dire les amas de neurones situés au-dessous du cortex. Le faisceau d'axones qui se rend d'une origine donnée à une cible donnée est souvent appelé une « projection », parce que les axones se projettent au sein d'un ensemble particulier de neurones. Une série de projections, menant de cible en cible, est appelée une « voie ».

Moniz avait imaginé que, chez les patients présentant une anxiété et une agitation pathologiques, les projections et les voies au sein de la matière blanche de la région frontale étaient le siège d'une hyperactivité répétitive. Il n'avait pas vraiment de preuves pour soutenir son hypothèse. Des études récentes portant sur l'activité nerveuse de la région orbitaire chez des patients souffrant de dépression et de symptômes obsessionnels ont montré que Moniz avait peut-être raison, au moins en partie, même si dans le détail il avait tort. Mais si l'hypothèse de Moniz pouvait paraître bien trop en avance sur les données dont il disposait à son époque, le traitement proposé allait être encore plus audacieux. Raisonnant sur la base du cas du patient A, et de résultats obtenus chez les animaux, que nous examinerons plus bas, Moniz avait estimé que la lésion chirurgicale des connexions en question abolirait l'anxiété et l'agitation de ces patients, tandis que leurs capacités intellectuelles ne seraient pas touchées. Il pensait que cette opération soulagerait la souffrance de ces malades et leur permettrait de mener une vie normale sur le plan mental. Considérant que bon nombre de ces patients non traités étaient dans un état désespéré, Moniz a été poussé à mettre en pratique la leucotomie préfrontale.

Les résultats des premières opérations ont plus ou moins confirmé les prévisions de Moniz. L'anxiété et l'agitation des patients ont été abolies, tandis que des fonctions telles que le langage et la mémoire sont restées intactes. Il ne serait pas exact, cependant, de dire que l'intervention chirurgicale n'avait pas perturbé ces malades sur d'autres plans. Leur comportement, qui n'avait jamais été normal, était maintenant anormal d'une façon différente. Leur extrême anxiété avait laissé place à un calme profond. Leur émotivité semblait désormais nulle. Ils ne paraissaient pas souffrir. L'agitation de leur psychisme qui avait été à l'origine d'incessantes obsessions ou d'extraordinaires hallucinations, était maintenant calmée. S'ils avaient eu, avant l'opération, une propension à agir, bien que souvent dans de mauvaises directions, elle était, à présent, muselée.

On ne peut cependant pas totalement se fier aux observations qui ont été faites sur les premiers patients à avoir été ainsi traités. Elles ont été recueillies il y a bien longtemps, à une époque où les connaissances et les moyens d'investigation en neuropsychologie étaient limités, et elles ne sont pas dégagées de tout préjugé, pesant dans un sens positif ou négatif. C'est qu'à l'époque, ce mode de traitement faisait l'objet d'une vive controverse. Cependant, on peut dire que les études existantes ont nettement mis en évidence les points suivants : premièrement, les lésions de la matière blanche sous-jacente aux régions médiane et orbitaire des lobes frontaux ont réduit de façon considérable la capacité de ces patients d'exprimer et ressentir des émotions. Deuxièmement, la perception sensorielle, la mémoire, le langage et la motricité n'ont pas été affectés. Et troisièmement, pour autant que l'on puisse faire la distinction entre les nouveaux comportements qui ont suivi l'opération et ceux qui avaient conduit à l'intervention, il semble que ces premiers patients leucotomisés aient été moins créatifs et plus indécis qu'auparavant.

Pour être juste à l'égard de Moniz et des premières tentatives de leucotomie préfrontale, il faut remarquer qu'incontestablement les patients ont retiré quelque bénéfice de l'intervention chirurgicale qu'ils ont subie. Étant donné leur état psychiatrique, il n'était peut-être pas très grave qu'ils soient désormais quelque peu handicapés par une certaine difficulté à prendre des décisions, car cette déficience nouvelle était peut-être moins lourde à supporter que ne l'avait été la profonde anxiété permanente qu'ils avaient connue auparavant. La mutilation chirurgicale du cerveau peut, bien sûr, paraître inacceptable, mais il faut se rappeler que dans les années trente, le traitement de ces patients consistait à les interner dans des asiles et/

ou à leur administrer des doses massives de sédatifs qui n'arrivaient à calmer leur anxiété qu'en les engourdissant au point de sombrer dans le sommeil. Les alternatives à la leucotomie étaient peu nombreuses : il s'agissait de la camisole de force ou des électrochocs. Il a fallu attendre les années cinquante pour que des médicaments psychotropes comme le Largactil commencent à apparaître. Et il faut rappeler que nous n'avons encore aucun moyen de savoir si les effets à long terme de tels médicaments provoquent moins de dommages au cerveau qu'une opération chirurgicale très sélective. On ne peut que réserver son jugement.

Point n'est besoin, cependant, de modérer ses critiques à l'encontre d'une version de l'intervention de Moniz qui s'est révélée beaucoup plus destructrice : la lobotomie frontale. L'opération imaginée par Moniz ne comportait que des lésions cérébrales limitées. La lobotomie frontale, au contraire, a été une véritable boucherie, dans la mesure où elle a consisté à pratiquer des lésions étendues. Elle a acquis une sinistre réputation dans le monde entier, étant donné la façon discutable dont elle a été prescrite et la mutilation injustifiée qu'elle a entraînée chez ces patients [8].

À partir des cas historiques rapportés ci-dessus et des observations faites dans notre laboratoire, nous avons pu avancer les conclusions provisoires suivantes :

1. Lorsque la région ventro-médiane est concernée, la lésion bilatérale du cortex préfrontal est systématiquement accompagnée de déficits dans la faculté de raisonnement et de prise de décision, ainsi que dans la capacité d'exprimer et ressentir des émotions.

2. Lorsque l'on constate, chez un patient, des déficits dans le domaine du raisonnement et de la prise de décision, ainsi que dans celui de l'expression des émotions, alors que, par ailleurs, le profil neuropsychologique est largement intact, on vérifie que la lésion implique surtout la région ventro-médiane du lobe frontal ; en outre, le domaine personnel-social est celui qui est le plus perturbé.

3. Lorsque les lésions préfrontales concernent les régions dorsale et latérale du lobe frontal au moins autant, ou davantage, que la région ventro-médiane, les déficits

dans le domaine du raisonnement et de la prise de décision ne sont plus restreints au domaine personnel-social. Ces déficits, de même que ceux affectant la capacité d'exprimer et ressentir des émotions, sont accompagnés par des troubles dans la faculté d'attention et la mémoire de travail, troubles que l'on peut mettre en évidence par des tests faisant appel à des mots, des nombres ou des choses.

La question que l'on devait ensuite se poser était de savoir si l'étrange association : déficit dans le domaine du raisonnement et de la prise de décision / déficit dans la capacité d'exprimer et ressentir des émotions, peut aussi se présenter, seule ou en compagnie d'autres troubles neuropsychologiques, à la suite de lésions dans d'autres régions du cerveau.

La réponse a été : oui, cette association peut se manifester de façon très nette, en conséquence de la lésion d'autres sites cérébraux. L'un de ces derniers est une région de l'hémisphère cérébral droit (mais non le gauche), dans lequel figurent les diverses aires corticales assurant le traitement des informations en provenance du corps. Un autre site comprend des structures du système limbique, telles que l'amygdale.

OBSERVATION DE LÉSIONS SIÉGEANT EN DEHORS DU CORTEX PRÉFRONTAL

Il existe un autre trouble neurologique qui présente des traits communs avec le « tableau de Phineas Gage », bien que ce type de patients ne ressemble pas, au premier abord, à notre plus ancien malade. Ce trouble est appelé « anosognosie », et c'est l'un des plus étranges que l'on puisse rencontrer en neuropsychologie. Ce terme – forgé à partir des mots grecs νόσος, « maladie », et γνῶσις, « connaissance » – désigne l'incapacité du patient à se percevoir comme malade. Imaginez une personne qui a été victime d'une attaque cérébrale, et qui est entièrement paralysée du côté gauche du corps : elle est, de ce côté du corps, incapable de bouger la main et le bras, la jambe et le pied, la moitié de son visage est condamnée à l'immobilité, et elle est incapable de se tenir debout ou de marcher. Et maintenant imaginez que cette même personne oublie complètement son état, déclarant qu'elle ne souffre d'aucun problème et répondant à la question : « Comment vous *sentez*-vous ? » par un sincère : « Très bien. » (On a aussi employé le terme d'*anosognosie* pour désigner chez un patient la méconnaissance de la cécité ou de l'aphasie dont il est frappé. Dans la présentation que j'en fais ici, je me réfère seulement à la forme prototypique de ce trouble, comme je l'ai décrite ci-dessus et telle qu'elle a été pour la première fois observée par Babinski [9].)

Certains lecteurs qui n'auraient jamais entendu parler de l'anosognosie pourraient penser que cette « dénégation » de la maladie est « psychologiquement » motivée, et qu'il s'agit d'une réaction d'adaptation des patients au trouble qui les affecte. Je puis assurer qu'il n'en est rien. Regardez, en effet, le trouble neurologique « en miroir », dans lequel c'est le côté *droit* du corps qui est paralysé, et non pas le gauche : les patients ainsi affectés ne présentent alors pas d'anosognosie, et bien que leur fonction du langage soit souvent sévèrement perturbée et qu'ils puissent même souffrir d'aphasie, ils sont tout à fait conscients de leur état. En outre, certains patients présentant une vaste paralysie du côté gauche du corps, mais provoquée par une lésion cérébrale de type différent de celle qui engendre paralysie *et* anosognosie, peuvent parfaitement se rendre compte de leur handicap. En résumé, la paralysie du côté gauche du corps, due à un type particulier de lésion cérébrale, est accompagnée par l'anosognosie ; la paralysie du côté droit provoquée par un type symétrique de lésion cérébrale n'est pas accompagnée d'anosognosie ; la paralysie du côté gauche, provoquée par un type de lésion cérébrale différent de celui provoquant l'anosognosie, n'est pas accompagnée de ce trouble. Donc, l'anosognosie se rencontre de façon systématique en association avec une lésion particulière du cerveau, et de cette région seule, chez des patients qui peuvent sembler, pour des observateurs non avertis des mystères de la neurologie, mieux lotis que les patients souffrant à la fois de paralysie de la moitié du corps et de trouble du langage. La « dénégation » de la maladie résulte donc de la perte d'une fonction cognitive spécifique, par suite de la lésion d'un système cérébral particulier, provoquée par une hémorragie cérébrale ou par d'autres maladies neurologiques.

Les patients atteints d'anosognosie ont besoin d'être mis de façon flagrante en face de leur handicap pour qu'ils se rendent compte que quelque chose ne va pas chez eux. Lorsque je questionnais ma patiente, D. J., au sujet de sa paralysie du côté gauche, qui était complète, elle commençait toujours par me dire que ses mouvements étaient entièrement normaux, qu'ils avaient peut-être été handicapés, à un certain moment, mais qu'ils ne l'étaient plus, à présent. Lorsque je lui demandais de bouger son bras gauche, elle cherchait autour d'elle, puis, après avoir regardé son bras inerte, me demandait si je voulais réellement qu'« il bouge tout seul ». Comme je répondais « Oui, s'il vous plaît », elle prenait alors *visuellement* bonne note de l'immobilité totale du bras et me disait qu'« il ne semblait pas beaucoup bouger tout seul ». Pour se montrer coopérative, elle proposait alors de le bouger avec sa main valide : « Je peux le bouger avec ma main droite. »

Ces patients ne perçoivent donc pas le handicap qui les affecte. Le système sensoriel qui permettrait normalement cette perception, de façon automatique, rapide et interne, est donc, chez eux, dans l'impossibilité de fonctionner. Ce déficit est constant dans les cas sévères d'anosognosie, bien que dans les cas moins graves il puisse être masqué. Par exemple, un patient donné peut se souvenir avoir vu son bras inerte et, par déduction, admettre que quelque chose ne va pas dans cette partie de son corps. Ou bien tel autre patient peut se rappeler les innombrables déclarations, faites par ses proches ou les membres de l'équipe soignante, selon lesquelles il y a paralysie, il y a maladie, et que non, tout n'est pas normal. Se référant à cette information obtenue de source externe, l'un de nos plus intelligents patients atteint d'anosognosie, dit constamment : « J'ai eu *autrefois* ce problème », ou bien : « J'ai été *autrefois* affecté du syndrome de la dénégation. » Bien entendu, il continue à en être affecté. Cette incapacité à prendre conscience, dans l'immédiat, de l'état actuel du corps est absolument étonnante. (Malheureusement, on ne fait pas toujours cette subtile distinction entre la perception directe et la conscience indirecte que les patients peuvent avoir de leur état, lorsqu'on discute de l'anosognosie. A. Marcel est l'un des rares auteurs a l'avoir signalée [10].)

Outre la dénégation de leur maladie, les patients atteints d'anosognosie se caractérisent par un autre trait remarquable : ils ne se font aucun souci pour leur état ; ils n'expriment aucune émotion, et disent ne pas en ressentir, lorsqu'on les questionne à ce sujet. Lorsqu'on les informe qu'ils ont subi une grave attaque cérébrale, qu'ils sont menacés de façon imminente par une nouvelle hémorragie cérébrale ou bien qu'ils souffrent d'un cancer généralisé qui a maintenant gagné le cerveau – en bref, lorsqu'on leur apprend que leur vie ne sera plus jamais comme avant – ils reçoivent la nouvelle avec sérénité, faisant preuve quelquefois d'humour noir, mais ne montrent jamais angoisse ni tristesse, chagrin ni colère, désespoir ni panique. Il est important de se rendre compte que si vous communiquez ces mêmes mauvaises nouvelles à un patient atteint d'une lésion affectant l'hémisphère gauche de façon symétrique, la réaction de ce dernier sera tout à fait normale. Les patients anosognosiques, quant à eux, sont totalement incapables d'exprimer et de ressentir de l'émotion, et c'est peut-être le seul aspect heureux de leur état par ailleurs tragique. Il n'est peut-être pas surprenant que, dans ces conditions, ils aient beaucoup de mal à faire des projets dans le futur, ainsi que de prendre des décisions, dans le domaine personnel ou dans celui des relations sociales. La paralysie est peut-être le moins grave de leurs problèmes.

Grâce à une étude systématique de patients anosognosiques, le neuropsychologue Steven Anderson a pu confirmer la vaste gamme de déficits dont ils souffrent, et démontrer qu'ils sont inconscients de leur état, de la même façon qu'ils ne voient pas la paralysie qui les frappe [11].

Beaucoup d'entre eux paraissent incapables de prévoir les conséquences désastreuses qui pourront découler de leur nouvelle condition ; et lorsqu'ils le peuvent, ils sont incapables d'en ressentir quelque peine. Ils sont absolument incapables de concevoir ce qui leur arrive, ni ce qui va sans doute se passer dans l'avenir, ni ce que les autres peuvent penser d'eux. Et, ce qui est tout aussi important, ils ne sont pas conscients du fait que leur aptitude à se représenter les choses est altérée. Lorsque l'image que l'on a de soi-même est si gravement perturbée, il n'est sans doute plus possible de se rendre compte que ses propres pensées et actions ne sont plus normales.

Les patients atteints du type d'anosognosie décrit ci-dessus présentent une lésion dans l'hémisphère droit. Bien que la recherche des corrélats neuro-anatomiques de cette pathologie ne soit pas terminée, il est clair que l'atteinte en question touche certaines aires corticales particulières de l'hémisphère droit, appelées somatosensorielles (de la racine grecque σωςμα, pour « corps » ; le système somatosensoriel concerne aussi bien les sensations externes, comme celles relatives au toucher, à la température, à la douleur, que les sensations internes, comme celles relatives à la position des articulations, l'état viscéral et la douleur). Ces aires comprennent le cortex de l'insula ; les aires cytoarchitectoniques 3, 1 et 2 (dans la région pariétale) ; et l'aire S_2 (également pariétale, dans la profondeur de la scissure sylvienne). (Remarquez que, lorsque j'emploie le terme de somatique ou de somatosensoriel, je vise tout le *soma*, c'est-à-dire le corps, dans le sens général, et que j'envisage tous les types de sensations corporelles, y compris viscérales.) La lésion frappant les patients anosognosiques affecte aussi la matière blanche de l'hémisphère droit, ce qui a pour effet d'interrompre les connexions reliant les différentes régions mentionnées ci-dessus (lesquelles reçoivent des messages en provenance de tout le corps – muscles, articulations, organes internes), ainsi que les connexions les reliant au thalamus, aux ganglions de la base du télencéphale, et aux cortex moteurs et prémoteurs. Une lésion n'affectant que partiellement le système aux multiples composantes dont je viens de parler, *ne* provoque *pas* le type d'anosognosie que j'ai décrit.

J'avance depuis longtemps l'hypothèse que les aires cérébrales qui sont interreliées au sein de la vaste région de l'hémisphère droit lésée dans le cadre de l'anosognosie, engendrent probablement, par le biais de leur interaction, la carte la plus complète et la plus synthétique sur l'état du corps à chaque instant, dont puisse disposer le cerveau.

Le lecteur peut se demander pourquoi cette carte est restreinte à l'hémisphère droit au lieu d'être distribuée sur les deux hémisphères ; le corps n'est-il pas constitué de deux moitiés symétriques ? La réponse est que, chez l'homme, de même que chez les animaux, les fonctions semblent être distribuées de façon *a*symétrique sur les hémisphères cérébraux, la raison étant probablement qu'il vaut mieux qu'il n'y ait qu'un centre de décision final, lorsqu'il faut choisir une pensée ou une action. Si les deux côtés du cer-

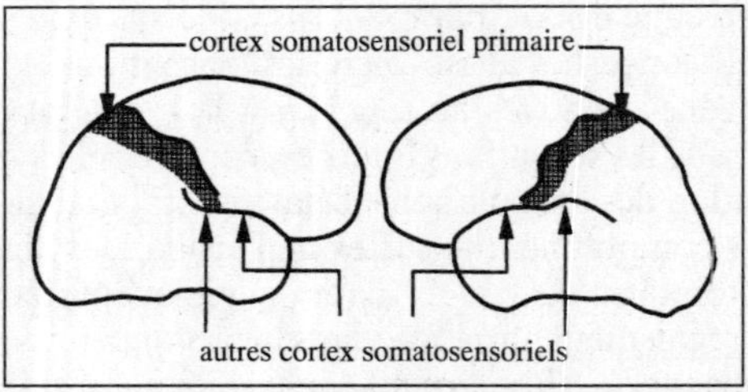

Figure 4-2. Dessins schématiques montrant les hémisphères droit et gauche du cerveau humain, vus de l'extérieur. Les aires en grisé correspondent au cortex somatosensoriel primaire. Les autres aires somatosensorielles, respectivement l'aire sensorielle secondaire (S_2) et l'insula, sont enfouies à l'intérieur de la scissure sylvienne, immédiatement en avant et en arrière du pied de l'aire somatosensorielle primaire. On ne peut donc les apercevoir sur des schémas représentant les faces cérébrales externes. Leur localisation approximative dans la profondeur est indiquée par les flèches.

veau devaient intervenir à égalité dans le déclenchement des mouvements, vous pourriez fort bien voir surgir un conflit – votre main droite pourrait interférer avec la gauche, et vous auriez beaucoup moins de chances d'avoir une bonne coordination des mouvements, dès que ceux-ci concerneraient plus d'un membre. Dans le cas de toutes sortes de fonctions, leur localisation restreinte à un hémisphère est certainement plus avantageuse ; les structures cérébrales les desservant sont alors dites dominantes.

L'exemple de dominance le plus connu se rapporte au langage. Chez plus de quatre-vingt-quinze pour cent des gens, y compris chez de nombreux gauchers, la fonction du langage dépend de structures situées dans l'hémisphère gauche. Un autre exemple de dominance, cette fois-ci se rapportant à l'hémisphère droit, concerne la perception des informations sensorielles en provenance du corps : la représentation de l'état fonctionnel des viscères, d'une part, et celle de l'état fonctionnel des muscles squelettiques des membres, du tronc et du visage, d'autre part, se combinent en une carte dynamique coordonnée. Plus exactement, il n'y a pas combinaison en une seule carte, mais plutôt interaction et coordination entre signaux arrivant au niveau de plusieurs cartes distinctes. Dans ce cadre, les messages relatifs aux côtés gauche et droit du corps trouvent leur maximum de convergence dans l'hémisphère droit, au niveau des trois régions du cortex somatosensoriel mentionnées ci-dessus. De façon curieuse, la représentation de l'espace en dehors du corps, de même que les processus émotionnels, font l'objet d'une dominance hémisphérique droite [12]. Cela ne veut pas dire que le corps ou l'espace n'est pas représenté dans les structures équivalentes de l'hémisphère gauche. Simplement, les représentations sont différentes : à gauche, elles sont probablement partielles, et ne font pas l'objet d'une intégration fonctionnelle.

Sous certains aspects, les patients atteints d'anosognosie ressemblent à ceux souffrant de lésions préfrontales. Par exemple, les patients anosognosiques sont incapables de prendre les décisions appropriées dans le domaine personnel ou dans celui des relations sociales, exactement comme les patients souffrant de lésions préfrontales. Et ces derniers, tous comme les anosognosiques, sont généralement indifférents à leur état de santé et semblent tolérer la douleur de façon inhabituelle.

Certains lecteurs seront peut-être surpris de tout ce que je viens de dire, et se demanderont pourquoi ils n'avaient jamais entendu parler jusque-là de l'incapacité des anosognosiques de raisonner et prendre des décisions. Pourquoi le petit nombre d'études portant sur les troubles du raisonnement consécutifs à des lésions cérébrales a-t-il surtout porté sur des patients souffrant d'atteintes préfrontales ? L'une des explications est sans doute que les malades de ce dernier type apparaissent comme normaux sur le plan neurologique (leur motricité, leurs fonctions perceptives et leur aptitude au langage sont intactes ; leur trouble se situe dans l'incapacité de ressentir des émotions et de raisonner). Ils peuvent donc se lancer dans toutes sortes d'interactions sociales, ce qui va bien mettre en évidence leur déficit dans le domaine du raisonnement. D'un autre côté, les patients souffrant d'anosognosie sont généralement considérés comme des malades, en raison de leurs déficits sensoriels et moteurs flagrants, et connaissent donc de sérieuses restrictions à leurs possibilités d'interactions sociales. En d'autres termes, leur risque de se retrouver en mauvaise posture est bien plus limité. Mais même dans ces conditions, leur déficit dans le domaine des prises de décision existe bel et bien, et il peut se manifester, par exemple, en entravant les meilleurs plans de réhabilitation entamés par leur famille et les équipes soignantes. Dans la mesure où les patients de ce type sont incapables de se rendre compte qu'ils sont profondément handicapés, ils sont peu enclins à coopérer avec le personnel soignant, car ils n'ont nullement envie d'aller mieux. Et pourquoi le devraient-ils, s'ils n'ont, de façon générale, pas conscience de « dérailler » énormément ? Leur bonne humeur ou leur indifférence est très trompeuse, car cet aspect extérieur n'est pas volontaire, et n'est nullement fondé sur la connaissance de leur état. Cependant, on l'interprète souvent à tort comme un trait adaptatif, et les médecins sont souvent enclins, à tort, à augurer mieux de leurs patients faisant preuve de gaieté que de ceux se montrant angoissés, prêts à s'abandonner aux larmes.

Un exemple tout à fait pertinent à cet égard est celui du juge William O. Douglas, membre de la Cour suprême des États-Unis, qui, en 1975, a subi une attaque cérébrale ayant lésé l'hémisphère droit [13]. Dans la mesure où celle-ci n'avait pas engendré de trouble du langage, cela laissait penser qu'il pourrait bientôt reprendre ses fonctions ; en tout cas, c'était là un sentiment partagé par tout le monde, chacun espérant que ce membre brillant et influent de la Cour suprême ne serait pas perdu prématurément. Mais les tristes événements qui ont suivi ont indiqué qu'il n'en était pas ainsi, et ont montré à quelles embarrassantes conséquences on pouvait s'exposer lorsqu'on permettait à un patient souffrant d'un déficit de ce type de se lancer dans de vastes interactions sociales.

Les signes révélateurs se sont manifestés rapidement : Douglas a quitté l'hôpital de lui-même, contre l'avis de ses médecins (il a renouvelé ce type d'escapade plus d'une fois, se faisant conduire à la Cour, ou dans les magasins et les restaurants pour y faire d'extravagantes dépenses). On a rapporté tout cela à sa fermeté de caractère et son humour légendaires, et expliqué de la même manière la façon enjouée dont il attribuait son hospitalisation à une « chute » et niait sa paralysie du côté gauche en disant qu'il s'agissait d'un mythe. Lorsqu'il a été obligé de reconnaître, à l'occasion d'une conférence de presse, qu'il ne pouvait marcher et sortir de son fauteuil roulant sans être aidé, il a minimisé ce problème en disant que « le fait de marcher n'avait que peu de choses à voir avec le travail de la Cour ». Néanmoins, il a invité les journalistes à venir, le mois suivant, faire une promenade à pied avec lui. Plus tard, alors que des tentatives répétées de réhabilitation s'étaient montrées infructueuses, Douglas a répondu à un visiteur qui s'enquérait de sa jambe gauche, qu'« il l'avait bougée, en salle d'exercice, comme s'il avait tiré des buts depuis la ligne des quarante yards », et a avancé l'idée qu'il pour-

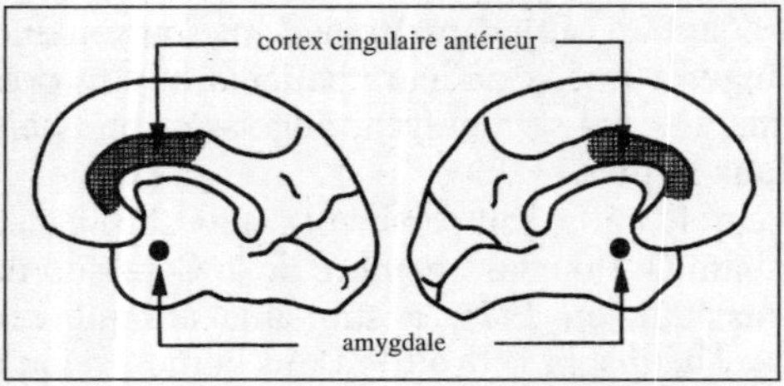

Figure 4-3. Vue de la face interne des deux hémisphères. Les aires en grisé correspondent au cortex cingulaire antérieur. Le cercle noir indique la position de l'amygdale, rapportée sur la face interne des lobes temporaux.

rait bientôt s'engager dans l'équipe des Washington Redskins *. Comme son visiteur, étonné, lui faisait remarquer que son âge risquait d'entraver un tel projet, le juge s'est mis à rire et a dit : « Oui, mais vous devriez voir à quel point je les bats tous. » Ses extravagances devaient, cependant, aller encore plus loin, et Douglas a, de façon répétée, transgressé les conventions sociales dans ses rapports avec les autres juges et avec le personnel. Incapable d'assumer son travail, il a obstinément refusé de démissionner, et même après qu'il a été forcé de le faire, il s'est souvent comporté comme s'il continuait d'occuper son poste.

Les anosognosiques du type que je décris ici ne souffrent donc pas seulement d'une paralysie du côté gauche, dont ils ne sont pas conscients. Ils présentent aussi un déficit dans les domaines du raisonnement et de la prise de décision, ainsi que dans celui des émotions et des sentiments.

Disons à présent un mot des observations se rapportant à la lésion de l'amygdale, l'une des composantes les plus importantes du système limbique. Les patients présentant une lésion bilatérale de cette structure sont extrêmement rares. Mes collègues Daniel Tranel, Hanna Damasio, Frederick Nahm et Bradley Hyman ont eu la chance de pouvoir en étudier, en la personne d'une femme souffrant

* L'une des meilleures équipes de football américain. *(N. d. T.)*

d'une inadaptation de longue date dans le domaine personnel et celui des relations sociales [14]. Il ne faisait aucun doute que ses réactions émotionnelles étaient déficientes, tant par leur pauvreté que par leur inadéquation, et qu'elle ne se souciait guère des situations problématiques dans lesquelles elle se mettait souvent. L'extravagance de son comportement n'était pas sans rappeler celle de Phineas Gage ou des patients anosognosiques. Et comme chez eux, il était difficile de l'expliquer en invoquant son manque d'éducation ou sa faible intelligence (la femme en question avait fait des études secondaires et son QI se situait dans les niveaux normaux). En outre, grâce à une série d'ingénieuses expériences, Ralph Adolphs a montré que cette femme était profondément perturbée dans sa capacité à percevoir certains aspects fins de l'émotion, notamment la peur. Bien que ces résultats aient besoin d'être répétés par l'observation de cas semblables, j'ajouterai que des lésions équivalentes chez le singe provoquent des déficiences dans la perception et l'expression des émotions, comme cela a été montré pour la première fois par Larry Weiskrantz et confirmé par Aggleton et Passingham [15]. En outre, travaillant sur le rat, Joseph LeDoux a établi au-delà de tout doute que l'amygdale joue un rôle dans les réactions émotionnelles (nous examinerons ces résultats plus en détail au chapitre VII) [15].

RÉFLEXION SUR STRUCTURES ET FONCTIONS

Les observations sur les états pathologiques décrits ci-dessus, se traduisant de façon prépondérante par des déficits dans la faculté de raisonnement et de prise de décision, ainsi que dans la capacité d'exprimer et ressentir des émotions, mettent donc en évidence les faits suivants :

Premièrement, il existe une région du cerveau humain, le cortex préfrontal ventro-médian, dont la lésion perturbe, de façon constante et très claire, les processus de raisonnement et de prise de décision, ainsi que ceux de l'expression et de la perception des émotions, surtout dans le domaine personnel et social. On pourrait aussi dire métaphoriquement que les processus neuraux sous-tendant la raison et les émotions se « recoupent » au niveau du cortex préfrontal, ainsi qu'au niveau de l'amygdale.

Deuxièmement, il existe une région dans le cerveau humain, constituée par un ensemble d'aires corticales somatosensorielles situées dans l'hémisphère droit, dont la lésion perturbe également les processus de raisonnement et de prise de décision, ainsi que ceux relatifs à l'expression et à la perception des émotions, et, en outre, interrompt la perception des messages sensoriels en provenance du corps.

Troisièmement, il existe des régions situées dans le cortex préfrontal, outre le secteur ventro-médian, dont la lésion perturbe aussi les processus de raisonnement et de prise de décision, ainsi que ceux relatifs à l'expression et à la perception des émotions, mais selon des modalités différentes : soit le déficit est beaucoup plus large, impliquant les fonctions intellectuelles dans tous les domaines ;

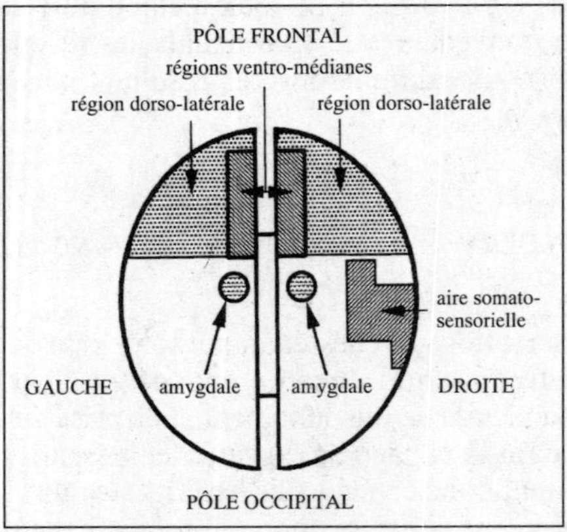

Figure 4-4. Diagramme représentant l'ensemble des régions cérébrales dont la lésion perturbe à la fois les processus du raisonnement et ceux relatifs aux réactions émotionnelles.

soit il est beaucoup plus sélectif, touchant à la manipulation des mots, des nombres, des objets ou de l'espace, davantage qu'aux manifestations relevant du domaine personnel ou social. On peut voir une carte très simplifiée de ces importants recoupements dans la figure 4-4.

En bref, il semble bien y avoir dans le cerveau humain une série de systèmes neuraux impliqués de façon étroite dans les processus de pensée orientés vers un but, que nous appelons raisonnement, ainsi que dans l'organisation des réponses que nous appelons prises de décision, l'accent étant mis dans ces deux cas sur le domaine personnel et celui des relations sociales. Cette même série de systèmes est aussi impliquée dans les processus présidant à l'expression et à la perception des émotions, et se rapporte en partie au traitement des messages provenant du corps.

UNE SOURCE MOBILISATRICE

Avant d'abandonner la question des lésions cérébrales humaines, je voudrais avancer l'idée qu'il existe une région particulière du cerveau humain dans laquelle les systèmes neuraux sous-tendant l'expression et la perception des émotions, ainsi que ceux relatifs à la mémoire de travail et à l'attention, interagissent de façon si étroite qu'ils constituent la source mobilisatrice aussi bien des activités externes (les mouvements du corps) que des activités internes (vie mentale, raisonnement). Cette région est le cortex cingulaire antérieur, une autre pièce de ce puzzle que constitue le système limbique.

Mon hypothèse au sujet du rôle joué par cette région s'appuie sur l'observation d'un groupe de patients chez lesquels elle est lésée, de pair avec des régions voisines. On peut décrire l'état de ces patients en disant que leur capacité d'initiative motrice est abolie, aussi bien sur le plan interne qu'externe – ils représentent l'exemple extrême du déficit de la prise de décision et de l'expression des émotions. Outre le cortex cingulaire antérieur, les régions dont la lésion participe à ce syndrome sont constituées par la région motrice supplémentaire (que l'on désigne par le sigle SMA ou M_2), et la troisième aire motrice (appelée M_3) [16]. Dans certains cas, d'autres aires préfrontales avoisinantes sont également impliquées, de même que peut l'être le cortex moteur situé à la face interne de l'hémisphère. Globalement, on considère que les aires figurant dans toute cette région du lobe frontal sont associées à la motricité, aux réactions émotionnelles, et aux processus d'attention (leur rapport avec la motricité est bien connu ; celui avec l'émotion et avec l'attention a été respectivement établi par Damasio et Van Hoesen, 1983, et par Petersen et Posner, 1990 [17]). La lésion de cette région engendre non seulement un déficit dans la motricité et les processus liés à l'émotion et à l'attention, mais provoque aussi l'abolition de l'initiative motrice et des processus de pensée, de telle sorte que la faculté de raisonnement ne peut plus s'exercer. L'histoire de l'un de mes patients, chez lequel

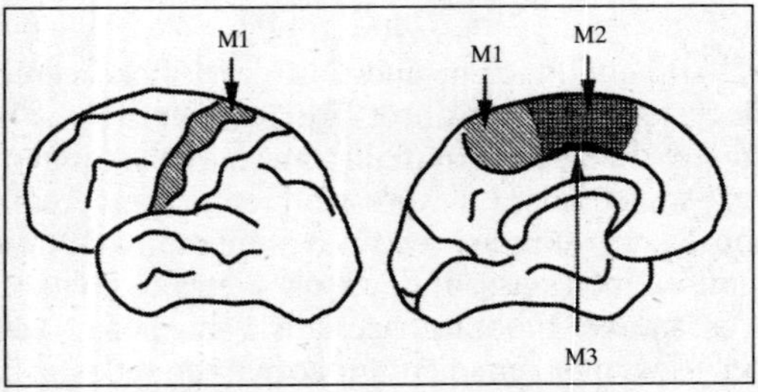

Figure 4-5. Dessins schématiques du cerveau humain représentant l'hémisphère gauche, vu de l'extérieur (dessin de gauche) et vu de l'intérieur (dessin de droite). On y a situé la position des trois principales régions corticales motrices : M_1, M_2 et M_3. La région M_1 correspond à ce que l'on appelle l'« aire motrice » – c'est elle qui est figurée dans toutes les représentations traditionnelles du cerveau. Dans ces dernières, on y superpose très souvent une image humaine grotesque (l'« homoncule de Penfield »). Le cortex désigné du sigle de M_2, moins bien connu, correspond à ce que l'on appelle l'aire motrice supplémentaire, et représente la région interne de l'aire 6. Le cortex M_3 est encore moins bien connu, et est enfoui dans la profondeur du sillon cingulaire.

était survenue une lésion de ce type, donne une bonne idée du déficit en question.

Ce patient était en fait une femme, que j'appellerai ici Mme T. Elle avait subi une hémorragie cérébrale qui avait provoqué de vastes lésions dans les régions dorsale et médiane du lobe frontal, et ceci dans les deux hémisphères. Elle avait soudainement perdu toute initiative dans le domaine de la motricité et du langage, et elle restait habituellement au lit, avec les yeux ouverts et une expression faciale vide. Je qualifie généralement cette expression de « neutre », pour dépeindre cette sorte de sérénité, fondée sur l'absence.

Elle ne faisait pas plus preuve d'initiative motrice au niveau du corps qu'elle ne le faisait au niveau du visage. Elle pouvait faire un mouvement normal de son bras et de sa main, pour tirer ses couvertures, par exemple, mais, en général, ses membres étaient au repos. Lorsqu'on la questionnait au sujet de son état, elle restait généralement silencieuse, bien qu'après avoir été beaucoup encouragée, elle pouvait dire son nom, ou le nom de son mari ou de ses enfants, ou celui de la ville dans laquelle elle habitait. Mais elle ne livrait habituellement rien concernant son cas médical, passé ou présent, et elle ne pouvait pas décrire les événements qui l'avaient conduite à être admise à l'hôpital. On ne pouvait donc pas savoir si elle n'avait aucun souvenir de ces événements, ou bien si elle s'en souvenait, mais ne voulait ou ne pouvait pas en parler. Elle n'a jamais été indisposée par mon questionnement insistant, et n'a jamais montré le moindre signe de préoccupation concernant sa santé ou quoi que ce soit d'autre. Des mois plus tard, tandis qu'elle sortait petit à petit de cet état de mutisme et d'akinésie (absence de mouvement), elle a commencé à répondre à mes questions et à éclaircir le mystère du statut de son fonctionnement mental. Contrairement à ce qu'on aurait pu penser, son esprit n'avait pas été emprisonné dans la geôle de son immobilité. En fait, il semble que son esprit n'avait pas beaucoup fonctionné, qu'elle n'avait pas beaucoup pensé, pas beaucoup raisonné. L'état passif de son corps et de son visage avait reflété très exactement son manque de vie mentale. Lorsqu'elle a commencé à se rétablir, elle a pu affirmer avec certitude qu'elle n'avait jamais ressenti d'angoisse due à son absence de communication. Rien ne l'avait contrainte à ne pas s'exprimer. Bien plutôt, elle se souvenait qu'elle n'« avait réellement rien à dire ».

À mes yeux, Mme T. avait été privée de toute capacité de réaction émotionnelle. Selon ses propres dires, il semble qu'elle n'ait éprouvé, durant tout ce temps, aucune émotion. Selon moi, elle n'avait pas prêté spécifiquement attention aux stimuli externes qui se présentaient à elle, et elle n'avait pas non plus prêté attention de façon interne à leur représentation, ni à la représentation de ce qu'ils pouvaient évoquer simultanément. Je dirais que sa volonté avait été suspendue, et cela semble aussi avoir été son impression. (Francis Crick a repris à son compte ma suggestion selon laquelle la volonté est suspendue chez les patients porteurs de telles lésions, et a avancé l'hypothèse qu'il existerait un substrat neural à la libre volonté [18].) En bref, cette patiente avait connu un déficit considérable de sa capacité à initier des images mentales et des mouvements, ainsi que des moyens permettant de les stimuler. Cette perte d'initiative s'était traduite extérieurement par une expression faciale neutre, le mutisme et l'akinésie. Il semble que dans l'esprit de Mme T., il ne s'était déroulé aucun processus de pensées normalement différenciées, ni de raisonnement, et que, naturellement, il ne s'y était formé aucune décision, ni encore moins la volonté de mettre en pratique quelque décision que ce soit.

LES OBSERVATIONS FOURNIES PAR DES ÉTUDES SUR LES ANIMAUX

L'argumentation que je suis en train d'avancer peut être appuyée par des études sur les animaux. La première de celle que je peux citer date des années trente. L'observation, qui a été faite sur des chimpanzés, a constitué, sinon l'étincelle ayant déclenché la pratique des leucotomies frontales, du moins le signal qui a encouragé Moniz à mettre en pratique certaines de ses idées. L'observation en question a été faite par J. F. Fulton et C. F. Jacobsen de l'université Yale, au cours d'études visant à comprendre l'apprentissage et la mémoire [19]. Les deux chimpanzés femelles, Becky et Lucy, avec lesquelles ils travaillaient, n'étaient pas des animaux faciles : elles se sentaient facilement frustrées et devenaient alors méchantes. Dans le cadre de leur étude, Fulton et Jacobsen désiraient savoir si des lésions du cortex préfrontal pouvaient altérer les capacités d'apprentissage. Dans un premier temps, les chercheurs ont réalisé la lésion d'un seul lobe frontal. Ni les résultats des animaux aux épreuves, ni leur profil psychologique n'ont été affectés. Les expérimentateurs ont donc pratiqué la lésion du deuxième lobe frontal. Et c'est alors que des phénomènes étonnants se sont manifestés. Dans des circonstances où Becky et Lucy se seraient antérieurement montrées très irritées, elles semblaient maintenant être indifférentes : au lieu d'être méchantes, elles étaient à présent sereines. Jacobsen a décrit de façon très vivante la transformation qui les avait affectées, devant un grand nombre de ses collègues, lors du Congrès mondial de neurologie tenu en 1935 à Londres [20]. Ayant entendu ses paroles, Moniz se serait, dit-on, levé pour demander si des lésions semblables appliquées au cerveau de psychotiques ne pourraient pas remédier à leurs problèmes. Fulton aurait été inquiété par cette question et n'aurait pu y répondre.

Les lésions préfrontales, décrites ci-dessus chez l'animal, abolissent toute expression des émotions et, ce qui n'est pas moins important, provoquent des anomalies dans le comportement social. Dans une série d'études frappantes, Ronald Myers a montré que des singes * chez lesquels on a réalisé des ablations préfrontales bilatérales

---

* La langue anglaise fait une distinction terminologique entre les singes *(monkeys)* tels que les macaques, les babouins, etc. et les singes *(apes)* proches de l'homme, tels que les chimpanzés, les gorilles, etc. On a choisi ici de traduire par « singes » le terme de *monkeys. (N. d. T.)*

(impliquant les régions ventro-médianes et dorso-latérales, mais épargnant la région cingulaire) n'entretiennent pas des relations sociales normales au sein de leur troupe, bien que leur apparence physique n'ait pas changé [21]. Les singes ainsi lésés présentent une diminution très forte du comportement d'épouillage (aussi bien le leur propre que celui dirigé vers les autres) ; leurs interactions affectives avec leurs congénères, qu'il s'agisse de mâles, de femelles ou de petits, deviennent très réduites ; leur expression faciale et leurs cris sont très faibles ; leur comportement maternel est très diminué ; leur sexualité est inexistante. Bien qu'ils puissent se mouvoir normalement, ils n'arrivent pas à établir de rapports avec les autres animaux de la troupe à laquelle ils appartenaient avant l'opération, et c'est réciproque de la part de ces derniers. Pourtant, les autres animaux peuvent, de façon normale, établir des rapports avec les singes qui sont frappés d'importants handicaps physiques, tels qu'une paralysie, mais sans avoir subi de lésions préfrontales. Bien que les singes paralytiques paraissent plus mal en point que ceux ayant fait l'objet d'une opération préfrontale, ils recherchent le soutien de leurs compagnons et l'obtiennent.

Il semble bien que les singes porteurs de lésions préfrontales ne soient plus capables de suivre les conventions sociales complexes qui structurent une troupe de singes (relations hiérarchiques entre ses différents membres ; dominance de certaines femelles ou de certains mâles par rapport à d'autres, etc. [22]). Il est probable que leur handicap se situe au niveau du « savoir social » et du « comportement social », et que les autres animaux y répondent de façon réciproque. Il est remarquable que les singes porteurs de lésions dans le cortex moteur, mais non dans le cortex préfrontal, ne connaissent pas de problèmes de ce genre.

Les singes chez lesquels on a réalisé l'ablation de la portion antérieure du lobe temporal (par une opération qui ne lèse *pas* l'amygdale) présentent une certaine perturbation de leur comportement social, mais à un degré bien moindre que les singes ayant subi des lésions préfrontales.

En dépit de grandes différences existant sur le plan neurobiologique entre singe et chimpanzé, et entre ce dernier et l'homme, la lésion préfrontale se traduit chez tous par le même type de conséquence : elle handicape sévèrement le comportement personnel et social [23].

Le travail de Fulton et Jacobsen a fourni d'autres importantes indications. Comme on l'a dit, le but de leur étude était de comprendre l'apprentissage et la mémoire, et de ce point de vue leurs résultats sont devenus des références majeures. Les chercheurs avaient essayé d'obtenir de leurs chimpanzés qu'ils apprennent à associer un stimulus-récompense avec sa position dans l'espace. Leur expérience, devenue classique, consistait à placer deux godets devant l'un de leurs animaux, à portée de ses mains. On introduisait dans l'un d'eux un morceau de nourriture, en s'y prenant de façon que le chimpanzé puisse bien voir dans lequel on le mettait. Puis on recouvrait d'un chiffon les deux godets, de sorte que le morceau de nourriture n'était plus visible. Après un délai de plusieurs secondes, on permettait au chimpanzé de saisir le godet dans lequel se trouvait la friandise. À l'état normal, l'animal se souvenait, pendant toute la durée du délai, dans lequel des deux godets se trouvait le morceau de nourriture, et se dirigeait de façon appropriée vers celui-ci, lorsqu'on le lui permettait. Mais l'animal ayant subi une lésion préfrontale devenait incapable de réussir ce test : dès que le stimulus sortait de son champ de vision, il semblait aussi sortir de son esprit. Ces résultats ont constitué par la suite la pierre angulaire des recherches neurophysiologiques de Patricia Goldman-Rakic et de Joaquim Fuster sur les fonctions du cortex préfrontal [24].

L'argumentation que je développe ici a reçu récemment un soutien particulièrement intéressant de la part de la neurochimie. Il s'agit d'observations ayant porté sur la concentration de l'un des récepteurs chimiques de la sérotonine dans la région ventro-médiane du cortex préfrontal, ainsi que dans l'amygdale. La sérotonine est l'un des principaux neurotransmetteurs du cerveau, ces substances chimiques qui interviennent dans pratiquement tous les aspects du comportement et des activités cognitives (les autres neurotransmetteurs importants sont la dopamine, la noradrénaline et l'acétylcholine : ils sont tous libérés à partir de neurones figurant dans de petits noyaux localisés dans le tronc cérébral ou la base du télencéphale, dont les axones se terminent dans le néocortex, le système limbique, les ganglions de la base et le thalamus). La sérotonine intervient, entre autres, chez les primates, dans l'inhibition du comportement agressif (curieusement, elle a d'autres rôles chez d'autres espèces). Les animaux expérimentaux chez lesquels on bloque la libération de la sérotonine par les neurones susceptibles d'en émettre, deviennent impulsifs et agressifs. De manière générale, si l'on renforce les neurotransmissions assurées par la sérotonine, on réduit l'agressivité et on favorise le comportement social.

Dans ce contexte, il est important de remarquer, comme l'a montré le travail de Michael Raleigh [25], que chez les singes dont le comportement social est bien adapté (comme le prouvent les comportements de coopération, d'épouillage mutuel et de maintien à proximité des autres), le nombre des récepteurs de la sérotonine-2 est extrêmement élevé dans la région ventro-médiane du lobe frontal, ainsi que dans l'amygdale et le cortex temporal médian au voisinage de celle-ci, mais nulle part ailleurs dans le cerveau ; et que chez les singes faisant preuve d'une absence de coopération et d'un comportement belliqueux, le nombre de ces récepteurs est bas. Ce résultat vient soutenir mon hypothèse selon laquelle il doit exister des connexions neurales entre les systèmes du cortex préfrontal ventro-médian et l'amygdale (hypothèse que j'ai avancée sur la base de données neuropsychologiques), et il indique, en outre, que ces régions sont impliquées dans le comportement social, le principal domaine affecté chez mes patients souffrant d'un déficit dans les prises de décision (les récepteurs en question sont dénommés ici récepteurs de la sérotonine-2, parce qu'il y a de nombreux types différents de ces récepteurs – pas moins de 14, en fait).

Un intermède sur la neurochimie

Lorsqu'on veut expliquer les comportements et le fonctionnement mental, il n'est pas suffisant d'invoquer des données neurochimiques. Il faut savoir dans quelle région du cerveau telle substance neurochimique est impliquée, au sein du système contrôlant un comportement donné. Si l'on ne sait pas dans quelles régions corticales ou dans quels noyaux agit la substance chimique en question, il y a peu de chances que l'on puisse jamais comprendre comment elle intervient dans le fonctionnement du système (et ne perdez pas de vue que cette compréhension n'est qu'une première étape, préliminaire à l'élucidation finale du fonctionnement de circuits plus précis). En outre, l'explication en termes de systèmes neuraux ne commence à devenir utile que lorsqu'elle concerne l'*effet produit* par le fonctionnement d'un système donné sur un autre système. Il ne faut pas amoindrir la signification de l'important résultat rapporté ci-dessus, en le résumant par la formule lapidaire : « La sérotonine détermine un comportement social adapté, et son absence provoque l'agressivité. » La présence ou l'absence de sérotonine dans certains systèmes cérébraux particuliers, possédant des récepteurs spécifiques de la sérotonine, modifie effectivement leur fonctionnement. Et cette modification, à son tour, change le fonctionnement d'autres systèmes, le résultat final se traduisant en termes de comportement et d'activités cognitives.

Il importe d'autant plus de faire une mise au point sur la sérotonine que l'on a récemment beaucoup parlé de ce neurotransmetteur dans les médias. On a accordé beaucoup d'attention à l'antidépresseur bien connu, le Prozac, qui agit en bloquant la recapture de la sérotonine et probablement en accroissant sa disponibilité au niveau des synapses ; dans la presse à grand tirage, on a fait grand cas de la notion selon laquelle un taux insuffisant de sérotonine pourrait être corrélé à une tendance à accomplir des actes violents. Mais ce n'est pas l'absence ou des quantités trop faibles de sérotonine qui, en elles-mêmes, « provoquent » tel ou tel comportement. La sérotonine fait partie d'un mécanisme extrêmement complexe, impliquant le niveau des molécules, celui des synapses, des circuits locaux et des systèmes, et dans lequel les facteurs socioculturels, passés et présents, interviennent puissamment. Une explication satisfaisante ne peut être obtenue qu'en envisageant de façon synthétique la totalité du processus, en y analysant de manière détaillée les variables pertinentes relatives à un problème spécifique, tel que dépression ou adaptabilité sociale.

Pour finir sur une note pratique : la solution au problème de la violence sociale ne pourra pas provenir de la seule étude des facteurs sociaux, laissant de côté la question de leurs corrélats neurochimiques ; elle ne pourra pas non plus être obtenue en incriminant seulement un corrélat neurochimique donné. Il faudra prendre en considération *à la fois* les facteurs neurochimiques et sociaux, avec chacun leur poids propre.

CONCLUSION

Les observations faites sur l'homme qui ont été rapportées dans ce chapitre suggèrent qu'il existe un lien étroit entre une série de régions cérébrales et les processus de raisonnement et de prise de décision. Les études sur les animaux ont incriminé quelques-uns de ces mêmes liens impliquant les mêmes régions. En combinant les observations fournies à la fois par les études sur l'homme et sur l'animal, nous pouvons maintenant énoncer quelques faits concernant le rôle des systèmes neuraux que nous avons identifiés.

Premièrement, ces systèmes sont certainement impliqués dans les processus de raisonnement, dans le sens large de ce terme. Plus précisément, ils sont impliqués dans les processus de planification de l'action et de décision.

Deuxièmement, un sous-ensemble de ces systèmes neuraux est associé à la planification et à la prise de décision dans les domaines que l'on peut qualifier de « personnel et social ». Il semble bien que ce sous-ensemble de systèmes soit lié à la mise en œuvre d'actes que l'on qualifie généralement de raisonnables.

Troisièmement, les systèmes neuraux que nous avons identifiés jouent un rôle important dans les réactions émotionnelles.

Quatrièmement, ces systèmes neuraux sont nécessaires pour pouvoir maintenir présente à l'esprit, pendant une période de temps prolongée, l'image d'un objet pertinent, lorsque ce dernier est soustrait à la vue directe.

Pourquoi des rôles aussi disparates sont-ils rassemblés dans une région bien circonscrite du cerveau ? Que peut-il bien y avoir de commun entre la possibilité de planifier et de prendre des décisions dans les domaines personnel et social ; élaborer des réactions émotionnelles ; retenir présente à l'esprit l'image d'un objet, en l'absence de ce dernier ?

Deuxième partie

CHAPITRE V

L'élaboration d'une explication

UNE MYSTÉRIEUSE CONSTELLATION

Dans la première partie de ce livre ont été décrits des déficits dans les domaines du raisonnement et de la prise de décision. Les recherches chez les patients qui en sont atteints ont donc conduit à l'identification d'un ensemble particulier de systèmes neuraux qui se trouvent toujours lésés chez eux. Elles ont aussi mis en lumière une série apparemment disparate de processus neuropsychologiques dépendant de l'intégrité des systèmes neuraux en question. On peut se demander en premier lieu quelle nécessité relie ces différents processus entre eux, et ensuite quelle raison explique qu'ils dépendent des systèmes neuraux mis en évidence dans le chapitre précédent. Les paragraphes suivants tentent d'y apporter des réponses provisoires.

Considérons d'abord les problèmes personnels qui se posent classiquement dans un environnement social, lequel est toujours complexe et d'évolution incertaine. Arriver à une décision, dans ces conditions, demande de posséder des informations relevant de toutes sortes de domaines, et d'être en mesure de leur appliquer certaines stratégies de raisonnement. Les informations en question doivent porter sur les choses, les personnes et les situations rencontrées dans le monde externe. Mais dans la mesure où les décisions dans les domaines personnel et social sont inextricablement liées à la survie, ces informations doivent aussi comprendre des données concernant la régulation de l'organisme en tant que tout. Les stratégies de raisonnement, quant à elles, doivent envisager des objectifs à atteindre, des séries d'actions alternatives, des prédictions sur l'avenir, des programmes d'application des décisions sur des échelles de temps plus ou moins vastes.

Deuxièmement, les processus d'expression et de perception des émotions font partie des mécanismes neuraux desservant la régulation de l'organisme, lesquels comprennent notamment des mécanismes homéostatiques, des instincts et des pulsions.

Troisièmement, étant donné la façon dont est organisé le cerveau, les informations nommées ci-dessus dépendent de nombreux systèmes neuraux siégeant dans des régions cérébrales relativement séparées, et non pas dans une seule. Une grande partie de ces informations est rappelée à la mémoire sous la forme d'images distribuées entre de nombreux sites cérébraux, et non pas en un seul. Bien que nous ayons l'impression d'un seul théâtre mental pour ces images, des données récentes indiquent que celui-ci est formé de nombreuses parties distinctes. C'est probablement la relative simultanéité des processus se déroulant à leurs différents niveaux qui conduit à une impression d'unité.

Quatrièmement, puisque les informations ne peuvent être rappelées à la mémoire que sous forme distribuée, en des sites relevant de nombreux systèmes parallèles, les stratégies de raisonnement ne peuvent leur être appliquées que si leurs représentations y sont maintenues présentes pendant des périodes de temps prolongées (au minimum, plusieurs secondes). En d'autres termes, les images sur lesquelles nous raisonnons (images d'objets spécifiques, schémas d'actions et diagrammes de relations, ainsi que leur traduction sous forme de mots) doivent non seulement occuper le centre du champ mental – ce qui est obtenu grâce aux mécanismes neuraux de l'attention – mais doivent y être maintenues plus ou moins longtemps – ce qui est obtenu grâce aux mécanismes d'une mémoire de travail perfectionnée.

Je soupçonne que la mystérieuse constellation de processus que nous avons mise en évidence dans le chapitre précédent découle en partie de la nature des problèmes que l'organisme essaie de résoudre, et en partie de la façon dont est organisé le cerveau. Les décisions dans les domaines personnel et social comportent de nombreuses incertitudes, et ont des conséquences directes ou indirectes sur la survie. Elles ont donc besoin d'être fondées sur un vaste répertoire d'informations relatives aussi bien au monde externe qu'au monde interne. Cependant, puisque le cerveau rappelle ces informations de façon spatialement distribuée, et non pas de façon intégrée, il est nécessaire qu'interviennent les processus de l'attention et de la mémoire de travail, de telle sorte que les représentations, sous la forme desquelles sont rappelées les informations, puissent être manipulées durant une certaine période de temps.

Quant à la raison pour laquelle les systèmes neuraux que nous avons identifiés se recoupent de façon aussi étroite, je soupçonne que l'explication en réside dans les nécessités évolutives. Admettons que les processus de régulation biologique fondamentale de l'organisme orientent de façon déterminante les comportements exprimés dans le domaine social et personnel. Dans ces conditions, il est probable que la sélection naturelle a dû favoriser une organisation du cerveau dans laquelle les systèmes impliqués dans le raisonnement et la prise de décision sont étroitement interreliés avec ceux qui sous-tendent la régulation biologique, puisque ces deux catégories de processus neuraux sont impliquées dans les impératifs de la survie.

Les explications avancées ci-dessus apportent, dans leurs grandes lignes, des premières réponses approximatives aux questions posées par le cas de Phineas Gage. Quels sont les mécanismes permettant à l'homme de se comporter de façon raisonnable ? Comment fonctionnent-ils ? Je résiste généralement à la tentation de résumer l'ensemble des réponses que l'on peut faire à ces questions, par l'expression : « neurobiologie de la faculté de raisonnement », parce que cela peut paraître académique et prétentieux, mais pourtant, c'est bien de cela qu'il s'agit : les prémisses d'une neurobiologie de la faculté qu'a l'homme de raisonner, reposant sur l'étude de systèmes neuraux impliquant de vastes régions du cerveau.

Mon objectif dans la seconde partie de ce livre est d'essayer de voir si les grandes lignes des explications avancées ci-dessus sont plausibles, et d'en tirer une hypothèse pouvant être mise à l'épreuve. Comme la discussion de cette question peut se développer à l'infini, je me restreindrai à quelques sujets bien choisis, de façon à bien faire comprendre mes idées.

Ce chapitre représente un pont entre les faits rapportés dans la première partie et les interprétations que je vais proposer ensuite. Je vous invite à le passer avec moi (j'espère que vous ne le prendrez pas comme une interruption), car ce chapitre vous permettra de vous familiariser avec des notions auxquelles je ferai souvent appel (telles que : organisme, corps, cerveau, comportement, fonctionnement mental, état) ; il y sera discuté brièvement des bases neurales sous-tendant le traitement des informations énumérées ci-dessus, pour souligner qu'il porte essentiellement sur des images et s'effectue en de nombreuses régions du cerveau séparées les unes des autres ; des commentaires sur le développement du système nerveux seront enfin présentés. J'éviterai l'exhaustivité (par exemple, il aurait pu être utile de discuter de l'apprentissage ou de la fonction du langage ; mais ni l'un ni l'autre de ces sujets ne sont indispensables pour le but que je me suis fixé ici) ; je ne traiterai aucune des questions envisagées sous la forme du « manuel scolaire » ; et je n'essaierai pas de justifier chacune des opinions que je présenterai. Rappelez-vous que ce livre cherche à se présenter sous la forme d'une conversation.

Les chapitres suivants retourneront à notre sujet principal et s'attaqueront aux problèmes de la régulation biologique, à la façon dont elle implique l'expression et la perception des émotions, ainsi qu'à la question des mécanismes par lesquels la capacité d'expression des émotions peut contribuer à ceux de la prise de décision.

Avant d'aller plus loin, je voudrais répéter quelque chose que j'ai déjà dit dans l'introduction. Ce livre obéit au modèle du voyage de découverte jamais terminé, et non pas à celui du recensement des faits admis par tout le monde. Je présente ici des hypothèses et leur mise à l'épreuve, non pas un catalogue de certitudes.

DE L'ORGANISME, DU CORPS ET DU CERVEAU

Quelle que soit la question que l'on se pose au sujet de l'homme (comme, par exemple, qui sommes-nous et pourquoi sommes-nous ainsi ?), on peut partir du fait certain que nous sommes des organismes vivants complexes, possédant un corps proprement dit (que j'appellerai « corps », en bref) et un système nerveux (que j'appellerai « cerveau », en bref). Autrement dit, lorsque je mentionnerai le corps, cela désignera le corps moins le système nerveux (lequel comprend une partie centrale et une partie périphérique), bien que, dans un sens traditionnel, le cerveau fasse aussi partie du corps.

L'organisme est caractérisé par une structure et possède un très grand nombre de composantes. Il comprend un squelette formé de nombreuses pièces, qui sont reliées entre elles par des articulations et sont mises en mouvement par des muscles. Il comporte de nombreux organes, dont les combinaisons forment des systèmes. Il présente une limite externe, qui, le plus souvent, est constituée par la peau. Dans certains cas, je désignerai les organes – vaisseaux sanguins, peau, organes localisés dans la tête, la poitrine ou l'abdomen – par le terme de « viscères ». Là encore, dans le sens traditionnel, on inclurait le cerveau sous ce vocable ; mais ce ne sera pas le cas ici.

Chaque organe est constitué de tissus, qui sont à leur tour constitués de cellules. Chacune de ces dernières est formée de très nombreuses molécules, dont les arrangements variés déterminent le squelette de la cellule (ou cytosquelette), ou bien ses organes internes (noyau et divers organites), ou bien sa limite externe (la membrane cellulaire). La structure et le fonctionnement d'une seule de ces cellules sont d'une complexité impressionnante ; et la structure et le fonctionnement d'un seul des systèmes d'organes du corps sont d'une complexité vertigineuse.

LES ÉTATS DE L'ORGANISME

Dans la discussion qui va suivre, il sera souvent fait référence à des « états du corps » ou des « états du fonctionnement mental ». Les organismes vivants sont continuellement en train de changer, passant par une série d'« états » : chacun de ces derniers correspond à une configuration dans laquelle les diverses composantes de l'organisme présentent un niveau d'activité donné. Vous pouvez vous représenter cette figure à l'image d'une scène où seraient en cours toutes sortes de mouvements de gens et d'objets, au sein d'une aire circonscrite. Imaginez que vous vous trouviez dans un grand terminal d'aéroport, et que vous regardiez autour de vous, à l'intérieur et à l'extérieur. Vous verriez et entendriez l'animation constante due à de nombreux processus : les personnes embarquant dans les avions ou en descendant ; d'autres se promenant ou, au contraire, marchant dans un but déterminé ; les avions roulant sur la piste ou en train de décoller ou d'atterrir ; les mécaniciens et les porteurs de bagages accomplissant leur tâche. Imaginez à présent que la scène soit enregistrée par un magnétoscope et que vous fassiez un arrêt sur une image lors de la relecture ; ou que vous ayez pris une photo grand-angle de tout le spectacle se déroulant sous vos yeux. Ce que vous observeriez ainsi sur l'image vidéo arrêtée ou sur le cliché grand-angle, serait l'image d'un *état*, une tranche de vie instantanée, révélant ce qui était en train de se passer dans les divers organes d'un vaste organisme, dans le bref intervalle de temps défini par la vitesse de prise de vue. (En réalité, les choses sont un peu plus complexes que cela. Selon le niveau auquel se place l'analyse, les « états » d'un organisme peuvent représenter des unités distinctes ou être enchaînés de façon continue.)

LE CORPS ET LE CERVEAU INTERAGISSENT : L'UNITÉ INTERNE

Le cerveau et le corps forment une unité indissociablement intégrée, par le biais de circuits neuraux et biochimiques, où les messages sont acheminés aussi bien dans un sens que dans l'autre. Il existe deux voies principales d'interconnexion. Celle à laquelle on pense généralement, en premier lieu, est représentée par les nerfs périphériques sensoriels et moteurs, les uns apportant au cerveau les messages en provenance de tout le corps, et les autres acheminant à toutes les parties du corps les messages provenant du cerveau. L'autre voie, à laquelle on pense moins facilement, bien qu'elle soit évolutivement plus ancienne, est constituée par la circulation sanguine ; celle-ci achemine des messages chimiques, tels que des hormones, des neurotransmetteurs et des modulateurs.

Un résumé même simplifié des relations entre cerveau et corps montre à quel point celles-ci sont complexes :

1. Pratiquement toutes les parties du corps (muscles, articulations et organes internes) peuvent envoyer des messages au cerveau, via les nerfs périphériques. Ces messages entrent dans le système nerveux au niveau de la moelle épinière ou du tronc cérébral, et sont ensuite acheminés de relais en relais, jusqu'au cortex somatosensoriel du lobe pariétal et de l'insula.

2. Les substances chimiques issues de l'activité du corps peuvent atteindre le cerveau par voie sanguine et influencer son fonctionnement, soit directement, soit indirectement, en stimulant des sites cérébraux particuliers, comme, par exemple, l'organe subfornical.

3. Dans la direction opposée, le cerveau peut agir, via les nerfs, sur toutes les parties du corps. Ces actions sont médiées par le système nerveux autonome (ou viscéral) et

par le système nerveux musculosquelettique (ou volontaire). Les messages empruntant le système nerveux autonome proviennent de régions évolutivement anciennes (l'amygdale, le cortex cingulaire, l'hypothalamus et le tronc cérébral), tandis que les messages empruntant le système musculosquelettique proviennent de plusieurs cortex moteurs ou noyaux subcorticaux, d'âges évolutifs variés.

4. Le cerveau agit aussi sur le corps en élaborant ou en commandant l'élaboration de substances chimiques libérées dans la circulation sanguine, telles que des hormones, des neurotransmetteurs et des modulateurs. J'en dirai plus au sujet de ces diverses substances dans le prochain chapitre.

Lorsque je déclare que le corps et le cerveau forment une unité organique indissociable, je n'exagère pas. En fait, je simplifie plutôt. Car le cerveau reçoit des messages non seulement de tout le corps, mais aussi, à certains niveaux, de quelques-unes de ses propres régions, lesquelles reçoivent des messages du corps ! L'unité organique constituée par le partenariat corps-cerveau interagit en tant que tout avec l'environnement, l'interaction n'étant le fait ni du corps seul, ni du cerveau seul. Mais des organismes complexes tels que les nôtres ne se bornent pas à simplement réagir, à simplement exprimer ces réponses spontanées ou réflexes, que l'on appelle du nom générique de « comportements ». Ils donnent également lieu à des réponses internes, dont certaines constituent les images (visuelles, auditives, somatosensorielles, etc.) que je postule être à la base du fonctionnement mental.

DU COMPORTEMENT ET DU FONCTIONNEMENT MENTAL

De nombreux organismes simples, et même ceux formés d'une seule cellule et ne possédant pas de système nerveux, manifestent des activités spontanées, ou bien des activités répondant à des stimuli de l'environnement ; autrement dit, ces organismes réalisent des comportements. Certaines de ces activités concernent l'organisme lui-même, et peuvent être invisibles à l'observateur (comme, par exemple, une contraction au sein d'un organe interne) ou bien être observables de l'extérieur (comme une secousse musculaire, ou l'extension d'un membre). D'autres activités mettent en jeu l'environnement (ramper, marcher, tenir un objet). Mais chez quelques organismes simples et chez tous les organismes complexes, les activités, qu'elles soient spontanées ou qu'elles répondent à des stimuli, sont provoquées par des commandes du système nerveux central (il faut noter, en passant, que les organismes dépourvus de système nerveux central, mais capables de mouvement, ont précédé, puis ont coexisté avec, les organismes dotés de système nerveux central).

Toutes les actions commandées par le système nerveux central ne sont pas forcément volontaires. Au contraire, on peut tenir pour assuré que la plupart des actes que l'on dit commandés par le système nerveux central, en train d'être réalisés de par le monde, ne sont pas du tout volontaires. Ce sont simplement des réponses, à l'instar du réflexe le plus simple : un stimulus est acheminé par un neurone vers un autre neurone, lequel déclenche une action.

À mesure que les organismes ont acquis une plus grande complexité, les actions déclenchées par le système nerveux central ont nécessité davantage d'étapes de traitement intermédiaires. Des neurones supplémentaires ont été interposés entre le neurone recevant le stimulus et le neurone délivrant la réponse, et divers circuits parallèles ont été ainsi mis en place ; mais on ne peut pas dire pour autant que les organismes dotés de ces systèmes nerveux centraux plus complexes ont été immédiatement caractérisés par un fonctionnement mental. Un système nerveux central peut posséder de nombreuses étapes intermédiaires au sein des circuits menant du stimulus à la réponse, et néanmoins ne pas présenter de fonctionnement mental, s'il ne remplit pas une condition essentielle : l'aptitude à former des images internes, et à organiser celles-ci en un processus que nous appelons « pensée » (il ne s'agit pas seulement d'images visuelles ; ce sont également des « images » auditives, olfactives, etc.). Ma description des organismes capables de comportement peut donc maintenant être complétée par la remarque suivante : ils ne sont pas tous dotés d'un fonctionnement mental, c'est-à-dire qu'ils ne présentent pas tous des phénomènes mentaux (ce qui est la même chose que de dire qu'ils ne sont pas tous capables de processus cognitifs). Certains organismes sont caractérisés à la fois par la capacité de réaliser des comportements et par une capacité cognitive. D'autres organismes sont capables d'actions « intelligentes », mais n'ont aucun fonctionnement mental. Il ne semble pas qu'un organisme doté d'un fonctionnement mental soit en même temps incapable d'agir.

Je considère donc qu'un organisme possède un fonctionnement mental à partir du moment où il élabore des représentations neurales qui peuvent devenir des images, lesquelles peuvent subir un traitement dans le cadre d'un processus appelé pensée, et finalement influencer le comportement, dans la mesure où elles peuvent permettre de faire des prédictions sur l'avenir, de former des plans en fonction de ces dernières et de choisir la prochaine des actions. Selon moi, c'est là le phénomène central de la neurobiologie : des représentations neurales, consistant en la modification biologique de circuits neuroniques par les processus de l'apprentissage, donnent lieu à des images au sein de notre monde mental. Autrement dit, des changements microscopiques (affectant les corps cellulaires, les dendrites, les axones et les synapses) dans les circuits neuroniques déterminent des représentations neurales, lesquelles déterminent à leur tour des images que nous ressentons comme appartenant à notre moi propre.

En première approximation, la fonction globale du cerveau est d'être bien informé de ce qui se passe dans le reste du corps, et en son sein propre, ainsi que dans l'environnement entourant l'organisme, de telle sorte qu'un ajustement convenable puisse se faire entre ce dernier et l'environnement, lui permettant de survivre. Du point de vue évolutif, ce sont précisément les mêmes raisons qui ont joué. Pour que soit apparu le système nerveux dans l'évolution, il a d'abord fallu qu'existent des organismes simplement dotés d'un corps. Soit dit en passant, les organismes les plus simples, caractérisés par un corps et un comportement, mais dépourvus de système nerveux, existent encore de nos jours, et sont même bien plus nombreux que les êtres humains, et de loin. Pensez aux nombreuses *Escherichia coli* prospérant au sein de chacun de nous.

INTERACTION DE L'ORGANISME ET DE L'ENVIRONNEMENT : LA PRISE EN COMPTE DU MONDE EXTÉRIEUR

Le corps et le cerveau interagissent très fortement, nous l'avons vu, mais l'entité organique qu'ils forment interagit non moins fortement avec l'environnement. Leurs relations sont médiées par les mouvements du corps et les appareils sensoriels.

L'environnement imprime sa marque sur l'organisme de multiples façons. L'une d'elles consiste à stimuler la rétine, au sein de l'œil, ou bien la cochlée au sein de l'oreille (qui capte les sons) ou le vestibule, également au sein de l'oreille (qui est l'organe de l'équilibre), ou bien les innombrables terminaisons nerveuses au sein de la peau, des bourgeons du goût et de la muqueuse nasale. Les terminaisons nerveuses envoient leurs messages en des points d'entrée bien déterminés dans le cerveau : les cortex que l'on appelle sensoriels fondamentaux. Les uns sont consacrés à la vision ; les autres, à l'audition ; les autres, à la somesthésie ; les autres, à la perception du goût, et les autres encore, à l'olfaction. Représentez-les-vous comme des portes où les messages peuvent entrer. Chacun de ces cortex sensoriels fondamentaux (cortex visuel fondamental, cortex auditif fondamental, etc.) consiste en la collection d'une série d'aires corticales, que relient de nombreuses interconnexions, comme on peut le voir dans la figure 5-1. Plus loin, au cours de ce chapitre, je suggérerai que ces différents groupes d'aires étroitement reliées sont à la base des représentations neurales, organisées de façon topographique, lesquelles sont à l'origine des images mentales.

À son tour, l'organisme agit sur l'environnement par le biais de mouvements de tout le corps, des membres, ainsi que de l'appareil vocal, tous étant contrôlés par les cortex M_1, M_2 et M_3 (cortex dans lesquels prennent aussi naissance les mouvements dirigés vers le corps), avec le concours de plusieurs noyaux moteurs subcorticaux. On peut donc dire qu'il existe des régions cérébrales où arrivent continuellement des messages en provenance des organes sen-

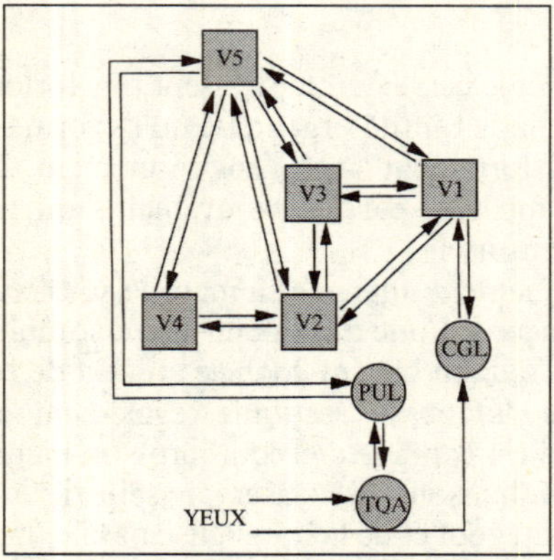

Figure 5-1. Schéma simplifié de quelques connexions entre les « cortex visuels fondamentaux » (V_1, V_2, V_3, V_4, V_5) et trois structures subcorticales liées à la vision : les corps genouillés latéraux (CGL) ; le pulvinar (PUL) et les tubercules quadrijumeaux antérieurs (TQA). V_1 est aussi appelé « cortex visuel primaire », et correspond à l'aire 17 de Brodmann. Remarquez que la plupart des composantes de ce système sont reliées par des projections neuronales bidirectionnelles (flèches). Les informations visuelles entrant dans ce système proviennent des yeux, via les CGL et les tubercules quadrijumeaux. Les informations issues de ce système sont fournies par un grand nombre de ses composantes, et sortent en parallèle (par exemple, de V_4, V_5, etc.), pour être acheminées vers des cibles corticales, aussi bien que subcorticales.

soriels du corps. Ces régions d'« entrée de l'information » sont anatomiquement séparées et ne communiquent pas entre elles directement. Il existe aussi des régions cérébrales où prennent naissance des messages moteurs ou hormonaux ; parmi ces régions de « sortie de l'information » figurent le tronc cérébral et l'hypothalamus, ainsi que les cortex moteurs.

Un intermède sur l'organisation des systèmes neuraux

Imaginez que vous inventiez de toutes pièces le cerveau humain et que vous ayez déjà conçu toutes les portes d'entrée par lesquelles arriveraient les nombreux messages sensoriels. Ne désireriez-vous pas ensuite faire en sorte que ces derniers (de provenance différente, par exemple visuelle et auditive) se mélangent rapidement, afin que le cerveau puisse former des « représentations intégrées » des choses simultanément vues et entendues ? Ne désireriez-vous pas mettre ensuite en rapport ces représentations avec les régions de commandes motrices, afin que le cerveau puisse répondre efficacement ? Je suppose que votre réponse est un « oui » retentissant, mais telle n'a pas été celle de la nature. Comme l'a montré une étude, devenue classique, sur les connexions neuronales, effectuée il y a environ deux décennies par E. G. Jones et T. P. S. Powell, la nature n'a pas permis que les portes d'entrée sensorielle communiquent entre elles *directement*, et n'a pas permis non plus qu'elles communiquent *directement* avec les régions de commande motrice [1]. Au niveau du cortex cérébral, par exemple, chaque série d'aires sensorielles fondamentales est obligée de communiquer avec toute une série de régions intermédiaires, lesquelles communiquent avec d'autres régions situées encore plus loin, et ainsi de suite. Les communications sont réalisées par des axones se projetant vers l'avant, en direction de régions situées en aval, d'où partent des axones se dirigeant vers encore d'autres régions.

On pourrait penser que ces séries de projections vont se terminer en quelques points apicaux, comme par exemple le cortex situé à proximité de l'hippocampe (cortex entorhinal) ou certains secteurs du cortex préfrontal (régions dorso-latérales ou ventro-médianes de ce dernier). Mais ce n'est pas exactement le cas. D'une part, elles ne se « terminent » jamais en tant que tel, parce que, du voisinage de chacun de leurs sites de projection vers l'avant, partent des projections réciproques vers l'arrière. On pourrait dire avec juste raison que les messages cheminant dans ces voies voyagent à la fois vers l'avant *et* vers l'arrière. Au lieu de voies où l'information ne voyage que vers l'aval, on trouve des boucles de projections vers l'avant et vers l'arrière, ce qui peut permettre d'instaurer une récurrence permanente des messages.

Une autre raison empêche de parler de « points terminaux », au sens propre, pour les séries de projections en question : c'est que, partant de certains de leurs « points-relais » (et notamment de ceux qui sont situés en avant), certaines projections gagnent directement les centres de commandes motrices.

Ainsi, les régions d'entrée de l'information ne communiquent pas directement entre elles. Il en est de même entre les régions d'entrée et celles de sortie. Dans tous ces cas, les communications mettent en jeu des régions intermédiaires, formées d'ensembles de neurones reliés en une organisation complexe. Au niveau du cortex cérébral, les ensembles en question correspondent à des aires corticales situées au sein des divers cortex d'association. Mais les relais intermédiaires, dans ce type de communication indirecte, consistent aussi en de gros noyaux subcorticaux, tels ceux figurant dans le thalamus ou les ganglions de la base, ou en de petits noyaux, tels ceux situés dans le tronc cérébral.

En bref, le nombre des structures cérébrales interposées entre les régions d'entrée et celles de sortie est tout à fait élevé, et la complexité de leurs diagrammes de connexion est immense. On ne peut alors éviter de se poser la question : que se passe-t-il donc dans toutes ces structures interposées, que nous apporte donc toute cette complexité ? La réponse est que l'activité qui y prend place, de concert avec celle des régions d'entrée et de sortie, détermine à chaque instant des images dans notre esprit, les remodelant et les recombinant rapidement. En se fondant sur ces dernières, dont je dirai davantage dans les pages qui vont suivre, nous sommes en mesure d'interpréter les messages arrivant dans les cortex sensoriels fondamentaux, de telle sorte que nous puissions les organiser en tant que concepts et les classer dans des catégories. Nous sommes ainsi en mesure de pouvoir formuler des stratégies de raisonnement et de prise de décision ; de choisir une réponse motrice dans la gamme de celles qui sont disponibles dans notre cerveau ; ou bien d'en former une de type nouveau, grâce à la combinaison, sous l'égide de la volonté, de séries d'actions élémentaires, ce qui peut nous permettre aussi bien de frapper de grands coups sur une table, que de serrer un enfant dans nos bras, d'écrire une lettre au directeur d'une publication, ou de jouer du Mozart au piano.

Entre les cinq grandes régions d'entrée sensorielle du cerveau et les trois régions de sortie principales, figurent

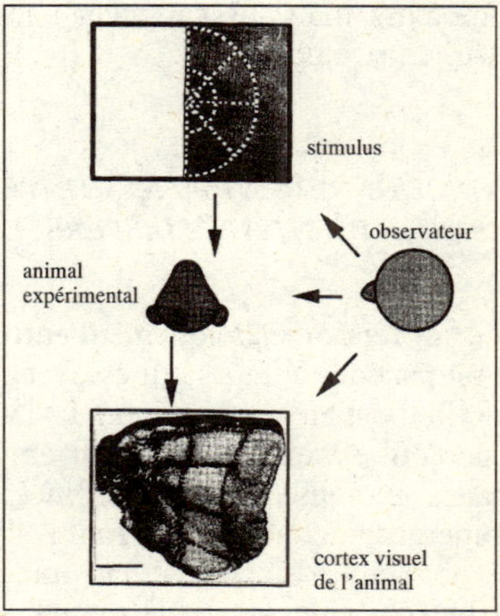

Figure 5-2. Un observateur regardant successivement le stimulus présenté à un animal expérimental et l'activation neurale produite par ce stimulus dans son cortex visuel, apercevrait une remarquable correspondance entre la forme du stimulus et la configuration de l'activité neurale dans l'une des couches du cortex visuel primaire (couche $_4$C). Les photographies du stimulus et de l'activité neurale proviennent des travaux de Roger Tootell (le chercheur qui a réalisé cette expérience).

les cortex d'association, les ganglions de la base, le thalamus, les cortex et les noyaux du système limbique, le tronc cérébral et le cervelet. Globalement, ce vaste ensemble de systèmes constitue un « organe » de gouvernement, qui détient des informations aussi bien innées qu'acquises, concernant le corps proprement dit, le monde extérieur, ainsi que le cerveau lui-même. Ces informations sont utilisées pour élaborer des sorties motrices aussi bien que les images mentales qui sont à la base de nos pensées. J'estime qu'elles sont stockées sous la forme de « représentations potentielles », à l'état inactif, dans les régions cérébrales interposées entre les entrées et les sorties. La régulation biologique, le souvenir d'anciens états, et l'élaboration de plans en vue d'actions futures, tout cela découle d'activités se déroulant de façon coopérative, non seulement au niveau des cortex sensoriels fondamentaux et des cortex moteurs, mais aussi au niveau des régions qui sont interposées entre eux.

UN FONCTIONNEMENT MENTAL INTÉGRÉ À PARTIR D'ACTIVITÉS DISPERSÉES

Il existe une conception classiquement entretenue, mais à tort, par la plupart des auteurs qui essayent de se représenter le fonctionnement du cerveau : la façon unitaire dont l'esprit perçoit le monde sous ses divers aspects sensoriels – images et sons, goûts et arômes, textures et formes – signifierait que tous ceux-ci font l'objet d'un traitement final au sein d'une seule et unique structure cérébrale. D'une certaine façon, il est en effet logique d'imaginer que ce qui est uni dans le monde mental doit l'être aussi dans le cerveau, en un lieu où se mélangent les informations provenant des diverses modalités sensorielles. Pour décrire ce processus interne, on recourt généralement à une métaphore, celle du Cinémascope : sur un écran géant se projetteraient de superbes images en Technicolor, accompagnées d'un son stéréophonique, et même d'émissions odorantes. Daniel Dennett a discuté de façon approfondie de cette conception qu'il a baptisée le « Théâtre cartésien », et a soutenu, de façon convaincante, en faisant appel à des arguments cognitifs, qu'il est impossible que ce dernier puisse exister [2]. Je soutiendrai également ici que la conception du Théâtre cartésien est erronée, en me fondant sur des raisons neurobiologiques.

Je ne ferai ici que résumer mon argumentation développée par ailleurs plus amplement [3]. Ma raison principale de m'opposer à l'idée d'un site cérébral intégratif unique est qu'il n'existe aucune région dans le cerveau humain qui soit équipée pour traiter simultanément les représentations fournies par toutes les modalités sensorielles, lorsque nous percevons simultanément, par exemple, des sons, des mouvements, des formes et des couleurs en synchronisation temporelle et spatiale parfaite.

Nous commençons à comprendre où se réalise vraisemblablement l'élaboration des images au sein de chacune des modalités sensorielles ; mais il n'existe pas une seule aire cérébrale vers laquelle se projetteraient toutes ces dernières en exacte synchronie.

Il est vrai qu'il existe un petit nombre de régions cérébrales où les messages provenant de diverses aires sensorielles fondamentales peuvent converger. Quelques-unes de ces régions de convergence reçoivent véritablement une vaste gamme de messages polymodaux, comme c'est le cas, par exemple, pour les cortex entorhinal et périrhinal. Mais le genre d'intégration qui peut se produire dans ces régions, sur la base de ces messages, n'est vraisemblablement pas de celui qui peut être à la source d'un fonctionnement mental intégré. En tout cas, les lésions affectant ces régions de convergence de niveau élevé n'empêchent pas du tout, même lorsqu'elles concernent les deux hémisphères, que se produise l'intégration mentale globale, bien qu'elles engendrent des déficits neuropsychologiques repérables, tels que des difficultés d'apprentissage.

Il est sans doute préférable d'imaginer que l'intégration mentale globale, dont chacun de nous ressent si fortement l'existence, résulte d'une coopération entre systèmes de haut niveau, assurée par la synchronisation d'activités neuronales prenant place dans des régions cérébrales séparées. Et cette synchronisation est sans doute obtenue grâce à la coïncidence dans le temps des activités en question. En effet, si des activités prenant place dans des régions cérébrales anatomiquement séparées se produisent dans le même intervalle de temps, il est possible de les relier, comme depuis le derrière de la scène, et de donner l'impression qu'elles se déroulent toutes en un même lieu. Remarquez qu'en disant cela, on n'explique pas comment est réalisée la synchronisation temporelle ; on ne fait qu'indiquer qu'elle est l'un des mécanismes possibles pour la réalisation de l'intégration. Cette hypothèse a d'ailleurs été avancée au cours de la décennie écoulée par un certain nombre de théoriciens, et est maintenant prise en compte de façon importante dans leurs travaux [4].

Si le cerveau réalise l'intégration d'activités séparées en des combinaisons pleines de sens grâce à la synchronisation temporelle, c'est une solution judicieuse et économique, mais qui n'est pas sans risques ni problèmes. Le principal risque est celui d'une erreur de synchronisation. Toute faute dans la réalisation de la synchronisation va conduire à une intégration erronée ou bien à une *dés*intégration. C'est ce qui se passe sans doute dans le cas d'état confusionnel provoqué par un coup sur la tête, ou dans le cas de certains symptômes de la schizophrénie ou d'autres maladies. Le problème fondamental lié à la synchronisation temporelle est qu'elle nécessite de maintenir un certain niveau d'intensité aux activités se déroulant en différents sites, et ceci pendant le temps nécessaire pour que puisse se réaliser leur intégration en des combinaisons pleines de sens et pour que les processus de raisonnement et de prise de décision puissent prendre place. En d'autres termes, la synchronisation temporelle requiert que les processus de l'attention et de la mémoire de travail soient desservis par des mécanismes puissants et efficaces, et la nature paraît avoir acquiescé à cette requête.

Chaque système sensoriel semble être équipé de ses propres processus d'attention et de sa mémoire de travail particulière. Mais, pour ce qui concerne les processus d'attention globaux et la mémoire de travail générale, les études sur l'homme et l'animal suggèrent que le cortex préfrontal et certaines structures limbiques (comme le cortex cingulaire antérieur) jouent un rôle essentiel [5]. La mystérieuse constellation de processus et de systèmes cérébraux discutée au début de ce chapitre peut à présent paraître plus claire.

IMAGES DU PRÉSENT, IMAGES DU PASSÉ, IMAGES DU FUTUR

Les informations relatives aux faits, nécessaires au raisonnement et à la prise de décision, viennent à l'esprit sous forme d'images. Examinons brièvement quels mécanismes neuraux peuvent sous-tendre ces dernières.

Si vous regardez le paysage d'automne par la fenêtre, ou écoutez la musique jouant dans le fond, ou passez vos doigts sur une surface métallique froide, ou lisez ces mots, ligne après ligne, jusqu'en bas de la page, vous percevez des informations et êtes en train de former des images dans le cadre des diverses modalités sensorielles. Il s'agit d'*images perceptives*.

Mais vous pouvez cesser de faire attention au paysage, à la musique ou au texte, et tourner vos pensées vers autre chose. Peut-être êtes-vous maintenant en train d'évoquer votre tante Margot, ou la tour Eiffel, ou la voix de Placido Domingo, ou peut-être réfléchissez-vous à ce que je viens de dire au sujet de ces images. Chacune de ces pensées est aussi sous-tendue par des images, qu'elles soient constituées principalement par des formes, des couleurs, des mouvements, des sons ou des mots (prononcés ou non). Ces images qui se forment lorsque vous évoquez des choses du passé, sont appelées des *images de rappel* pour les distinguer des images perceptives.

Au moyen d'images de rappel, vous pouvez ramener à votre conscience un type particulier de pensées. Il s'agit d'idées du passé, c'est-à-dire d'idées que vous aviez formées à un moment donné, lorsque vous aviez envisagé de faire quelque chose, mais que vous n'avez pas encore fait, comme, par exemple, de réorganiser votre bibliothèque ce week-end. Tandis que vous vous représentiez les étapes de ce rangement, vous vous formiez dans votre esprit des images des objets et des processus, et en fixiez le souvenir. Les images correspondant à des événements qui ne se sont pas encore produits et qui, peut-être, ne se produiront jamais, ne sont pas d'une nature différente de celles se rapportant à des événements qui ont réellement eu lieu. Elles constituent le souvenir d'un futur qui aurait pu être, au lieu d'un passé qui a été.

Ces diverses images – perceptives ; de rappel d'un passé réel ; et de rappel d'un futur qui aurait pu être – sont les produits de votre cerveau. La seule chose dont vous pouvez être certain est qu'elles sont bien réelles pour vous-même, et que les autres êtres humains élaborent des images comparables. Nous partageons avec les autres hommes, et même avec quelques animaux, notre vision du monde reposant sur des images ; il existe une remarquable constance dans les images que peuvent élaborer différents individus à partir des données fondamentales de l'environnement (textures, sons, formes, couleurs, espace). Si nos organismes étaient agencés de façon différente, d'un individu à l'autre, les images du monde que chacun de nous se ferait, seraient également différentes. Nous ne savons pas, et il est probable que nous ne saurons jamais, à quoi ressemble la réalité « absolue ».

Comment arrivons-nous à élaborer ces merveilleuses images ? Il semble qu'elles soient produites par le jeu d'une machinerie neuronale complexe, sous-tendant la perception, la mémoire et le raisonnement. Une image peut être déterminée par le monde se trouvant à l'extérieur du cerveau (c'est-à-dire par le monde interne de notre corps ou le monde externe par rapport à celui-ci), avec le concours plus ou moins important de souvenirs du passé. Mais elle peut être aussi élaborée entièrement depuis l'intérieur de notre cerveau, grâce à nos processus de pensée fonctionnant silencieusement et sans à-coups. C'est le cas, par exemple, lorsque nous nous rappelons l'un de nos airs de musique préférés, ou que nous nous rappelons des scènes visuelles, les yeux fermés – qu'elles correspondent à des événements réellement vécus ou qu'elles soient imaginaires.

Mais l'activité neurale sous-tendant directement les images mentales prend place dans les cortex sensoriels fondamentaux, à l'exclusion des autres régions. Qu'elle découle de la perception ou qu'elle émane du rappel de souvenirs, elle est le produit de processus complexes opérant, pour ainsi dire, derrière la scène, au sein de nombreuses régions du cortex cérébral et de noyaux situés audessous du cortex, dans les ganglions de la base, le tronc cérébral et ailleurs. En bref : *les images (perceptives, de rappel, etc.) sont fondées directement sur celles des représentations neurales, et elles seules, qui possèdent une organisation topographique et qui prennent place dans les cortex sensoriels fondamentaux*. Mais elles sont élaborées soit sous l'égide des récepteurs sensoriels tournés vers l'extérieur (comme, par exemple, la rétine), soit sous l'égide de représentations potentielles stockées dans le cerveau, au sein de certaines régions corticales et de certains noyaux subcorticaux.

La formation des images perceptives

Comment sont élaborées les images perceptives lorsque vous êtes en train de regarder quelque chose, comme, par exemple, un paysage, ou que vous êtes en train de ressentir une douleur dans votre coude droit ? Dans les deux cas, il existe une première étape qui est nécessaire, mais non suffisante : les messages en provenance de la partie du corps appropriée (œil et rétine, dans notre premier exemple ; ou terminaisons nerveuses localisées dans la région du coude, dans le second) sont acheminés par des neurones, via leurs axones et leurs synapses électrochimiques, jusqu'au cerveau. Ces messages arrivent dans les cortex sensoriels fondamentaux *. En ce qui concerne ceux qui proviennent de la rétine, ils arrivent dans les cortex visuels fondamentaux, situés à l'arrière du cerveau, dans le lobe occipital. En ce qui concerne les messages provenant de l'articulation du coude, ils arrivent dans les cortex somesthésiques fondamentaux, localisés dans les régions pariétales et insulaires, lesquelles font partie des aires lésées dans le cadre de l'anosognosie, nous l'avons vu. Remarquez de nouveau que ces cortex sensoriels fondamentaux consistent en un *agrégat* de différentes aires, et ne ressemblent de ce fait pas tellement à des centres. Chacune des aires participant à ces agrégats est complexe, et le réseau d'interconnexions qu'elles forment l'est encore plus. Les représentations topographiquement organisées résultent de l'interaction concertée de ces aires, et n'émanent pas de l'activité d'une seule d'entre elles. On est loin des conceptions de la phrénologie.

Lorsque la totalité ou la plus grande partie des cortex sensoriels fondamentaux au sein d'une modalité sensorielle donnée est détruite, la capacité de former des images dans le cadre de cette modalité est perdue. Les patients ayant perdu leurs cortex visuels fondamentaux ne voient plus guère. (Ils conservent cependant quelque capacité visuelle résiduelle, probablement parce que des structures corticales et subcorticales liées à cette modalité restent intactes. Après une lésion étendue des cortex visuels fondamentaux, certains patients sont capables de montrer du doigt des sources lumineuses qu'ils disent pourtant ne pas voir. Ils sont atteints de ce que l'on appelle une cécité psychique. Parmi les structures contribuant à la vision résiduelle, il faut probablement incriminer les cortex pariétaux, les tubercules quadrijumeaux supérieurs

---

* On commence à bien comprendre le fonctionnement des mécanismes perceptifs, au sein de ces cortex sensoriels fondamentaux. Les études sur le système visuel sont les plus avancées, et elles nous ont apporté une vaste quantité d'enseignements dans les domaines de la neuro-anatomie, de la neurophysiologie et de la psychophysiologie. Mais une grande masse de données a été aussi obtenue récemment dans le domaine des systèmes auditif et somatosensoriel. Ces différents cortex forment une alliance fonctionnelle en constante évolution, et les représentations topographiquement organisées qu'ils engendrent, changent avec le type et le volume des informations entrantes, comme l'ont démontré les travaux de plusieurs chercheurs [6].

et le thalamus.) Le déficit perceptif peut être tout à fait spécifique. Après une lésion affectant, par exemple, l'un des sous-systèmes à l'intérieur des cortex visuels fondamentaux, il peut y avoir une perte de la capacité de percevoir les couleurs ; cette perte peut être complète, ou se traduire par un affaiblissement, de telle sorte que les patients perçoivent les couleurs comme si elles étaient délavées. Dans le cadre de l'achromatopsie (perte totale ou partielle de la perception des couleurs), les patients continuent à voir les formes, les mouvements et le relief, mais ils perçoivent le monde dans des teintes grises plus ou moins foncées.

Bien que les cortex sensoriels fondamentaux et les représentations topographiquement organisées qu'ils déterminent soient nécessaires à la formation d'images dans le champ de la conscience, il ne semble pas qu'ils suffisent à engendrer la perception consciente de celles-ci. En d'autres termes, si notre cerveau se bornait à produire de belles représentations topographiquement organisées et ne faisait rien d'autre de celles-ci, je doute que nous puissions jamais arriver à en être conscients, en tant qu'images. Comment pourrions-nous savoir que ce sont *nos* images ? La subjectivité, un caractère important de la conscience, manquerait au tableau. Il est nécessaire d'envisager des facteurs supplémentaires.

Fondamentalement, il faut que ces représentations neurales soient corrélées à celles qui, moment après moment, constituent la base neurale du moi. Nous reviendrons de nouveau sur cette question aux chapitres VII et X, mais laissez-moi vous dire pour le moment que le moi n'est pas représenté par cet infâme homoncule, ce petit personnage à l'intérieur de notre cerveau, regardant les images formées par ce dernier et réfléchissant à leur sujet. Il s'agit, bien plutôt, d'un état neurobiologique perpétuellement recréé. On a attaqué, à juste titre, le concept d'homoncule durant toutes ces dernières années, et cela a conduit beaucoup de théoriciens à se méfier également du concept du moi. Mais il n'est pas du tout nécessaire que la base neurale du moi soit l'homoncule. En réalité, il faut plutôt craindre l'idée d'une cognition qui se passerait du concept du moi.

STOCKAGE DES IMAGES ET FORMATION DES IMAGES LORS DU RAPPEL

Les images *ne* sont *pas* stockées sous la forme de photographies d'objets ou d'événements, ou sous la forme de copies de mots ou de phrases. Le cerveau ne contient pas d'archives constituées par une accumulation de clichés Polaroïd représentant des gens, des objets ou des paysages ; on ne peut pas non plus y trouver des collections de bandes magnétophoniques, sur lesquelles seraient enregistrées des paroles ou des airs de musique ; il n'y a pas non plus de films conservant le souvenir des scènes de notre vie quotidienne ; ni de stocks de fiches-repères ou de transparents de « téléprompteur * » qui permettent aux hommes politiques de faire leurs discours sans omissions ou erreurs. En bref, il semble qu'il n'y ait, dans le cerveau, rien d'équivalent à des images conservées de façon permanente, même miniaturisées ; rien d'équivalent à des microfiches, des microfilms ou des tirages d'imprimantes. Étant donné l'énorme masse de connaissances que nous accumulons durant toute notre vie, le stockage de documents qui représenteraient des sortes de fac-similés de la réalité, poserait des problèmes insurmontables d'encombrement. Si le cerveau ressemblait à une bibliothèque ordinaire, nous manquerions bientôt de place sur nos rayonnages, comme cela se produit justement dans ce genre d'établissement. En outre, le stockage de documents de type fac-similé poserait aussi de difficiles problèmes de recherche de l'information. Nous savons tous d'expérience que lorsque nous nous rappelons un objet donné (ou un visage ou une scène), nous n'obtenons pas une reproduction exacte de l'original, mais une *interprétation*, une version

* Le « téléprompteur » est un appareil qui fait défiler les images très agrandies d'un texte donné, en face de l'orateur faisant un discours dans un studio de télévision. *(N. d. T.)*

reconstruite de celui-ci. En outre, à mesure que nous prenons de l'âge et que notre expérience change, les versions que nous pouvons élaborer d'une même chose évoluent. Toutes ces circonstances s'opposent à la possibilité de conserver des fac-similés rigides des choses, comme l'a remarqué le psychologue britannique Frederic Bartlett il y a plusieurs décennies, lorsqu'il a proposé pour la première fois que la mémoire devait certainement recourir à des reconstructions [7].

Cependant, si l'on admet qu'il ne peut être conservé d'images permanentes des choses dans le cerveau, il faut chercher à expliquer comment il est néanmoins possible, comme nous le savons bien tous d'expérience, de *pouvoir* évoquer des images ressemblant approximativement à l'original. Et ce n'est pas parce que leur ressemblance n'est pas parfaite que cela diminue le fait que nous puissions les évoquer.

Une solution possible de ce problème consiste à supposer que ces images mentales sont des élaborations temporaires, des *tentatives de reproduction* de figures que nous avons autrefois réellement perçues, dans lesquelles la probabilité de reproduction exacte est faible, mais celle d'une reproduction approximative est plus ou moins forte, en fonction des circonstances dans lesquelles la configuration originale a été apprise ou est rappelée à la mémoire. Les images de rappel tendent à ne venir à la conscience que de façon fugitive, et bien qu'elles puissent sembler des reproductions fidèles, elles manquent souvent d'exactitude ou sont souvent incomplètes. Je soupçonne que les images de rappel sont formées en grande partie par les activités synchroniques de neurones localisés dans les cortex sensoriels fondamentaux où s'étaient produites antérieurement les activités synchroniques de neurones, correspondant aux représentations perceptives originelles. De telles activités synchroniques de neurones engendrent, en effet, des représentations topographiquement organisées.

Il existe plusieurs arguments en faveur de cette façon de voir, et quelques preuves peuvent être avancées. Dans le cadre de la maladie appelée achromatopsie, décrite ci-dessus, des lésions limitées dans les cortex visuels fondamentaux déterminent non seulement la perte de la perception des couleurs, mais aussi celle de l'imagerie colorée. Si vous souffrez d'achromatopsie, vous ne pouvez plus du tout *imaginer* les couleurs dans votre esprit. Si je vous demande d'imaginer une banane, vous serez capable de vous représenter sa forme, mais non sa couleur ; vous la verrez en teintes grises. Si les informations relatives à la couleur étaient stockées ailleurs, dans un système séparé de celui qui accomplit la perception de la couleur, les patients atteints d'achromatopsie pourraient imaginer la couleur alors même qu'ils ne pourraient pas la percevoir sur un objet du monde externe. Mais ce n'est pas le cas.

Les patients atteints de lésions étendues dans les cortex visuels fondamentaux perdent toute capacité de former une imagerie visuelle. Cependant, ils peuvent continuer à se rappeler des informations relatives aux propriétés tactiles et spatiales des objets, et ils peuvent également se rappeler des images auditives.

Des études préliminaires sur les images de rappel visuelles, recourant à la tomographie par émission de positrons (une technique d'exploration du cerveau) et à la résonance magnétique nucléaire, soutiennent cette façon de voir. Steven Kosslyn et son groupe, ainsi que Hanna Damasio, Thomas Grabowski et leurs collègues, ont trouvé que le rappel d'images visuelles active les cortex visuels fondamentaux, parmi d'autres aires [8].

Comment se forment les représentations neurales topographiquement organisées dont nous avons besoin pour percevoir les images de rappel ? Je pense que ces représentations sont élaborées de façon transitoire sous l'égide de représentations potentielles neurales, localisées ailleurs dans le cerveau. J'emploie ce terme de « représentations potentielles » parce que leur rôle est très précisément de commander la mise en jeu d'autres activités neurales, ailleurs dans le cerveau, au sein de circuits faisant partie du même système et avec lesquels il existe de fortes interconnexions neuronales. Les représentations potentielles sont des formes particulières d'activités neuronales, existant à l'état latent au sein de petits ensembles de neurones que j'appelle « zones de convergence » ; autrement dit, elles sont déterminées par l'activité particulière de certains ensembles de neurones. Les représentations potentielles relatives aux images rappelables ont été acquises par apprentissage, et on peut donc dire qu'elles constituent des souvenirs. Les zones de convergence dont les représentations potentielles peuvent déterminer des images, lorsque celles-ci stimulent les cortex sensoriels fondamentaux, sont localisées dans tous les cortex d'association de niveau élevé (dans les régions frontales, pariétales, temporales et occipitales), ainsi que dans les ganglions de la base et dans les structures limbiques.

Les représentations potentielles conservent dans le réseau de leurs connexions synaptiques non pas des images proprement dites, mais les moyens de reconstituer des images. La représentation potentielle du visage de la tante Margot ne contient pas l'image de ce dernier, mais la description des activités neuronales pouvant engendrer la reconstruction momentanée et approximative du visage de la tante Margot au sein des cortex visuels fondamentaux.

En fait, pour que le visage de la tante Margot puisse se former dans votre esprit, il est nécessaire que plusieurs représentations potentielles viennent stimuler, de façon plus ou moins simultanée, les cortex visuels fondamentaux. Elles sont localisées dans plusieurs cortex d'association visuels et plusieurs cortex d'association de niveau élevé (surtout dans les régions occipitales et temporales, je pense) [9]. Il en est de même pour ce qui concerne le domaine auditif. La voix de la tante Margot peut être reconstituée de façon momentanée et approximative, grâce à des représentations potentielles siégeant dans des cortex d'association auditifs, et venant stimuler les cortex auditifs fondamentaux.

La reconstitution de la tante Margot ne dépend donc pas d'une seule formule cachée. En tant que personne complète, elle ne figure nullement en un seul site de votre cerveau. Elle est distribuée dans l'ensemble de celui-ci, sous la forme de nombreuses représentations potentielles, chacune correspondant à telle ou telle caractéristique. Et lorsque vous évoquez le souvenir de la tante Margot, et que ses attributs font leur apparition dans divers cortex fondamentaux (visuels, auditifs, etc.) sous la forme de diverses représentations topographiques, elle n'est donc présente que par le biais d'images séparées, et seulement pendant la fenêtre temporelle durant laquelle vous pensez à elle.

Supposez que vous puissiez regarder les représentations potentielles visuelles, relatives à la tante Margot, dans le cerveau d'un sujet donné, grâce à une expérience futuriste que l'on sera peut-être en mesure de faire dans cinquante ans. Je prédis que vous ne verriez rien qui ressemblerait au visage de la tante Margot, parce que les représentations potentielles *ne* sont *pas* topographiquement organisées. Mais si vous pouviez examiner les formes d'activité neurale prenant place dans les cortex visuels fondamentaux d'un sujet donné, environ une centaine de millisecondes après que les zones de convergence relatives au visage de la tante Margot les ont stimulés, vous vous apercevriez probablement qu'elles ont un certain rapport avec la morphologie du visage de la tante Margot. Il y aurait une certaine *correspondance* entre la connaissance que vous avez de son visage, et la forme d'activité que vous observeriez dans la circuiterie corticale visuelle fondamentale de ce sujet qui connaîtrait aussi la tante Margot et qui serait en train de l'évoquer.

On a déjà certaines preuves qu'il pourrait bien en être ainsi. Grâce à une technique d'exploration neuro-anatomique, R. B. H. Tootell a montré que, lorsqu'un singe regarde des figures telles qu'une croix ou un carré, l'activité de certains neurones au sein des cortex visuels fondamentaux présente une organisation topographique qui reproduit les formes vues par l'animal [10]. En d'autres termes, un observateur indépendant regardant le stimulus externe et la forme de l'activité cérébrale peut reconnaître des ressemblances entre ces deux structures (voir figure 5-2). On peut appliquer le même raisonnement à ces formes changeantes de la représentation du corps au sein du cortex somatosensoriel, observées par Michael Merzenich [11]. Remarquez, cependant, que former de telles représentations dans le cortex cérébral *ne* revient *pas* à en être conscient, comme je l'ai déjà dit. C'est nécessaire, mais pas suffisant.

Ce que j'appelle une représentation potentielle est un programme d'activation à l'état latent, qui passe en application effective en déterminant la forme de l'activité des neurones : les décharges de ces derniers revêtent alors une configuration particulière, qui obéissent à un rythme déterminé, pendant une certaine durée, et sont émises à destination d'une cible bien précise, laquelle consiste d'ailleurs en un autre ensemble de neurones. Nul ne sait à quoi ressemblent les « codes » déterminant les décharges, bien qu'une masse importante de données nouvelles ait été récemment rassemblée concernant les modifications synaptiques. On peut, cependant, affirmer avec un certain degré de certitude les notions suivantes : la configuration des décharges résulte du renforcement ou de l'affaiblissement de synapses, et ces processus, à leur tour, résultent de changements fonctionnels prenant place à des niveaux microscopiques au sein des axones et des dendrites des neurones [12].

Les représentations potentielles qui existent à l'état latent sont susceptibles d'être activées, à l'instar de la ville de Brigadoon GATT *.

* Brigadoon est une légende écossaise, l'histoire d'une ville qui ne se réveille qu'une fois tous les cent ans, et demeure endormie entretemps. Une pièce de théâtre, une comédie musicale et un film avec Gene Kelly ont été réalisés sur ce thème. *(N. d. T.)*

LES INFORMATIONS SONT CONTENUES DANS LES REPRÉSENTATIONS POTENTIELLES

Les représentations potentielles contiennent la totalité des informations dont nous avons été dotés à la naissance et des informations que nous avons acquises au cours de la vie. Les informations innées correspondent à des représentations potentielles siégeant dans l'hypothalamus, le tronc cérébral et le système limbique. Vous pouvez vous les représenter comme des commandes relatives à la régulation biologique, nécessaires à la survie (il s'agit, par exemple, des commandes relatives au métabolisme, aux pulsions et aux instincts). Elles gouvernent de nombreux processus, mais, de façon générale, elles ne donnent pas lieu à des images dans l'esprit. Nous les envisagerons de façon plus détaillée dans le prochain chapitre.

Les informations acquises sont incorporées dans des représentations potentielles siégeant dans les cortex de niveau élevé et dans de nombreux noyaux de matière grise, situés au-dessous du niveau du cortex. Certaines de ces représentations potentielles contiennent les données nécessaires à l'élaboration des images de rappel que nous utilisons dans le cadre de la motricité, du raisonnement, de la planification de l'action, de la créativité ; et certaines contiennent des séries de règles et de stratégies qui nous permettent de manipuler ces images. L'acquisition d'informations nouvelles se réalise par le biais de la modification continuelle de ces représentations potentielles.

Lorsque les représentations potentielles sont activées, elles peuvent conduire à divers résultats. Elles peuvent activer d'autres représentations potentielles auxquelles elles sont fortement reliées par le biais de circuits neuraux (des représentations potentielles siégeant dans le cortex temporal, par exemple, peuvent activer des représentations potentielles siégeant dans le cortex occipital, dans la mesure où elles font partie du même système *renforcé*). Ou bien elles peuvent déterminer la formation d'une représentation neurale topographiquement organisée, en venant, de façon directe, stimuler des cortex sensoriels fondamentaux, ou de façon indirecte, en activant d'autres représentations potentielles faisant partie du même système *renforcé*. Ou bien elles peuvent être à l'origine d'un mouvement en activant une aire corticale motrice ou un noyau tel qu'un ganglion de la base.

L'apparition d'une image de rappel dans des cortex sensoriels fondamentaux résulte de l'élaboration d'une configuration temporaire (métaphoriquement, une carte) dans les cortex en question, élaboration commandée par l'activation de représentations potentielles siégeant ailleurs dans le cerveau (dans des cortex d'association, par exemple). De la même façon, des images transitoires et topographiquement organisées sont élaborées dans les cortex moteurs, sous la commande de représentations potentielles, et elles sont à la base des mouvements. Les représentations potentielles sont, dans ce cas, situées dans les cortex prémoteurs, les ganglions de la base, et les cortex limbiques. Selon certaines indications, elles paraissent commander à la fois l'élaboration des mouvements et celle d'images internes représentant les mouvements du corps ; en raison de la nature rapide des mouvements, ces dernières sont souvent masquées dans la conscience par la perception des mouvements eux-mêmes.

LA PENSÉE REPOSE SURTOUT SUR DES IMAGES

On dit souvent que la pensée repose sur bien plus que des images, et qu'elle s'appuie aussi sur des mots et des symboles abstraits ne se présentant pas sous forme d'images. Bien sûr, personne ne peut nier que la pensée fait appel à des mots et des symboles arbitraires. Mais on oublie souvent que les mots tout comme les symboles arbitraires reposent sur des représentations topographiquement organisées, et peuvent devenir des images. La plupart des mots que nous utilisons dans notre for intérieur, avant de parler ou d'écrire une phrase, revêtent la forme d'images visuelles ou auditives dans notre conscience. S'ils ne prenaient pas cette forme d'images, même transitoirement, nous ne pourrions savoir ce qu'ils représentent [13]. Cela est vrai même de ces représentations topographiquement organisées auxquelles nous ne prêtons pas clairement attention dans le champ de notre conscience, et qui sont donc élaborées inconsciemment. Les expériences dites d'« amorçage » ont montré que, bien que de telles représentations se forment « sous le manteau », elles peuvent influencer le cours ultérieur de la pensée, et même surgir inopinément dans le champ de la conscience un peu plus tard (l'« amorçage » consiste à déclencher l'élaboration d'une représentation de façon incomplète, ou bien de façon complète, mais sans qu'elle soit amenée dans le champ de la conscience).

Nous savons tous d'expérience à quoi correspond ce phénomène. Après une conversation animée entre plusieurs personnes, un mot ou une expression que nous n'avions pas entendu au cours de la discussion surgit soudain dans notre esprit. Il se peut que nous soyons surpris par le fait de l'avoir manqué, et nous pouvons même aller jusqu'à vérifier si ce mot ou cette expression a bien été prononcé, en demandant, par exemple : « Avez-vous bien dit telle et telle chose ? », la personne X a bien dit telle et telle chose, mais comme vous vous concentriez sur ce que disait la personne Y, vous n'avez pas prêté attention aux représentations topographiquement organisées suscitées par les paroles de X, et celles-ci ont seulement conduit à la mémorisation d'une « représentation potentielle ». Si vous relâchez ensuite votre attention par rapport à Y, et si le mot ou l'expression manqué avait un sens pertinent pour vous, la représentation potentielle induit la réapparition dans un cortex sensoriel fondamental d'une représentation topographiquement organisée ; et comme vous en êtes conscient, celle-ci devient une image. Remarquez, soit dit en passant, que vous n'auriez jamais pu former une représentation potentielle sans avoir d'abord élaboré une représentation perceptive topographiquement organisée : il semble n'y avoir aucune voie anatomique permettant d'amener directement une information sensorielle complexe dans un cortex d'association qui héberge des représentations potentielles ; il faut qu'elle ait d'abord transité par des cortex sensoriels fondamentaux (cette remarque n'est peut-être pas valable pour des informations sensorielles qui ne seraient pas complexes).

Les commentaires ci-dessus s'appliquent également aux symboles que nous utilisons pour résoudre mentalement un problème mathématique (bien qu'ils ne s'appliquent peut-être pas à toute forme de pensée mathématique). Si ces symboles ne pouvaient pas prendre la forme d'images, nous ne pourrions pas les connaître et les manipuler consciemment. À ce sujet, il est intéressant de remarquer que certains physiciens et mathématiciens perspicaces ont déclaré qu'ils pensaient surtout sous forme d'images. Souvent ces dernières sont visuelles, mais elles peuvent être aussi somatosensorielles. De façon non surprenante, Benoît Mandelbrot, qui a consacré son œuvre à la géométrie fractale, dit qu'il pense toujours au moyen d'images [14]. Il raconte que le physicien Richard Feynman n'aimait pas examiner une équation sans regarder l'illustration l'accompagnant (et remarquez qu'une équation, tout comme une illustration, est une image, en fait). Quant à Albert Einstein, il ne doutait pas un instant de la nature de ses processus de pensée :

> Les mots ou le langage, sous la forme orale ou écrite, ne semblent jouer aucun rôle dans le mécanisme de mes pensées. Les entités psychologiques qui semblent servir d'éléments, dans ce cadre, ont la forme de certains signes et d'images plus ou moins claires, qui peuvent être « volontairement » reproduits et combinés. Il existe, bien sûr, un certain rapport entre ces éléments et les concepts logiques pertinents. Il est également certain que le désir d'arriver finalement à des concepts logiquement reliés constitue le ressort émotionnel poussant à jouer avec ces éléments.

Plus loin, dans le même texte, il le dit encore plus clairement :

> Les éléments mentionnés ci-dessus sont, en ce qui me concerne, de nature visuelle et musculaire. Ce n'est que dans un second temps, après que le jeu d'association mentionné ci-dessus est suffisamment bien établi et peut être reproduit à volonté, que prend place la recherche laborieuse des mots ou autres signes conventionnels [15].

On peut donc dire que les images sont probablement les matériaux principaux à l'origine des processus de pensée, quelle que soit la modalité sensorielle au sein de laquelle elles sont engendrées, et qu'elles concernent des choses ou des processus impliquant des choses ; ou bien qu'elles concernent des mots ou d'autres symboles d'un langage donné, se rapportant à des choses ou des processus. Derrière ces images, pratiquement toujours à notre insu, il existe de nombreux mécanismes qui guident leur genèse et leur déploiement dans l'espace et dans le temps. Les mécanismes en question mettent en œuvre des règles et des stratégies stockées dans des représentations potentielles. Ils sont *essentiels* à nos processus de pensée, mais ne sont pas le *contenu* de nos pensées.

Les images que nous reconstituons lors d'un rappel se présentent parallèlement à celles qui se forment en conséquence de stimulations externes. Les premières sont moins vives que les secondes. Elles sont « faibles », comme l'a dit David Hume, par rapport aux images « vigoureuses » engendrées par les stimuli provenant de l'extérieur du cerveau. Mais ce sont tout de même des images.

QUELQUES MOTS AU SUJET DU DÉVELOPPEMENT NEURAL

Comme nous l'avons vu, les systèmes et les circuits cérébraux, ainsi que la façon dont ils fonctionnent, dépendent des diagrammes de connexions entre les neurones et du degré de couplage synaptique entre ces derniers. Mais comment s'établissent ces diagrammes ? Comment s'établissent les couplages synaptiques ? Et quand ? Sont-ils établis tous en même temps, dans tous les systèmes, à travers tout le cerveau ? Une fois établis, le sont-ils pour toujours ? On ne possède pas encore de réponse définitive à ces questions. Bien que les connaissances sur ce sujet soient en constante évolution, et qu'on ne puisse pas encore dire grand-chose de sûr, il se pourrait que les processus se déroulent ainsi :

1. Le génome humain (l'ensemble des gènes contenus dans nos chromosomes) ne spécifie pas la totalité des détails au sein du cerveau. Il n'y a pas assez de gènes pour déterminer la structure et la position précise de tous les éléments au sein de notre organisme, et encore moins au sein de notre cerveau, où des milliards de neurones forment des contacts synaptiques. La disproportion n'est pas mince : nous possédons probablement environ 10^5 (100 000) gènes, mais il y a plus de 10^{15} (un million de milliards) synapses dans le cerveau. En outre, s'il est vrai que la formation des tissus est déterminée par des mécanismes génétiques, ceux-ci sont médiés par des interactions entre cellules mettant en jeu des molécules d'adhésion cellulaire et des molécules d'adhésion au substrat. Les phénomènes de ce genre qui prennent place entre les cellules, dans l'embryon, viennent, en fait, moduler en retour l'expression des gènes qui contrôlent fondamentalement le développement. Pour autant qu'on puisse le dire, donc, de nombreuses caractéristiques structurales sont déterminées par les gènes, mais un grand nombre d'autres ne sont sans doute déterminées que par l'activité elle-même des êtres vivants, tandis qu'ils se développent et se modifient continuellement tout au long de leur vie [16].

2. Le génome permet de mettre en place précisément ou presque précisément la structure d'un certain nombre d'importants systèmes et circuits au sein de régions évolutivement anciennes du cerveau humain. Il faudrait absolument que de nouvelles études de développement soient

entreprises pour ce qui concerne ces régions, et beaucoup de notions pourraient changer à mesure que celles-ci seraient réalisées, mais la déclaration précédente semble raisonnablement pouvoir s'appliquer à des régions telles que le tronc cérébral, l'hypothalamus, la base du télencéphale et très probablement l'amygdale et le cortex cingulaire (j'en dirai plus au sujet de ces structures et de leurs fonctions dans les prochains chapitres). Ces régions cérébrales se retrouvent, dans leurs grandes lignes, dans de nombreuses autres espèces. Le rôle principal de ces structures est de contrôler les processus vitaux fondamentaux, sans faire appel au fonctionnement mental et à la raison. Les modes d'activité innés * des neurones impliqués dans ces circuits ne sont pas à l'origine d'images (bien que les résultats de leur activité puissent donner lieu à des images) ; ils contrôlent les mécanismes homéostatiques sans lesquels la survie n'est pas possible. Sans les circuits génétiquement spécifiés de ces régions cérébrales, nous ne pourrions pas respirer, contrôler nos battements cardiaques, équilibrer notre métabolisme, rechercher de la nourriture et un abri, éviter les prédateurs, et nous reproduire. Sans ces systèmes précâblés de régulation biologique, la survie, au sens individuel et évolutif, s'arrêterait. Cependant, ces circuits innés ont également un autre rôle que je dois souligner, parce qu'il est généralement omis lorsqu'on cherche à comprendre le fonctionnement des structures neurales sous-tendant l'activité mentale et le comportement : *les circuits innés n'interviennent pas seule-*

* Remarquez que lorsque j'emploie le terme d'« inné » (littéralement, présent à la naissance) ou de « génétiquement déterminé » ou de « génétiquement spécifié », je n'exclus pas toute intervention de l'environnement et de l'apprentissage dans la détermination des détails d'une structure ou d'un mode d'activité. Je n'exclus pas non plus la possibilité d'ajustements découlant de l'expérience vécue. J'emploie les termes « inné » ou « génétiquement spécifié » dans le sens où William James employait celui de « prédéterminé », pour caractériser des structures ou des modalités largement, mais non exclusivement, conditionnées par le génome, et dont les nouveau-nés peuvent bénéficier pour assurer leur régulation homéostatique.

ment dans la régulation biologique du corps ; ils interviennent aussi dans le développement et le fonctionnement des structures évolutivement modernes du cerveau.

3. Pour le reste du cerveau, des structures de caractéristiques équivalentes à celles que les gènes permettent de spécifier dans les circuits du tronc cérébral ou de l'hypothalamus, sont mises en place longtemps après la naissance, à mesure que l'individu se développe au cours de la petite enfance, de l'enfance et de l'adolescence, et qu'il interagit avec l'environnement physique et les autres individus. Vraisemblablement, en ce qui concerne les régions cérébrales évolutivement modernes, le génome permet de spécifier la forme générale des circuits et des systèmes, mais non leurs détails précis. *Ces derniers sont mis en place sous l'influence des circonstances de l'environnement, combinée avec l'influence des circuits façonnés de manière innée et précise qui se rapportent à la régulation biologique*.

En résumé, l'activité de circuits situés dans les régions du cerveau à la fois modernes et se rapportant au monde extérieur (comme le néo-cortex, par exemple) est indispensable à la production de certaines représentations neurales, c'est-à-dire de celles qui conduisent à des images mentales et des actions intentionnelles. Mais le néo-cortex ne peut pas engendrer d'images, si le vieux cerveau sous-jacent (hypothalamus, tronc cérébral) n'est pas intact et ne coopère pas avec lui.

Ces considérations nous invitent à nous arrêter un instant. Voici donc des circuits génétiquement spécifiés, dont la fonction est d'assurer la survie de l'organisme grâce au contrôle du fonctionnement du corps, ou, plus précisément, du fonctionnement biochimique interne du système endocrine, du système immunitaire, des viscères, des pulsions et des instincts. Pourquoi de tels circuits devraient-ils interférer avec le fonctionnement des circuits plus plastiques et modernes, se rapportant à la représentation de nos expériences vécues ? La réponse à cette importante question est que la perception des phénomènes extérieurs aussi bien que les réponses qui doivent y être faites, ont besoin, pour être adaptatives, d'être appréciées et modulées en fonction d'un ensemble fondamental de critères, déterminés par les impératifs de la survie. Et puisque ces processus d'appréciation et de modulation sont d'une importance vitale pour que l'organisme puisse perdurer, le programme génétique doit certainement imposer aux circuits qu'il spécifie la mission d'exercer une puissante influence sur pratiquement la totalité des circuits modifiables par l'expérience. L'influence en question est médiée en grande partie par des neurones « modulateurs », localisés dans le tronc cérébral et la base du télencéphale, et ceux-ci sont à leur tour influencés par les interactions continuelles de l'organisme. Ils déversent des neurotransmetteurs (comme la dopamine, la noradrénaline, la sérotonine et l'acétylcholine) dans de vastes régions du cortex cérébral, ainsi qu'au niveau de nombreux noyaux subcorticaux. Au total, l'ensemble de ces mécanismes ingénieux peut être décrit de la façon suivante : 1. les circuits biorégulateurs génétiquement spécifiés sont impliqués dans les processus de survie de l'organisme, et à ce titre ils sont « tenus au courant » de ce qui se passe dans les régions plus modernes du cerveau ; 2. le caractère « bon » ou « mauvais » des situations leur est constamment signalé ; et 3. ils réagissent de façon « préprogrammée » au caractère « bon » ou « mauvais » des situations, en influençant le fonctionnement des circuits dans le reste du cerveau, de telle sorte que ceux-ci puissent aider l'organisme à survivre de la manière la plus efficace.

Ainsi, à mesure que nous nous développons, de la petite enfance jusqu'à l'âge adulte, le fonctionnement de la circuiterie cérébrale qui représente notre corps en train de se modifier et ses interactions avec le monde, semble dépendre des activités dans lesquelles l'organisme s'engage, et de l'influence des circuits biorégulateurs innés, *elle-même fonction de la réaction de ces derniers aux activités en question*. Cette explication met bien en évidence qu'il est tout à fait inadéquat de concevoir le cerveau, le comportement et le fonctionnement mental en termes de la classique opposition entre « nature » et « nourriture », ou entre gènes et expérience. Ni notre cerveau ni notre esprit ne sont des *tabulae rasae*, lorsque nous naissons. Cependant, ni l'un ni l'autre ne sont génétiquement spécifiés de façon totale. L'emprise des gènes est importante, mais n'est pas complète. Les gènes déterminent des structures précises dans une partie du cerveau, et des structures dont les détails restent à préciser dans une autre partie du cerveau. Mais ces détails ne sont mis en place que sous l'influence de trois ordres de facteurs : 1. la partie du cerveau ayant des structures précises ; 2. l'activité de l'individu et les circonstances (dans lesquelles le mot final revient à l'environnement humain et physique aussi bien qu'au hasard) ; 3. les tendances à l'auto-organisation émanant de la pure complexité du système. Les aspects imprédictibles des expériences vécues par chaque individu marquent véritablement de leur empreinte le fonctionnement des circuits, à la fois directement et indirectement, par les réactions qu'ils déterminent dans les circuits innés, et par les répercussions de ces réactions dans le processus global de fonctionnement des circuits [17].

J'ai expliqué au chapitre II que le fonctionnement des circuits neuroniques dépend de la configuration des connexions entre neurones et du degré de couplage entre neurones assuré par les synapses au niveau des connexions. Dans le cas d'un neurone excitateur, par exemple, les synapses « fortes » facilitent la propagation des potentiels d'action, tandis que les synapses « faibles » font l'inverse. Maintenant, je peux ajouter que la force des connexions synaptiques, au sein de nombreux systèmes neuraux et d'un système neural à l'autre, varie en fonction des expériences vécues, et qu'ainsi l'expérience vécue joue un rôle dans le modelage des circuits. En outre, dans certains systèmes plus que dans d'autres, la force des synapses peut changer durant toute la vie, reflétant les multiples expériences vécues de l'organisme. Ainsi, la forme des circuits cérébraux ne cesse de changer. Celle-ci n'est donc pas seulement modelée par la première expérience, mais aussi, de façon répétée, par les expériences ultérieures [18].

Certains circuits sont refaçonnés sans cesse durant toute la vie, en fonction des changements que subit l'organisme. D'autres circuits restent pratiquement stables, et sont à la base des représentations que nous élaborons au sujet des mondes interne et externe. Il ne faut pas croire que tous les circuits sont indéfiniment modifiables. Si c'était le cas, il en résulterait des individus incapables de se reconnaître les uns les autres et dépourvus du sens de leur propre histoire. Cela ne serait pas adaptatif et, manifestement, ce n'est pas ce que l'on constate. Il existe une preuve bien simple selon laquelle certaines représentations issues de l'expérience sont relativement stables : c'est le cas des membres « fantômes ». Certains patients ayant subi l'amputation d'un membre (par exemple, de la main et de l'avant-bras, de sorte qu'il leur reste un moignon au-dessus du niveau du coude) déclarent à leur médecin qu'ils sentent encore leur membre manquant, comme s'il était en place ; qu'ils perçoivent ses mouvements (bien sûr, imaginaires) ; et qu'ils peuvent ressentir « à son niveau » des douleurs, ou des sensations de froid ou de chaud. Il est évident que ces patients possèdent le souvenir de leur membre amputé, sinon ils ne pourraient s'en former une image dans leur esprit. Cependant, le temps passant, certains patients peuvent ressentir un raccourcissement de leur « membre-fantôme », ce qui indique, semble-t-il, que le souvenir du membre – ou son rappel à la conscience – est en train d'être révisé.

Un équilibre doit exister dans le cerveau entre les circuits dont les régimes de décharge doivent changer très rapidement, et les circuits qui résistent au changement, sans y être forcément inaccessibles. Les circuits qui nous permettent, sans étonnement, de reconnaître aujourd'hui notre visage dans le miroir, ont changé de façon subtile, afin de s'adapter aux modifications que le passage du temps lui a imposées.

CHAPITRE VI

La régulation biologique et la survie

LES REPRÉSENTATIONS POTENTIELLES SOUS-TENDANT LA SURVIE

La survie d'un organisme dépend d'un ensemble de mécanismes biologiques qui maintient l'intégrité de ses cellules et de ses tissus dans la totalité de ses structures. Laissez-moi vous l'expliquer, bien que de manière très simplifiée. Entre de nombreuses autres conditions, les processus biologiques doivent être correctement approvisionnés en oxygène et en substances nutritives, et cet approvisionnement est assuré par la respiration et l'alimentation. Dans ce but, le cerveau est équipé de circuits innés, dont l'activation, en concertation avec des mécanismes biochimiques se déroulant au sein du corps proprement dit, assure l'expression de réflexes, de pulsions et d'instincts, ce qui permet d'ajuster la respiration et l'alimentation aux besoins. Pour poursuivre la discussion du chapitre précédent, on peut dire que les circuits innés contiennent des représentations potentielles. L'activation de ces dernières met en jeu une complexe série de réponses.

Par ailleurs, pour éviter la destruction par les prédateurs ou pour fuir des conditions de milieu néfastes, il existe aussi des circuits neuraux sous-tendant des pulsions et des instincts, qui déterminent des comportements de fuite ou de lutte. Enfin d'autres circuits déterminent des pulsions et des instincts qui permettent à l'organisme de propager ses gènes (par le biais du comportement sexuel et des soins aux enfants). On pourrait mentionner encore bien d'autres circuits et comportements instinctifs, comme ceux qui poussent un organisme à rechercher les conditions d'éclairement et de température qui lui conviennent le mieux, au cours de la journée et selon la température ambiante.

De façon générale, les pulsions et les instincts déterminent directement tel ou tel comportement particulier, ou induisent des états physiologiques qui poussent les individus à se comporter d'une façon particulière, inconsciemment ou non. Presque tous les comportements relevant des instincts ou des pulsions contribuent à la survie, soit directement, par la réalisation d'une action sauvant la vie, soit indirectement, en permettant aux circonstances favorables à la survie de jouer à plein ou en réduisant l'influence de celles qui sont potentiellement dangereuses. La capacité d'expression et de perception des émotions, qui remplit, selon moi, un rôle crucial dans la mise en œuvre de la faculté de raisonnement, reflète fondamentalement le jeu des pulsions et des instincts.

Il ne serait pas avantageux de permettre aux représentations potentielles contrôlant les processus biologiques fondamentaux de varier beaucoup. Un changement important ferait courir le risque d'un dysfonctionnement majeur dans divers organes, pouvant conduire à la maladie et à la mort. Cela ne veut pas dire que nous ne pouvons pas influencer volontairement des mécanismes qui sont ordinairement sous le contrôle d'activités neurales innées. Nous pouvons retenir notre respiration tandis que nous nageons sous l'eau, pendant un certain temps ; nous pouvons décider de réaliser un jeûne prolongé ; nous pouvons influencer notre rythme cardiaque, facilement, et même faire varier notre pression sanguine, moins facilement. Mais dans tous ces exemples, les représentations potentielles ne sont pas affectées. Il ne se produit de changement qu'au niveau d'une composante donnée du mécanisme envisagé : on arrive, par exemple, à inhiber celle-ci, que ce soit par le biais de la force musculaire (comme lorsqu'on retient sa respiration en contractant ses voies respiratoires supérieures et sa cage thoracique) ou que ce soit par l'effet de la pure volonté. Cela ne veut pas dire non plus que les activités neurales innées ne peuvent pas être modulées – déclenchées plus ou moins souvent – par des commandes neurales en provenance d'autres régions du cerveau, ou par des commandes chimiques, telles que des hormones ou des neuropeptides, apportées par la circulation sanguine ou par des axones. En fait, de nombreux neurones, à tous les niveaux du cerveau, possèdent des récepteurs pour les hormones, qu'elles proviennent des glandes sexuelles, des glandes surrénales ou de la thyroïde. Les circuits génétiquement spécifiés sont influencés par ce type d'hormones, tant au cours du développement qu'au cours de leur fonctionnement normal à l'état adulte.

Certains mécanismes régulateurs fondamentaux fonctionnent sans que les individus chez lesquels ils s'effectuent s'en rendent compte. Vous ignorez quels taux d'hormones vous avez dans le sang, de même que la concentration en ions potassium ou la proportion de globules rouges qui y règne, à moins que vous ne décidiez de les mesurer. Mais des mécanismes régulateurs légèrement plus complexes, déterminant des réactions manifestes, vous informent indirectement de leur existence, lorsqu'ils vous poussent à mettre en œuvre un comportement (ou à vous en abstenir). On appelle ceux-ci des instincts.

La régulation instinctive peut être expliquée de façon simplifiée en recourant à l'exemple suivant : plusieurs heures après un repas, le niveau du sucre dans votre sang diminue, et des neurones dans votre hypothalamus détectent ce changement ; au sein du cerveau, des circuits génétiquement spécifiés sont activés, et altèrent l'état du corps de telle sorte que la probabilité de corriger le manque de sucre dans le sang soit augmentée ; autrement dit, vous ressentez une sensation de faim, et vous vous mettez à réaliser des actions qui permettront de la supprimer ; en d'autres termes, vous mangez, et l'ingestion des aliments corrige le taux de sucre dans le sang ; finalement, l'hypothalamus, de nouveau, détecte un changement dans le taux de sucre sanguin ; cette fois-ci, il s'agit d'un accroissement, et les neurones appropriés déterminent un état du corps que vous percevez comme une sensation de satiété.

La raison d'être de tout ce mécanisme est de sauver votre corps. Le signal de son déclenchement a été donné par ce dernier. Les messages qui sont entrés dans votre conscience, afin de vous forcer à sauver votre corps, sont également provenus de ce dernier. Et dans la phase finale, les signaux vous informant que votre corps n'était désormais plus en danger, ont aussi émané de celui-ci. On pourrait dire que tout ce mécanisme équivaut à un gouvernement pour le corps et par le corps, bien qu'il soit géré par le cerveau.

Les mécanismes régulateurs de ce type assurent la survie en incitant une représentation potentielle à déterminer certains types de changements dans le corps, lesquels peuvent conduire à un état corporel ayant une certaine signification (faim, nausée), ou à une émotion reconnaissable (peur, colère), ou quelque combinaison des deux. Les phénomènes déclenchant l'activation de la représentation potentielle peuvent provenir des « viscères » (comme une baisse du taux de sucre dans le sang), ou bien de l'extérieur (comme un stimulus menaçant), ou bien du « monde mental » (comme l'impression qu'une catastrophe est sur le point de se produire). Chacun de ces phénomènes peut conduire à une réponse biorégulatrice interne, ou bien à un comportement instinctif, ou bien encore à un programme d'action nouvellement inventé, ou à n'importe quelle combinaison de toutes ces réponses. Les circuiteries neurales sous-tendant les mécanismes de ce type représentent un équipement obligatoire de votre organisme, à l'instar des freins sur une voiture. Vous n'avez pas eu besoin de les faire installer. Ces circuits sont, en quelque sorte, « précâblés » – notion sur laquelle je reviendrai dans le prochain chapitre. Tout ce que vous avez eu à faire a été d'ajuster leur fonctionnement à votre environnement particulier.

Les mécanismes « précâblés » ne sont pas seulement

importants pour la régulation biologique fondamentale. Ils permettent aussi à l'organisme de classer les phénomènes ou les événements en « bons » ou « mauvais », en fonction de leur impact possible sur la survie. En d'autres termes, l'organisme possède une gamme de préférences fondamentales. Sous leur influence et celle des expériences vécues, le répertoire des phénomènes catalogués comme bons ou mauvais croît rapidement, et l'aptitude à détecter de nouveaux phénomènes bons et mauvais croît exponentiellement.

Supposons qu'un événement ou un phénomène donné du monde externe comporte une composante qui n'a pas encore été cataloguée comme « bonne » ou « mauvaise », parce qu'elle n'est pas, par elle-même, susceptible de déclencher la mise en jeu d'une représentation potentielle génétiquement spécifiée. Et supposons que ce même événement comprenne une autre composante qui, elle, l'a déjà été (parce qu'elle a déclenché la mise en jeu d'une représentation potentielle génétiquement spécifiée). Le cerveau peut alors cataloguer la première composante comme « bonne » ou « mauvaise », simplement en raison de sa proximité d'avec l'autre. Vous pouvez estimer que c'est une renommée gagnée par contagion, lorsque le nouvel événement était proche d'un autre catalogué antérieurement comme « bon » ; ou bien que c'est une culpabilité établie par association, s'il était proche d'un autre classé comme mauvais. L'éclairage qui tombe sur un élément ayant un impact sur la survie, bon ou mauvais, tombera aussi sur les éléments venant à son voisinage. Pour fonctionner de cette façon, il est nécessaire que le cerveau soit doté, dès la naissance, d'un vaste répertoire de représentations potentielles innées dévolues à la régulation de l'organisme. Plus ce répertoire s'enrichit ensuite de représentations potentielles relatives à des interactions avec des phénomènes et des événements ayant un impact sur la régulation innée, plus il y a de chances qu'y soient annexés des phénomènes qui peuvent être ou ne pas être directement pertinents pour la survie. Autrement dit, l'extension des possibilités de perception du monde est médiée par des modifications de l'espace neural dans lequel le corps et le cerveau interagissent. Ce n'est pas seulement la séparation entre esprit et cerveau qui est un mythe : la séparation entre esprit et corps est probablement tout aussi inexacte. On peut dire que l'esprit est fondé sur le corps, et pas seulement sur le cerveau.

APERÇUS SUPPLÉMENTAIRES SUR LA RÉGULATION FONDAMENTALE

Les circuits neuraux génétiquement spécifiés qui semblent les plus importants pour la survie figurent dans le tronc cérébral et l'hypothalamus. Ce dernier est un site stratégique de la régulation des glandes endocrines – entre autres, l'hypophyse, la thyroïde, les surrénales et les glandes sexuelles, toutes celles-ci sécrétant des hormones – et du fonctionnement du système immunitaire. La régulation endocrine, qui s'effectue par le biais de substances chimiques libérées dans la circulation sanguine, et non pas par des commandes nerveuses, est indispensable au maintien des fonctions métaboliques et à la stimulation des défenses immunitaires contre les microprédateurs que sont les virus, les bactéries et les parasites [1].

Le contrôle exercé par le tronc cérébral et l'hypothalamus sur la régulation biologique est complété par des influences provenant du système limbique. Ce n'est pas ici le lieu de discuter de l'anatomie complexe et des fonctions détaillées de cette importante région cérébrale, mais il faut noter que le système limbique participe aussi à la mise en jeu des instincts et des pulsions, et joue un rôle particulièrement important dans l'expression et la perception des émotions. Je soupçonne cependant que, contrairement au tronc cérébral et à l'hypothalamus, dont les circuits sont en grande partie stables et génétiquement spécifiés, le système limbique héberge une circuiterie innée en même temps qu'une circuiterie modifiable en fonction de l'expérience vécue par l'organisme, qui est en perpétuel changement.

Avec la coopération de structures avoisinantes, appartenant au système limbique et au tronc cérébral, l'hypothalamus assure la régulation du *milieu interne* (terme et concept dus au biologiste pionnier Claude Bernard), lequel correspond à l'ensemble des processus biochimiques se déroulant dans un organisme à tout moment. Pour que la vie se poursuive, il est nécessaire que ces processus soient maintenus dans une gamme convenable de valeurs, tout écart trop grand, en des points stratégiques du réseau, pouvant conduire à la maladie et à la mort. De leur côté, l'hypothalamus et les structures qui lui sont reliées sont contrôlés non seulement par des signaux neuraux et chimiques en provenance d'autres régions cérébrales, mais aussi par des signaux chimiques provenant de divers organes du corps.

Cette régulation chimique est particulièrement complexe, comme l'exemple suivant va le montrer : la production d'hormones par la thyroïde et les glandes surrénales, sans lesquelles nous ne pouvons pas vivre, est contrôlée en partie par des signaux chimiques émis par l'hypophyse. Cette dernière est elle-même contrôlée en partie par des signaux chimiques émis par l'hypothalamus et libérés dans la circulation sanguine qui l'irrigue, et celui-ci est contrôlé en partie par des signaux neuraux provenant du système limbique et, indirectement, du néo-cortex (les observations suivantes sont significatives, à cet égard : l'activité électrique anormale de certains circuits du système limbique, durant certaines crises d'épilepsie, est à l'origine non seulement d'un état mental anormal, mais aussi de profondes anomalies hormonales, pouvant conduire à toute une série de maladies organiques, telles que des kystes de l'ovaire). En retour, chacune des hormones libérées dans le sang agit sur la glande qui la sécrète, ainsi que sur l'hypophyse, l'hypothalamus et d'autres régions cérébrales. En d'autres termes, des signaux neuraux donnent lieu à des signaux chimiques, qui donnent lieu à d'autres signaux chimiques, qui peuvent altérer le fonctionnement de nombreux tissus (y compris dans le cerveau), et perturber les circuits régulateurs à l'origine de tout le cycle lui-même. Ces nombreux mécanismes imbriqués les uns dans les autres sont en mesure de pouvoir gérer les conditions locales aussi bien que globales au sein du corps, de telle sorte que ses différents constituants, depuis le niveau des molécules jusqu'à celui des organes, puissent fonctionner dans les limites permettant la survie.

Les différents niveaux de régulation sont interdépendants de multiples façons. Un mécanisme donné peut, par exemple, dépendre d'un mécanisme plus simple, et être influencé par un autre mécanisme plus complexe ou de complexité égale. L'activité de l'hypothalamus peut influencer l'activité du néo-cortex, directement ou par le biais du système limbique, et la réciproque est également vraie.

Par conséquent, comme on peut s'y attendre, il existe des interactions bien connues entre le cerveau et le corps, et on peut aussi mentionner des interactions, peut-être moins visibles, entre le fonctionnement mental et le corps. Soit l'exemple suivant : le stress mental chronique, un état affectant de nombreux systèmes cérébraux, au niveau du néo-cortex, du système limbique et de l'hypothalamus, semble conduire à la surproduction d'une substance chimique, le peptide dérivé du gène de la calcitonine ou CGRP *, au sein des terminaisons nerveuses figurant dans la peau [2]. Par suite, ce peptide recouvre de façon excessive la surface des cellules de Langherans, qui sont apparentées au système immunitaire et ont pour fonction de capter les agents infectieux et de les présenter aux lymphocytes, de telle sorte que le système immunitaire puisse éliminer ces microbes de l'organisme. Lorsqu'elles sont complètement recouvertes de CGRP, les cellules de Langerhans sont moins fonctionnelles et ne peuvent plus jouer leur rôle de gardien. Le résultat final est que le corps devient plus vulnérable aux infections, puisqu'une porte d'entrée majeure pour les agents infectieux est désormais moins bien défen-

---

* L'acronyme CGRP est formé par les initiales des mots anglais formant l'expression : *Calcitonin Gene-Related Peptide*. (*N. d. T.*)

due. Et il y a d'autres exemples d'interactions entre corps et état mental. La tristesse et l'anxiété peuvent notablement altérer la régulation des hormones sexuelles, entraînant non seulement des changements dans le domaine des pulsions sexuelles, mais aussi dans celui du cycle menstruel. Le deuil, un état mental affectant de nombreux systèmes cérébraux, conduit à une dépression du système immunitaire telle que les individus sont plus vulnérables aux infections et, en conséquence directe ou non, plus enclins à développer certains types de cancer [3]. On peut réellement mourir d'un cœur brisé.

Bien entendu, on a également observé l'inverse, c'est-à-dire l'influence sur le cerveau de substances chimiques provenant du corps. Nul ne sera surpris d'apprendre que la nicotine, l'alcool et les substances pharmacologiques (médicales ou non) peuvent pénétrer dans le cerveau et modifier son fonctionnement, et ainsi altérer les phénomènes mentaux. L'action des substances chimiques en question peut concerner directement les neurones ou leurs cellules de soutien. Ou bien elle peut être indirecte et dépendre des neurotransmetteurs libérés par les neurones modulateurs localisés dans le tronc cérébral et la base du télencéphale, que nous avons envisagés dans le chapitre précédent. Lorsqu'ils sont activés, ces petits ensembles de neurones peuvent déverser une certaine quantité de dopamine, de noradrénaline, de sérotonine ou d'acétylcholine dans de vastes régions du cerveau, comprenant notamment le cortex cérébral et les ganglions de la base. On peut se représenter cela comme un ensemble d'appareils d'arrosage bien étudiés, chacun d'entre eux déversant sa propre substance chimique à des systèmes particuliers et, à l'intérieur de ceux-ci, à des circuits particuliers, dotés de récepteurs spécifiques en quantité donnée [4]. Des changements dans les quantités délivrées de l'un ou de l'autre de ces neurotransmetteurs, ou même des changements dans l'équilibre relatif de ces derniers en un site cérébral particulier, peuvent influencer rapidement et profondément l'activité corticale et donner naissance à des états mentaux du type de la dépression ou de l'exaltation ou même de l'excitation maniaque (voir le chapitre VII). Les processus de pensée peuvent se ralentir ou s'accélérer ; les images de rappel peuvent affluer ou au contraire disparaître ; les nouvelles combinaisons d'images peuvent être multipliées ou s'interrompre. Par suite, la capacité de se concentrer sur un contenu mental particulier peut énormément varier.

TRISTAN, ISEULT ET LE PHILTRE D'AMOUR

Vous souvenez-vous de l'histoire de Tristan et Iseult ? L'intrigue porte sur la transformation de la relation entre les deux protagonistes de cette histoire. Iseult demande à sa servante, Brangaine, de préparer une potion mortelle ; mais cette dernière élabore, au contraire, un « philtre d'amour », que Tristan et Iseult boivent, sans savoir quels effets il peut engendrer. Le mystérieux breuvage déchaîne chez eux la plus profonde des passions, et les pousse l'un vers l'autre dans un enchantement que rien ne peut arrêter – pas même l'idée que l'un et l'autre sont lamentablement en train de trahir le bon roi Marc. Dans l'opéra de Richard Wagner, *Tristan und Isolde*, la force de l'attraction entre les deux amants a été dépeinte par des chants d'amour qui sont peut-être les plus exaltés et les plus désespérés de toute l'histoire de la musique. On peut se demander pourquoi Wagner s'est intéressé à cette histoire, et pourquoi des millions de mélomanes ont, depuis plus d'un siècle, été fascinés par cette œuvre.

La réponse à la première question est que cet opéra faisait écho à une passion similaire qu'avait réellement éprouvée Wagner dans sa vie. Mathilde Wesendonk et lui-même étaient tombés amoureux, en totale contradiction avec leur conscience, puisqu'elle était la femme de son généreux bienfaiteur et que lui-même était déjà marié. Wagner avait vraiment fait l'expérience de forces secrètes et incontrôlables, pouvant subjuguer le pouvoir de la volonté, et que, faute d'une meilleure explication, on attribuait à la magie ou à la destinée.

La réponse à la seconde question est plus de l'ordre de l'hypothèse. Il existe effectivement des « philtres » dans notre propre corps et dans notre cerveau, capables de nous forcer à exprimer des comportements que l'on ne peut pas toujours arrêter par la force de la volonté. Un bon exemple en est l'hormone appelée ocytocine [5]. Chez tous les mammifères, y compris l'homme, elle est synthétisée à la fois dans le cerveau (dans les noyaux supra-optiques et parvoventraux de l'hypothalamus) et dans le corps (dans l'ovaire ou le testicule). Elle peut être libérée par le cerveau afin de participer, par exemple, directement ou par hormones interposées, à la régulation du métabolisme ; ou elle peut être libérée par le corps, lors de l'accouchement, de la stimulation des organes sexuels ou de l'orgasme, et, dans ces derniers cas, elle n'agit pas seulement sur le corps (en relâchant les muscles durant l'accouchement, par exemple), mais aussi sur le cerveau. Elle peut déterminer chez celui-ci des effets qui n'ont rien à envier aux légendaires « philtres ». En général, elle agit sur toute une série de comportements tels que le toilettage, la locomotion, les comportements sexuels et maternels. Plus important, pour mon histoire, elle facilite les interactions sociales, et induit un lien entre les partenaires sexuels. Un bon exemple de ce dernier cas est fourni par les études de Thomas Insel sur le campagnol, un rongeur doté d'une magnifique fourrure. Après une cour éclair et un jour entier d'accouplements répétés, le mâle et la femelle restent inséparables jusqu'à la mort. Le mâle devient réellement agressif avec tout congénère autre que sa bien-aimée, et se consacre à des activités généralement fort utiles autour du nid. Un tel lien n'est pas seulement charmant, mais c'est aussi une adaptation avantageuse (et cela, dans beaucoup d'espèces), puisqu'il maintient ensemble des parents qui doivent élever leurs enfants, et permet de mettre en place d'autres aspects de l'organisation sociale. Les êtres humains font certainement usage de beaucoup des actions de l'ocytocine, bien qu'ils apprennent à éviter, dans certaines circonstances, ceux de ses effets qui peuvent se révéler moins bons. Souvenez-vous du philtre d'amour de Tristan et Iseult, dans l'opéra de Wagner.

Trois heures plus tard, sans compter les entractes, ils sont conduits à une triste mort.

À la neurobiologie de la sexualité qui commence à être bien connue, il faut maintenant ajouter les prémisses d'une neurobiologie de l'attachement, de sorte que, armés de ces deux types de connaissance, nous pouvons peut-être jeter un peu plus de lumière sur ce complexe ensemble d'états mentaux et de comportements que nous appelons amour.

Il faut donc noter qu'au sein de l'organisation extrêmement récurrente dont j'ai discuté plus haut, il existe une série de boucles de régulation, s'appliquant vers l'avant ou agissant en retour, certaines d'entre elles étant purement chimiques. Le point le plus significatif de cette organisation est peut-être que les structures cérébrales qui sont impliquées dans la régulation biologique fondamentale, sont aussi concernées par la régulation du comportement et sont indispensables à l'acquisition et au fonctionnement des processus cognitifs. L'hypothalamus, le tronc cérébral et le système limbique interviennent dans la régulation du corps *et* dans tous les processus neuraux sous-tendant les phénomènes mentaux, comme par exemple la perception, l'apprentissage, le rappel, les émotions et les sentiments, et – comme je l'expliquerai plus loin – le raisonnement et la créativité. La régulation du corps, la survie et le fonctionnement mental sont étroitement interreliés. Leur articulation s'effectue au niveau de tissus biologiques et repose sur des signaux électriques et chimiques, tous éléments appartenant à ce que Descartes appelait *res extensa* (le domaine matériel dans lequel il incluait le corps et son environnement, mais non l'âme qui, immatérielle, faisait partie, selon lui, de la *res cogitans*). Curieusement, cette articulation est la plus forte dans un site cérébral peu éloigné de la glande pinéale, que Descartes avait jadis désignée comme le siège de l'âme.

AU-DELÀ DES PULSIONS ET DES INSTINCTS

La mesure dans laquelle les pulsions et les instincts peuvent à eux seuls assurer la survie d'un organisme dépend de la complexité de l'environnement et de celle de l'organisme en question. Chez les animaux, des insectes aux mammifères, il existe des exemples très clairs d'adaptation réussie à certains types d'environnement grâce à des stratégies innées, et il ne fait pas de doute que ces dernières peuvent souvent atteindre une certaine complexité dans le domaine des interactions sociales et du comportement. Je continue à m'émerveiller de l'organisation sociale compliquée de nos lointains cousins, les singes, ou des comportements sociaux raffinés de tant d'espèces d'oiseaux. Lorsque nous considérons notre propre espèce, cependant, et les environnements bien plus variés et imprévisibles dans lesquels nous avons réussi à prospérer, il est évident que nous devons faire appel à des mécanismes biologiques génétiquement spécifiés hautement évolués, aussi bien qu'à des stratégies de survie relevant d'un niveau plus élevé que les instincts, développées dans le cadre de la société, transmises par le biais de la culture, et requérant, pour être mises en œuvre, l'intervention de la conscience, du jugement raisonné et de la volonté. Cela explique pourquoi, dans l'espèce humaine, la faim, le désir ou l'explosion de colère ne conduisent pas, respectivement, à l'ingestion frénétique de nourriture, au viol et au meurtre, du moins pas de façon automatique, dès lors que l'on envisage un être humain en bonne santé psychique, ayant grandi dans une société dans laquelle se transmettent (et sont respectées) des stratégies de survie de niveau plus élevé que les instincts.

Que ce soit en Occident ou en Orient, les penseurs, religieux ou non, sont conscients de cela depuis des millénaires ; plus près de nous, cette question a préoccupé aussi bien Descartes que Freud, pour ne citer que ces deux auteurs. Selon l'œuvre de Descartes, *Les Passions de l'âme*, la domination des penchants animaux par la pensée, la raison et la volonté, est ce qui fait de nous des êtres humains [6]. Je suis d'accord avec cette conception, sauf que là où Descartes envisageait un agent immatériel pour effectuer cette domination, je considère qu'il s'agit d'un mécanisme relevant du fonctionnement biologique de l'organisme humain – un mécanisme matériel, donc ; mais, pour autant, pas moins complexe, admirable ou sublime que l'agent immatériel de Descartes. De son côté, Freud, dans son livre *Malaise dans la civilisation*, a envisagé l'élaboration d'un surmoi permettant d'adapter les instincts aux nécessités sociales. Bien que sa conception ait été débarrassée du dualisme cartésien, elle n'a nulle part été explicitée en termes neuraux [7]. La tâche qui attend les neurobiologistes d'aujourd'hui est de comprendre quelles sortes de mécanismes neuraux peuvent sous-tendre les régulations adaptatives de niveau élevé, autrement dit de comprendre quelles sortes de structures cérébrales permettent de rendre compte de ces régulations. Je n'ai pas l'intention de réduire les phénomènes sociaux à des phénomènes biologiques, mais plutôt de discuter des puissants rapports qui existent entre eux. Il faut clairement affirmer que, bien que la culture et la civilisation émanent des comportements d'individus biologiques, les comportements en question sont exprimés par des collections d'individus, interagissant dans des environnements particuliers. La culture et la civilisation n'auraient pu être produites par des individus isolés, et ne peuvent donc être réduites à des mécanismes biologiques, et encore moins à des déterminismes génétiques. Pour les comprendre, il ne faut pas seulement faire appel à la biologie générale et à la neurobiologie, mais aussi aux méthodes des sciences sociales.

Dans la société humaine, il existe des conventions sociales et des règles éthiques qui recouvrent et dépassent les règles déjà fournies par la biologie. Ces niveaux de régulation supplémentaires façonnent les comportements instinctifs de telle sorte qu'ils puissent s'adapter de façon souple à un environnement complexe et rapidement changeant et assurer la survie de l'individu et des autres (surtout s'ils appartiennent à la même espèce), dans des circonstances où une réponse préprogrammée aurait, de façon immédiate ou différée, donné un résultat nuisible. Les dangers prévenus grâce à ces conventions et ces règles peuvent être directs et se situer dans un avenir proche (comme une menace pour l'intégrité physique ou mentale de l'individu), ou bien ils peuvent être indirects et différés (une perte future, des difficultés financières). Bien que ces conventions et ces règles n'aient pas besoin d'être transmises autrement que par l'éducation et la socialisation, de génération en génération, je soupçonne que les représentations neurales des connaissances qu'elles incarnent, et des mécanismes permettant leur application, sont inextricablement liées aux représentations neurales des processus de régulation biologique innés. Je pense qu'il existe une « voie » reliant les régions du cerveau où sont traitées les premières, aux régions du cerveau où sont traitées les secondes. Naturellement, cette « voie » est matérialisée par des connexions entre neurones.

J'estime que la plupart des règles éthiques et des conventions sociales, aussi élevé que soit leur but, doivent être, en fait, reliées à des objectifs plus simples et à des pulsions et des instincts. Pourquoi faut-il qu'il en soit ainsi ? Parce qu'atteindre ou ne pas atteindre un but social subtil, contribue (ou est perçu comme contribuant), bien qu'indirectement, à la survie et à la qualité de cette survie.

Cela veut-il dire que l'amour, la générosité, la bonté, la compassion, l'honnêté, et autres dispositions humaines louables ne sont rien d'autre que les produits d'une régulation neurobiologique consciente, mais égoïste et tournée vers la survie ? Est-ce que cela nie la possibilité de l'altruisme et celle du libre arbitre ? Cela veut-il dire qu'il n'existe pas d'amour véritable, d'amitié sincère, et de compassion authentique ? Non, ce n'est absolument pas le cas. L'amour est véritable, l'amitié sincère et la compassion authentique, dès l'instant où je ne travestis pas ce que je ressens, autrement dit, dès l'instant où je ressens *véritablement* l'amour, l'amitié et la compassion. Peut-être serais-je plus digne d'éloges si je pouvais manifester de telles dispositions par un simple effort de volonté. Et si, cependant, je n'avais pas besoin de cette dernière ? Et si ma nature me permettait d'y arriver plus rapidement, de sorte que je serais gentil et honnête sans avoir à m'efforcer de l'être ? La vérité des sentiments (qui reflète la mesure dans laquelle ce que je dis et fais s'accorde à mes intentions), leur intensité et leur beauté ne sont en rien diminuées par le fait de constater que la survie, le cerveau et une éducation appropriée ont beaucoup à voir avec les raisons pour lesquelles nous ressentons de tels sentiments. On peut, dans une grande mesure, dire la même chose de l'altruisme et du libre arbitre. Constater que des mécanismes biologiques se profilent derrière les comportements humains les plus sublimes n'implique pas de réduire ceux-ci de façon simpliste au niveau des boulons et des écrous de la neurobiologie. Autrement dit, rendre compte en partie d'un phénomène complexe par la mise en évidence de facteurs situés à des niveaux plus simples, ne revient pas à le dévaluer.

La façon dont j'envisage les êtres humains peut être décrite ainsi : il s'agit d'organismes se trouvant à la naissance dotés de mécanismes automatiques de survie, et qui acquièrent par l'éducation et la culture un ensemble de stratégies supplémentaires, désirables et socialement acceptables, leur permettant de prendre des décisions. Ces stratégies, à leur tour, augmentent leurs chances de survie, améliorent remarquablement la qualité de celle-ci, et fournissent la base de la construction de la *personne*. Après la naissance, le cerveau humain aborde le développement postnatal doté de pulsions et d'instincts qui ne comprennent pas seulement les circuits physiologiques de régulation du métabolisme, mais, en outre, les mécanismes fondamentaux permettant de prendre en compte le comportement social et l'acquisition des connaissances sociales. À la sortie de l'enfance, il se retrouve pourvu de nouvelles séries de stratégies de survie, dont la base neurophysiologique est étroitement mêlée à celle du répertoire des réponses instinctives, et non seulement modifie sa mise en œuvre, mais lui donne de nouveaux rôles. Les mécanismes neuraux sous-tendant le répertoire des réponses qui relèvent d'un niveau plus élevé que celui des instincts, ont peut-être une organisation semblable à ceux qui gouvernent les pulsions biologiques, et sont sans doute dépendants d'eux. Cependant, la société doit intervenir pour leur imprimer leur orientation finale, et ils sont donc façonnés autant par la culture que par la neurobiologie. En outre, à partir de cette double détermination, les stratégies de survie relevant d'un niveau plus élevé que celui des instincts conduisent à quelque chose caractérisant probablement en propre les êtres humains : un point de vue moral qui, à l'occasion, peut transcender les intérêts du groupe social immédiat auquel appartient un individu, et même ceux de l'espèce.

CHAPITRE VII

Les émotions et leur perception

Comment traduire en termes neurobiologiques les idées présentées à la fin du précédent chapitre ? Les observations faites à propos des régulations biologiques montrent que des processus de sélection des réponses appropriées prennent continuellement place dans des structures du cerveau évolutivement anciennes, sans que les organismes en soient conscients (de tels processus ne sont donc pas délibérés). Les organismes dont les cerveaux ne comprennent que ces structures archaïques et sont dépourvus de celles qui sont évolutivement modernes – les reptiles, par exemple – sont tout à fait capables, sans difficulté, de mettre en œuvre de tels processus de sélection des réponses. On peut, si l'on veut, se représenter ces derniers comme une forme élémentaire de prise de décision, pourvu qu'il soit bien clair que ce n'est pas un « moi conscient », mais un ensemble de neurones, qui effectue le choix.

Il est également bien admis que lorsque des organismes sociaux sont confrontés à des situations complexes et doivent prendre une décision, face à des incertitudes, ils doivent mettre en jeu des systèmes dépendant du néo-cortex, le secteur évolutivement moderne du cerveau. Il semble prouvé qu'il existe bien une relation entre, d'une part, l'expansion du cerveau et le degré de spécialisation de ses différentes régions, et, d'autre part, la complexité et le caractère imprévisible des environnements auxquels une telle expansion permet aux individus de faire face. Les résultats obtenus par John Allman sont, à cet égard, particulièrement intéressants : ils montrent qu'indépendamment de la dimension du corps, le néo-cortex des singes mangeurs de fruits est bien plus grand que celui des singes mangeurs de feuilles [1]. Les premiers doivent, en effet, disposer d'une mémoire bien plus riche, de façon à pouvoir se souvenir où et quand ils ont vu des fruits mangeables, sous peine de ne trouver que des arbres dépourvus de fruits, ou porteurs de fruits pourris. Leur plus vaste néo-cortex permet d'héberger cette capacité mnémonique accrue dont ils ont besoin.

L'opposition paraît si flagrante entre les types de traitement de l'information effectués par ces deux parties du cerveau – les structures « inférieures et anciennes » et celles « supérieures et nouvelles » – que cela a poussé à envisager leurs fonctions respectives selon une dichotomie apparemment sensée : dit de façon la plus simple possible, les parties anciennes du cerveau, en bas, s'occupent de la régulation biologique fondamentale, tandis qu'en haut le néo-cortex réfléchit, avec sagesse et subtilité. Dans les étages supérieurs, au sein du néo-cortex, il y a la raison et la volonté, tandis qu'en bas, il y a les émotions et tout ce qui, banalement, concerne le corps.

Cette conception, cependant, ne rend pas compte des mécanismes neuraux qui sous-tendent les processus rationnels de prise de décision, tels que je les vois. D'une part, elle n'est pas compatible avec les observations que j'ai discutées dans la première partie de cet ouvrage. D'autre part, il existe des preuves selon lesquelles la longévité, qui est probablement d'autant plus grande que la faculté de raisonnement est développée, est corrélée positivement non seulement avec de grandes dimensions du néo-cortex, comme on pouvait s'y attendre, mais aussi avec de grandes dimensions de l'hypothalamus, l'une des principales composantes des étages inférieurs [2]. Les mécanismes neuraux sous-tendant la faculté de raisonnement, que l'on pensait traditionnellement situés au niveau *néo-cortical*, ne semblent pas fonctionner sans ceux qui sous-tendent la régulation biologique, que l'on pensait traditionnellement situés au niveau *subcortical*. La nature semble avoir construit les mécanismes sous-tendant la faculté de raisonnement, non pas seulement au-dessus des mécanismes neuraux sous-tendant la régulation biologique, mais aussi *à partir* d'eux, et *avec* eux. Les mécanismes sous-tendant les comportements de niveau plus élevé que les pulsions et les instincts reposent, je pense, à la fois sur les étages supérieurs et inférieurs : le néo-cortex fonctionne *de pair* avec les parties anciennes du cerveau, et la faculté de raisonnement résulte de leur activité concertée.

On peut se demander ici jusqu'à quel point les processus rationnels et non rationnels correspondent respectivement aux structures corticales et subcorticales du cerveau. Pour essayer de répondre à cette question, je me tourne à présent vers la capacité d'expression et de perception des émotions, une importante fonction liée à la régulation biologique, pour suggérer qu'elle fournit un pont entre les processus rationnels et non rationnels, entre les structures corticales et subcorticales.

LES ÉMOTIONS

Il y a environ un siècle, William James, dont la compréhension de la psychologie humaine n'a été égalée que par Shakespeare ou Freud, a avancé une hypothèse vraiment étonnante sur la nature des émotions et des sentiments. Voici ce qu'il disait :

> Si nous essayons de nous représenter une émotion très forte, puis que nous nous efforçons de faire disparaître de notre conscience toutes les impressions correspondant à sa traduction corporelle, nous constatons qu'il ne reste rien, aucun « matériau mental » à partir duquel on peut se représenter l'émotion en question, et qu'à la place on ne perçoit, de façon intellectuelle, qu'un état neutre et froid.

Recourant à de frappants exemples, James continuait ainsi :

> Quelle sensation de peur resterait-il, si l'on ne pouvait ressentir ni les battements accélérés du cœur, ni le souffle court, ni les lèvres tremblantes, ni les membres faibles, ni le mal de ventre ? Il m'est impossible de l'imaginer. Pouvons-nous nous représenter la colère, sans bouillonnement dans la poitrine, sans rougissement du visage, sans dilatation des narines, sans crispation des mâchoires, sans esquisse de vifs mouvements, et à leur place des muscles flasques, une respiration calme et un visage placide [3] ?

Très en avance sur son temps et le nôtre, William James montrait, dans ces paragraphes, qu'il avait saisi un mécanisme essentiel pour la compréhension des émotions et des sentiments. Malheureusement, et cela ne lui ressemblait guère, le reste de sa théorie était très en deçà de la diversité et de la complexité de ce phénomène, et cela a suscité d'infinies controverses chez les commentateurs [4]. (Je ne peux ici rendre compte des vastes études qui ont été consacrées à ce sujet, et ne peux que renvoyer aux synthèses de George Mandler, Paul Ekman, Richard Lazarus et Robert Zajonc.)

Un certain nombre d'auteurs ont, en effet, été indisposés par la théorie de William James au sujet de l'émotion, non pas tant parce qu'il avait ramené celle-ci à un processus se rapportant au corps (bien que cela ait pu être choquant pour nombre de ses commentateurs critiques), mais plutôt parce qu'il n'accordait pas beaucoup de poids, dans ce contexte, au processus mental d'évaluation de la situation provoquant l'émotion. Sa conception pouvait s'appliquer avec justesse aux premières expériences de l'émotion que l'on fait dans les débuts de la vie ; mais elle ne pouvait véritablement rendre compte de ce qui se passait dans la tête d'Othello avant d'être la proie de la jalousie et de la colère, ni des ruminations de Hamlet qui l'ont conduit à percevoir comme une sorte de dégoût de lui-même, ni des raisons tortueuses pour lesquelles Lady Macbeth allait connaître une sorte de joie délirante tandis qu'elle inciterait son mari à une violence meurtrière.

Un autre problème presque aussi grave venait du fait que James n'avait pas envisagé de mécanisme alternatif (ou supplémentaire) pour la perception des émotions. Cette dernière, dans la théorie jamesienne, a *toujours* le corps comme point de départ. En outre, James n'avait guère envisagé les rôles possibles de l'émotion dans les processus cognitifs et le comportement. Comme je l'ai suggéré dans l'introduction, cependant, les émotions ne sont pas un luxe. Elles jouent un rôle parce qu'elles communiquent des messages chargés de sens aux autres congénères, et elles jouent certainement aussi un rôle dans l'élaboration des processus cognitifs, comme je l'expliquerai dans le prochain chapitre.

En bref, James a suggéré d'expliquer l'émotion de la façon fondamentale suivante : des stimuli particuliers issus de l'environnement déclenchent, par le biais de mécanismes génétiquement programmés et inflexibles, un type de réaction corporelle spécifique. Point n'est besoin que l'importance des stimuli soit préalablement évaluée pour que la réaction soit déclenchée. James avait d'ailleurs déclaré de façon lapidaire : « Tout phénomène qui suscite l'expression d'un instinct, suscite en même temps l'expression d'une émotion. »

Dans de nombreuses circonstances de notre vie, en tant qu'êtres sociaux, nous savons pertinemment bien, cependant, que l'émotion ne se déclenche en nous qu'après qu'une phase d'évaluation mentale de l'événement a pris place, évaluation effectuée par des processus volontaires, non automatiques. À la suite de nos expériences passées, une vaste gamme de stimuli et de situations a été associée à ceux des stimuli qui sont des déclencheurs innés d'émotions. La réaction à l'un ou l'autre des stimuli appartenant à cette vaste gamme peut être filtrée par le biais d'une évaluation consciente. Par suite, il peut y avoir de larges variations dans l'expression des émotions, en ampleur et en intensité ; en fait, le mécanisme fondamental de l'émotion, tel qu'il a été aperçu par James, est parfaitement accessible à un processus de modulation. En outre, il semble qu'il existe d'autres moyens de percevoir les réactions du corps, perception dont James pensait qu'elle était fondamentale dans le processus émotionnel.

Dans les pages qui vont suivre, je vais développer mes conceptions relatives à la capacité d'expression et de perception des émotions. Je vais, pour commencer, me placer dans la perspective de l'histoire individuelle, et établir une distinction entre les émotions que nous ressentons très tôt dans la vie, dont l'expression ne requiert sans doute pas plus qu'un « mécanisme préprogrammé » jamesien, et les émotions que nous éprouvons en tant qu'adultes, dont le mécanisme a été élaboré progressivement en prenant pour base les émotions de l'« âge précoce ». Je propose d'appeler celles-ci « émotions primaires », tandis que les émotions de l'âge adulte seront appelées « émotions secondaires ».

• Les émotions primaires

Jusqu'à quel point les réactions émotionnelles sont-elles « préprogrammées » à la naissance ? Il est bon de remarquer que ni l'homme ni les animaux n'ont besoin, de façon obligatoire, d'être génétiquement programmés pour avoir peur de l'ours ou de l'aigle (bien que certains animaux et l'homme soient peut-être programmés pour avoir peur des araignées ou des serpents). Il existe peut-être une possibilité, qui ne me pose d'ailleurs aucun problème : c'est que nous soyons programmés pour répondre par une réaction émotionnelle à la perception de certains traits, caractérisant des stimuli survenant dans le monde extérieur ou dans notre corps, isolément ou de façon combinée. Il s'agit, par exemple, de certaines tailles (comme celle des grands animaux) ; d'une vaste envergure (comme chez les aigles en vol) ; de certains types de mouvements (comme ceux des reptiles) ; de certains sons (comme des grondements) ; de certains phénomènes prenant place au niveau du corps (comme la douleur ressentie lors d'une crise cardiaque). Ces traits, isolément ou en conjonction avec d'autres, sont peut-être détectés et traités par une structure faisant partie du système limbique, comme, par exemple, l'amygdale ; les neurones de cette dernière sont le siège d'une représentation potentielle qui commande l'instauration d'un état du corps caractéristique de l'émotion appelée « peur », et qui modifie les processus cognitifs d'une manière adaptée à l'état de peur (nous verrons plus loin que le cerveau peut « simuler » les états du corps et « court-circuiter » ce dernier, et nous envisagerons par quel moyen la modification des processus cognitifs peut être obtenue). Remarquez que, pour provoquer une réponse du corps, il n'est même pas nécessaire de « reconnaître » l'ours ou le serpent ou l'aigle, en tant que tel, ou de savoir, de façon précise, ce qui est à l'origine de telle douleur. La seule chose qui soit nécessaire est que les cortex sensoriels fondamentaux détectent et identifient les traits cruciaux ou les caractéristiques d'une entité donnée (par exemple, un animal ou une chose), et que des structures telles que l'amygdale reçoivent des signaux traduisant leur présence *conjointe*. Un poussin au nid ne sait pas ce qu'est un aigle, mais il répond promptement par une réaction d'alarme et se cache la tête, lorsqu'une « chose » munie de grandes ailes vole au-dessus de lui à une certaine vitesse (voir figure 7-1).

Par elle-même, la réponse émotionnelle peut remplir quelques utiles fonctions : par exemple, elle peut permettre de se dissimuler rapidement à la vue d'un prédateur, ou de montrer à un concurrent que l'on est en colère. Le processus ne s'arrête pas avec les changements corporels qui caractérisent une émotion, cependant. Il se poursuit – en tout cas, on en est certain chez les êtres humains – et son stade suivant correspond à la *perception de l'émotion* en rapport avec le phénomène qui l'a déclenchée, autrement dit à la prise de conscience qu'il existe un rapport entre un phénomène donné et un état du corps marqué par une certaine émotion. Mais, peut-on se demander, pourquoi faut-il que l'on sache qu'il existe une telle relation ? Pourquoi compliquer les choses et faire entrer en jeu la conscience dans ce processus, s'il existe déjà une façon adaptée de réagir, à un niveau automatique ? La réponse est que la

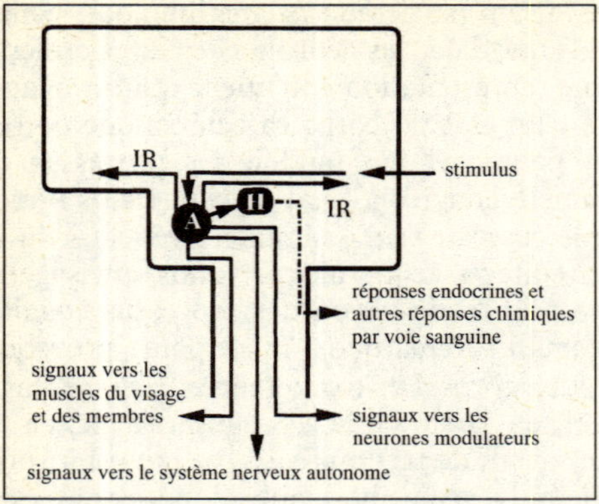

Figure 7-1. Les émotions primaires. La ligne noire du périmètre délimite le cerveau et le tronc cérébral. Lorsqu'un stimulus approprié stimule l'amygdale (A), il en résulte un grand nombre de réponses : des réponses internes (dénotées IR) ; des réponses musculaires ; des réponses viscérales (signaux concernant le système nerveux autonome) ; des messages envoyés vers les neurones modulateurs du tronc cérébral ainsi que vers l'hypothalamus (H). Ce dernier induit des réponses endocrines et d'autres réponses chimiques, qui passent par la voie de la circulation sanguine. Je n'ai pas fait figurer sur ce schéma plusieurs autres structures cérébrales nécessaires à la mise en œuvre de cette vaste gamme de réponses. Par exemple, les réponses musculaires par lesquelles nous exprimons les émotions, disons la posture du corps, sont probablement médiées par des structures situées dans les ganglions de la base (précisément, ce que l'on appelle le striatum ventral).

conscience permet d'élargir les stratégies de défense. Considérez le problème suivant : si vous *apprenez* qu'un animal, un objet ou une situation X provoque une réaction de peur, vous aurez deux façons de vous comporter vis-à-vis de X. La première est innée ; il ne vous est pas possible de la dominer. En outre, elle n'est pas spécifique de X ; un grand nombre d'êtres vivants, de phénomènes et de circonstances peuvent provoquer cette réponse. La seconde façon de vous comporter vis-à-vis de X repose sur votre expérience vécue et lui est spécifique. Votre connaissance de X vous permet de prévoir sa présence avec une probabilité donnée dans tel ou tel environnement, de sorte que vous pourrez l'éviter, préventivement, plutôt que d'avoir à réagir à sa présence dans des conditions d'urgence.

Mais il y a encore d'autres avantages à percevoir de façon consciente vos réactions émotionnelles. Vous pouvez effectuer une généralisation à partir de ce que vous connaissez déjà, et décider, par exemple, d'être prudent à l'égard de tout ce qui ressemble à X (bien entendu, si vous généralisez trop, et vous comportez avec une prudence excessive, vous allez développer un comportement phobique – ce qui n'est pas très bon, non plus). En outre, il est possible que vous ayez remarqué, lors de votre première rencontre avec X, quelque chose de particulier, signalant un éventuel point faible de X. Vous pouvez envisager d'exploiter cette vulnérabilité lors de votre prochaine rencontre, et c'est donc là une raison de plus pour laquelle il est intéressant que vous *sachiez*. En bref, la perception de vos états émotionnels, autrement dit la conscience de vos émotions, vous permet une *réponse modulable en fonction de l'histoire individuelle de votre interaction avec l'environnement*. Bien que vous ayez besoin de mécanismes innés pour amorcer votre processus d'acquisition de connaissances sur le monde, la perception consciente de vos réactions émotionnelles vous apporte plus.

Les émotions primaires (c'est-à-dire innées, préprogrammées, jamesiennes) dépendent de circuits neuronaux appartenant au système limbique, au sein duquel l'amygdale et le cortex cingulaire antérieur jouent le rôle le plus important. En ce qui concerne l'amygdale, les preuves de son intervention cruciale dans les réactions émotionnelles préprogrammées ont été obtenues à la fois chez l'homme et chez l'animal. Cette structure a fait l'objet d'études chez divers animaux, réalisées par des scientifiques tels que Pribram, Weiskrantz, Aggleton et Passingham, et plus récemment, et peut-être plus complètement, par Joseph LeDoux [5]. D'autres recherches la concernant ont été aussi effectuées par E. T. Rolls, Michael Davis, et Larry Squire et son groupe : celles-ci visaient à comprendre la mémoire, mais elles ont aussi révélé un rapport entre l'amygdale et l'émotion [6]. Ce dernier lien a été aussi aperçu par Wilder Penfield et par Pierre Gloor et Eric Halgren, lorsqu'ils ont étudié des patients épileptiques, au cours d'examens préparatoires à une intervention chirurgicale, consistant à stimuler électriquement diverses régions du lobe temporal [7]. Plus récemment, allant dans ce sens en ce qui concerne l'amygdale humaine, des observations ont été faites par des chercheurs de mon laboratoire ; et rétrospectivement, la première suggestion d'un lien entre amygdale et émotion peut être trouvée dans le travail de Heinrich Kluver et Paul Bucy [8] : ceux-ci avaient montré que l'ablation chirurgicale d'une partie du lobe temporal contenant l'amygdale provoquait une indifférence affective, parmi toutes sortes d'autres symptômes. (Pour les preuves concernant la relation du cortex cingulaire antérieur et de l'émotion, voir le chapitre IV de ce livre, et pour des descriptions pertinentes, consulter Laplane et al., 1981, et A. Damasio et Van Hoesen, 1983 [9].)

Mais les émotions primaires ne rendent pas compte de la gamme complète des réactions émotionnelles. Elles représentent, bien entendu, le mécanisme fondamental. Cependant, je pense qu'au cours du développement individuel viennent ensuite des *émotions secondaires*, qui se manifestent à partir du moment où l'on commence à percevoir des émotions et à établir des *rapports systématiques entre, d'une part, certains types de phénomènes et de situations et, d'autre part, les émotions primaires*. Les structures du système limbique ne sont pas suffisantes pour soustendre les processus liés aux émotions secondaires. Le réseau doit être élargi et il requiert l'intervention des cortex préfrontaux et somatosensoriels.

- Les émotions secondaires

Pour aborder la notion d'émotion secondaire, tournons-nous vers un exemple pris dans le vécu d'un adulte. Imaginez que vous rencontriez un ami que vous n'avez pas vu depuis longtemps, ou que l'on vous annonce la mort inopinée d'une personne qui travaillait étroitement avec vous. Dans les deux cas, s'ils se présentent à vous dans la réalité, ou peut-être même tandis que vous vous les imaginez maintenant, vous ressentez une émotion. Que se passe-t-il en vous, sur le plan neurobiologique, tandis que se produit cette émotion ? Que veut dire vraiment « ressentir une émotion » ?

Si j'étais là, tandis que vous imaginez l'un ou l'autre de ces deux événements, je pourrais faire un certain nombre d'observations. Après que vous avez formé dans votre esprit les images relatives aux aspects les plus importants de ces deux cas (la rencontre avec l'ami perdu de vue depuis longtemps ; la mort d'un collègue), il se produit un changement dans votre état corporel, changement objectivé par plusieurs modifications siégeant dans différentes régions du corps. Lorsque vous rencontrez un vieil ami (en imagination), le rythme de votre cœur peut s'accélérer, votre peau peut rougir, les muscles de votre visage vont se modifier autour de votre bouche et de vos yeux pour dessiner une expression de joie, et les muscles des autres régions du corps vont se relâcher. Lorsque vous apprenez la mort de quelqu'un de votre connaissance, votre cœur peut se mettre à frapper fort, votre bouche devenir sèche, votre peau pâlir, une partie de vos intestins se contracter ; les muscles de votre dos et votre cou vont se tendre, tandis que ceux de votre visage vont dessiner le masque de la tristesse. Dans les deux cas, il se produit donc des changements dans les fonctions des viscères (cœur, poumons, intestin et peau), celles des muscles squelettiques (c'est-à-dire des muscles qui sont attachés à vos os), et celles des glandes endocrines (telles que l'hypophyse et les glandes surrénales). Des peptides neuromodulateurs sont libérés par le cerveau dans la circulation sanguine. Le système immunitaire se modifie aussi rapidement. Le tonus des muscles lisses des parois artérielles peut s'accroître, et déterminer un rétrécissement du diamètre des vaisseaux (le résultat est le pâlissement de la peau) ; ou bien ce tonus peut décroître, auquel cas les muscles lisses se relâchent et les vaisseaux sanguins se dilatent (le résultat est le rougissement de la peau). Globalement, l'ensemble de ces modifications tend à écarter l'organisme du niveau de réglage moyen de son équilibre fonctionnel, ou homéostasie. Ce niveau de réglage moyen correspond à l'optimum du fonctionnement de l'organisme, pour lequel celui-ci effectue le minimum de dépenses énergétiques et dispose de la plus grande simplicité et rapidité des ajustements. Il ne faut pas se représenter ce niveau optimum comme quelque chose de statique ; il est plutôt obtenu au moyen d'une succession continuelle de changements, s'opérant au sein de limites supérieure et inférieure. On peut s'en faire une image en pensant à un matelas « aquatique », constitué d'une enveloppe de caoutchouc emplie d'eau : lorsque quelqu'un marche dessus, certaines portions s'enfoncent, tandis que d'autres se soulèvent ; des rides se dessinent ; la totalité du matelas est modifiée, mais les changements restent dans les limites définies par la structure physique de l'ensemble : une enveloppe contenant une certaine quantité de liquide.

Dans l'expérience imaginaire sur l'émotion que nous avons vue ci-dessus, de nombreux organes de votre corps passent dans un nouvel état, caractérisé par des changements significatifs. Comment ceux-ci sont-ils engendrés ?

1. Tout commence par la représentation consciente que vous vous faites d'une personne ou d'une situation. Cette représentation consiste en images mentales organisées en un processus de pensée, images qui se rapportent aux multiples aspects de votre relation avec la personne en question, aux réflexions que vous inspirent la situation présente et ses conséquences pour vous et d'autres personnes ; en somme, il s'agit d'une évaluation rationnelle des diverses données de l'événement dans lequel vous êtes impliqué. Certaines des images que vous évoquez sont de nature non verbale (comme la physionomie d'une personne donnée dans un environnement donné), tandis que d'autres sont verbales (mots et phrases se rapportant à des particularités de la personne, ou à des activités, ou à des noms, etc.). Le substrat neural de ces images est une série de différentes représentations topographiquement organisées, siégeant

dans divers cortex sensoriels fondamentaux (visuels, auditifs, etc.). Ces représentations sont élaborées sous l'égide de représentations potentielles distribuées dans un grand nombre de cortex d'association de niveau élevé.

2. À un niveau non conscient, des circuits du cortex préfrontal répondent de façon automatique et involontaire aux signaux résultant du traitement des images en question. Ces réponses préfrontales émanent de représentations potentielles contenant des informations sur la façon dont certaines situations ont généralement été couplées à certaines réponses émotionnelles au cours de l'histoire individuelle. En d'autres termes, elles proviennent de représentations potentielles *acquises* et non pas *innées*, bien que, comme on l'a vu plus haut, les représentations potentielles acquises aient été élaborées grâce aux représentations potentielles innées. Les représentations potentielles acquises détiennent le souvenir des relations entre situations et émotions, telles qu'elles ont été éprouvées individuellement. En fait, votre expérience personnelle a pu être légèrement différente ou très différente de celle des autres individus : c'est la vôtre, et la vôtre seule. Bien que la relation entre un type particulier de situation et une émotion donnée soit, dans une grande mesure, semblable chez la plupart des individus, l'expérience vécue personnelle en donne une version propre à chacun. Pour résumer : les représentations potentielles préfrontales acquises nécessaires à l'expression des émotions secondaires sont distinctes des représentations potentielles innées nécessaires à l'expression des émotions primaires. Mais, comme nous le verrons ci-dessous, les premières ont besoin des secondes pour s'exprimer.

3. Non conscientes, automatiques et involontaires, les réponses émanant des représentations potentielles préfrontales décrites dans le paragraphe précédent sont signalées à l'amygdale et au cortex cingulaire antérieur. Les représentations potentielles qui sont contenues dans ces dernières régions répondent (a) en activant des noyaux relevant du système nerveux autonome et en envoyant des messages au corps par le biais des nerfs périphériques, de

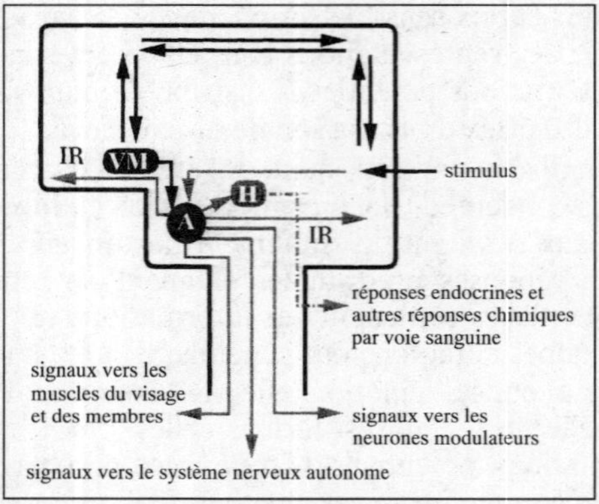

Figure 7-2. Les émotions secondaires. Le stimulus peut encore concerner l'amygdale, mais il est maintenant aussi pris en compte au niveau des processus de pensée, et peut activer le cortex frontal ventro-médian (VM). Ce dernier détermine des réponses par le biais de l'amygdale (A). En d'autres termes, les émotions secondaires mettent en jeu les mécanismes neuraux des émotions primaires. Là aussi, je simplifie délibérément, puisque de nombreux types de cortex frontaux autres que VM sont aussi sollicités ; mais je crois que ce schéma montre bien les phénomènes les plus importants. J'insiste sur le fait que VM dépend de A pour exprimer son activité, qu'il est comme « à cheval » sur l'amygdale. Cette relation de dépendance se greffant sur une relation d'antériorité illustre bien la façon dont la nature élabore des mécanismes en bricolant. Elle se sert de vieilles structures et d'anciens mécanismes pour en créer de nouveaux et engendrer de nouveaux résultats.

sorte que les viscères se conforment à l'état le plus souvent associé au type de situation qui a déclenché tout ce processus ; (b) en envoyant des signaux au système moteur, de telle sorte que les muscles squelettiques complètent le tableau de l'émotion par des expressions faciales et des postures du corps ; (c) en activant les systèmes (endocrines et nerveux) sécréteurs d'hormones et de peptides, ces substances chimiques ayant pour effet d'induire des changements dans l'état du corps et celui du cerveau ; et finalement (d), en activant, sur des modes particuliers, les neurones modulateurs non spécifiques du tronc cérébral et de la base du télencéphale, qui déversent alors leurs messages chimiques à diverses régions du télencéphale (comme par exemple, les ganglions de la base et le cortex cérébral). Ce vaste ensemble d'actions variées représente une réponse massive, concernant tout l'organisme ; chez une personne en bonne santé, c'est une merveille de coordination.

Les changements associés à (a), (b) et (c) affectent le corps, déterminant un « état émotionnel corporel », et sont ensuite signalés en retour aux systèmes limbique et somatosensoriel. Les changements associés à (d), qui ne prennent pas place dans le corps proprement dit, mais dans certaines structures du tronc cérébral chargées de la régulation du corps, affectent considérablement le style et l'efficacité des processus cognitifs, et constituent une voie parallèle pour l'expression des émotions. La distinction entre les différents effets énumérés sous (a), (b) et (c), d'un côté, et sous (d), de l'autre, deviendra plus claire lorsque nous discuterons de la perception des émotions (voir ci-dessous).

On peut maintenant se rendre compte que la perturbation des processus émotionnels chez les patients souffrant de lésions préfrontales concerne les émotions secondaires. Ces malades ne peuvent exprimer aucune émotion lorsqu'ils perçoivent les images évoquées par certaines catégories de situations et de stimuli, et par suite ne peuvent rien ressentir qui y corresponde. Cela est mis en évidence par des observations cliniques et des tests spéciaux, comme ceux qui sont décrits au chapitre IX. Ces mêmes patients peuvent exprimer des émotions primaires, cependant, et c'est pourquoi, au premier abord, leur réactivité émotionnelle peut sembler intacte (ils montrent de l'effroi, si quelqu'un crie brusquement derrière eux, ou si leur maison tremble lors d'un séisme). Au contraire, des patients souffrant de lésions du système limbique, au niveau de l'amygdale ou du cortex cingulaire antérieur, montrent un déficit bien plus important, touchant à la fois les émotions primaires et secondaires, et manifestent donc des réactions émotionnelles très affaiblies.

La nature, avec son génie du bricolage visant à l'économie, n'a pas élaboré de mécanismes indépendants pour l'expression des émotions primaires et secondaires. Elle a fait simplement en sorte que les émotions secondaires soient exprimées par le même canal déjà utilisé pour l'expression des émotions primaires.

Je considère que les émotions sont, en *essence*, constituées par des changements survenant dans l'état du corps, induits dans ses nombreux organes par les terminaisons nerveuses issues d'un système neural spécifique, lorsque celui-ci répond aux pensées évoquées par un phénomène ou un événement donnés. Un grand nombre des changements qui s'opèrent dans l'état du corps – comme la variation de la couleur de la peau, de la posture corporelle et de l'expression faciale – sont, en fait, perceptibles par un observateur extérieur. (D'ailleurs, l'étymologie du mot le suggère : *émotion* veut dire « mouvement vers l'extérieur ».) Certains autres changements dans l'état du corps ne sont perceptibles que par l'individu chez lequel ils se produisent. Cependant, il ne faut pas perdre de vue que l'interprétation de l'émotion ne peut s'arrêter à son essence.

En conclusion, l'émotion résulte de la combinaison de *processus d'évaluation mentale*, simples ou complexes, avec des *réponses à ces processus, issues de représentations potentielles*. Ces réponses s'effectuent principalement *au niveau du corps proprement dit*, se traduisant par tel ou tel état émotionnel du corps, mais *elles peuvent aussi s'effectuer au niveau du cerveau lui-même* (neurones modulateurs du tronc cérébral), ce qui conduit à des changements mentaux supplémentaires. Remarquez que, pour le moment, j'ai laissé à part, au sein de la question de l'émotion, celle de la perception de tous les changements qui constituent la réponse émotionnelle.

La spécificité des mécanismes neuraux sous-tendant les émotions

La spécificité des systèmes neuraux impliqués dans l'expression des émotions a été établie par l'étude de lésions cérébrales touchant des structures déterminées. Selon moi, les lésions affectant le système limbique perturbent l'expression des émotions primaires ; tandis que les lésions affectant le cortex préfrontal perturbent l'expression des émotions secondaires. Selon les travaux de Roger Sperry et de ses collaborateurs, notamment Joseph Bogen, Michael Gazzaniga, Jerre Levy et Eran Zaidel, les structures neurales sous-tendant les émotions chez l'homme présentent une caractéristique étonnante : elles sont principalement situées dans l'hémisphère cérébral droit [10]. D'autres chercheurs, comme Howard Gardner, Kenneth Heilman, Joan Borod, Richard Davidson et Guido Gainotti, ont fourni des preuves supplémentaires en faveur d'une dominance hémisphérique droite pour l'expression des émotions [11]. Les recherches actuelles menées dans mon laboratoire s'accordent avec l'idée d'une asymétrie dans les processus neuraux sous-tendant l'émotion, mais indiquent aussi qu'elle n'est pas applicable de la même façon à toutes les émotions.

On peut apprécier le degré de dominance des systèmes neuraux sous-tendant les processus émotionnels en examinant les perturbations que leurs lésions entraînent. Lorsqu'une hémorragie cérébrale détruit le cortex moteur de l'hémisphère gauche du cerveau, et que, par suite, le patient présente une paralysie du côté droit du visage, la bouche tend à être tirée du côté où les mouvements sont préservés. Si l'on demande au patient d'ouvrir la bouche et de montrer ses dents, cela ne fait qu'accentuer l'asymétrie. Cependant, lorsqu'il sourit ou rit spontanément, en réponse à une remarque pleine d'humour, il se produit quelque chose de tout à fait différent : le sourire est normal, les deux côtés du visage se mouvant comme ils le doivent, et l'expression est naturelle, ne différant en rien du sourire tel qu'il se manifestait chez cet individu avant la paralysie. Cela montre que la commande motrice des mouvements liés à l'émotion n'a pas la même origine que celle concernant les actes volontaires. Autrement dit, la première émane d'un site cérébral différent de la seconde, bien qu'elles visent toutes deux les mêmes muscles : ceux du visage (voir figure 7-3).

Si vous étudiez un patient chez lequel une hémorragie cérébrale a endommagé le cortex cingulaire antérieur au niveau de l'hémisphère gauche, vous constaterez les phénomènes exactement inverses. Au repos, ou lors de mouvements musculaires se rapportant à l'expression des émotions, le visage est asymétrique, moins mobile à droite qu'à gauche. Mais si le patient essaie de contracter ses muscles faciaux volontairement, les mouvements sont réalisés de façon normale, et la symétrie réapparaît. Les mouvements liés à l'émotion sont donc commandés par la région cingulaire antérieure,

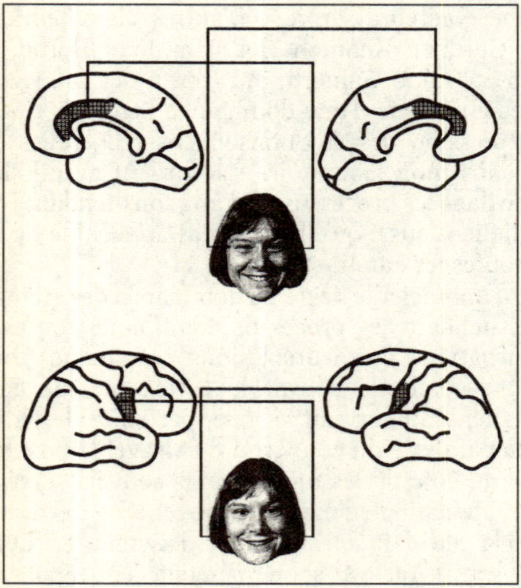

Figure 7-3. Les mécanismes neuraux commandant les muscles du visage ne sont pas les mêmes dans le cas du « vrai » sourire induit par une émotion (images du haut) et dans le cas du sourire volontaire, non lié à une émotion (images du bas). Le « vrai » sourire est déclenché par une commande issue des cortex limbiques et sa réalisation est probablement médiée par les ganglions de la base.

ainsi que par d'autres structures limbiques (comme les cortex du lobe temporal médian), et les ganglions de la base, toutes régions dont la lésion induit ce que l'on appelle une paralysie faciale émotionnelle ou inverse.

Mon maître Norman Geschwind, le neurologue de l'université Harvard dont les travaux ont fait le pont entre les recherches classiques et modernes sur les rapports entre cerveau et fonctionnement mental, aimait à dire que si nous avons des difficultés à sourire avec naturel devant le photographe, c'est qu'il nous demande de faire bouger volontairement nos muscles faciaux, par la mise en jeu de notre cortex moteur et de nos voies pyramidales (ces dernières sont constituées par les très nombreux axones qui proviennent du cortex moteur primaire, l'aire 4 de Brodmann, et vont faire relais plus bas dans les noyaux situés dans le tronc cérébral et la moelle épinière, lesquels commandent les mouvements volontaires de la musculature, par le biais des nerfs périphériques). Nous faisons ainsi ce que Geschwind aimait appeler un « sourire pyramidal ». Il ne nous est pas facile de reproduire ce que le cortex cingulaire antérieur peut faire facilement ; il n'existe pas de voies nerveuses permettant de mettre en jeu volontairement le cortex cingulaire antérieur. Pour sourire de façon « naturelle », il n'y a pas beaucoup de solutions : soit vous apprenez à reproduire le sourire « naturel » ; soit vous demandez à quelqu'un de vous chatouiller ou de vous raconter une bonne histoire. La carrière des acteurs et des hommes politiques dépend de cette donnée simple et fâcheuse de la neurophysiologie.

Le problème est connu des acteurs professionnels depuis longtemps, et a conduit à différentes techniques d'interprétation. Certaines, comme celle de Laurence Olivier, par exemple, font appel à d'habiles mouvements musculaires volontaires qui suggèrent, de façon crédible, l'émotion. S'appuyant sur la connaissance fine de la façon dont se manifestent les émotions aux yeux d'un observateur extérieur, et sur le souvenir de ce que l'on ressent généralement lorsqu'on exprime les comportements correspondants, les grands acteurs s'efforcent de simuler l'émotion. Puisque peu y réussissent vraiment, cela montre bien que la physiologie cérébrale leur pose un gros problème.

Une autre technique, comme la « méthode » dite « de Lee Strasberg et Elia Kazan » (méthode inspirée de l'œuvre de Konstantin Stanislavsky *), demande aux acteurs d'exprimer et de ressentir l'émotion réelle, au lieu de la simuler. Le résultat peut, en effet, paraître plus convaincant, mais les acteurs doivent posséder un talent particulier et une grande maturité pour arriver à maîtriser les processus automatiques déclenchés par l'émotion réelle.

La différence entre les expressions faciales engendrées par l'émotion authentique et l'émotion simulée, a été notamment remarquée par Charles Darwin dans *The Expression of the Emotions in Man and Animals*, publié en 1872 [12]. Darwin était au courant des observations qui avaient été faites une décennie plus tôt par Guillaume-Benjamin Duchenne sur la musculature intervenant dans la réalisation du sourire, et sur ses différents types de commandes nerveuses [13]. Duchenne avait montré que le sourire suscité par une joie réelle était réalisé par la contraction involontaire simultanée de deux muscles : le grand zygomatique et l'orbiculaire palpébral inférieur (voir figure 7-4). Il a découvert en outre que ce dernier muscle ne pouvait être commandé que de façon involontaire ; il était impossible de le faire jouer volontairement. Les stimuli capables de déclencher la commande involontaire de l'orbiculaire palpébral inférieur étaient, comme Duchenne l'a dit, les « émotions agréables de l'âme ». En ce qui concerne le grand zygomatique, il peut être mis en jeu à la fois de façon involontaire et sous l'action de la volonté, et il est donc le moyen approprié pour réaliser des sourires de politesse.

* Lee Strasberg (1901-1982) était un comédien américain, directeur de théâtre et célèbre professeur d'art dramatique à l'Actor's Studio de New York. Elia Kazan (né en 1909) est le metteur en scène de cinéma bien connu. Konstantin Stanislavsky (1863-1938) était un comédien russe, directeur du Théâtre de Moscou, qui a mis en scène de nombreuses pièces de Tchekhov. Il a beaucoup insisté sur l'importance de l'expression des émotions dans le jeu des acteurs, et son enseignement a eu une influence internationale. *(N. d. T.)*

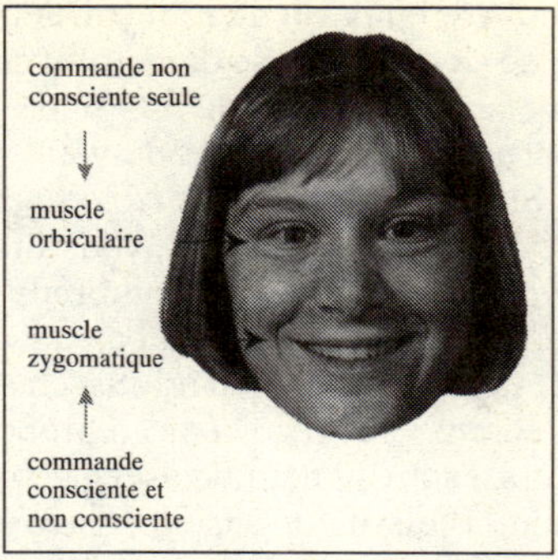

Figure 7-4. Commande consciente et non consciente des muscles du visage.

LA PERCEPTION DES ÉMOTIONS

Pour examiner la question de la *perception des émotions*, je vais retourner à votre état émotionnel, évoqué dans l'exemple discuté ci-dessus. Vous percevez *de façon interne*, aussi bien les changements affectant votre corps de façon visible par un observateur extérieur que ceux invisibles par ce dernier, comme l'accélération des battements de cœur ou la contraction des intestins. Tous ces changements sont continuellement signalés au cerveau sous la forme de messages relatifs à la peau, aux vaisseaux sanguins, aux viscères, aux muscles volontaires, aux articulations, etc. En termes neuraux, ces messages empruntent des voies nerveuses qui proviennent de la tête, du cou, du tronc et des membres, courent dans la moelle épinière et le tronc cérébral, en direction de la formation réticulaire (un ensemble de noyaux au sein du tronc cérébral, impliqués dans la régulation de la vigilance et du sommeil, entre autres fonctions) et du thalamus, puis atteignent l'hypothalamus, les structures limbiques et divers cortex somatosensoriels situés dans les régions pariétales et insulaires.

Ces derniers cortex, en particulier, reçoivent des messages les informant de ce qui se passe dans votre corps, moment après moment, ce qui veut dire qu'ils « photographient » le paysage en perpétuel changement de votre corps, durant une émotion. Si vous vous rappelez la comparaison avec le matelas « aquatique », vous pouvez vous imaginer que la photographie obtenue montre les nombreux changements locaux, les mouvements de haut en bas que la surface du matelas subit, tandis que quelqu'un marche dessus. Dans les cortex cérébraux, qui reçoivent continuellement cette sorte de signaux, l'activité neurale est également en perpétuel changement. Dans aucun secteur, elle n'est statique, ni ne présente de niveau de base ; il n'y a pas non plus de petit homme – d'homoncule – assis dans le grenier comme une statue, en train d'examiner les signaux en provenance de tout le corps. Au contraire, l'activité neurale est constamment en train de changer. Certaines de ses configurations sont organisées topographiquement, d'autres beaucoup moins, et elle n'est jamais localisée à un seul centre, à une seule aire. Elle est distribuée dans différentes aires, entre lesquelles existent des connexions bidirectionnelles. (Quelle que soit la métaphore à laquelle on recourt, il est important de comprendre que la représentation du corps, *à chaque instant*, n'est pas projetée sur des cartes corticales rigides, comme des schémas de neuropsychologie l'ont insidieusement suggéré pendant des décennies. Elle est, au contraire, mouvante, renouvelée à chaque instant, traduisant « en direct » ce qui se passe moment par moment dans le corps. Son importance réside précisément dans son caractère d'instantanéité, son aspect de « reportage en direct », comme l'a bien montré le travail de Michael Merzenich, cité plus haut.)

Outre la « boucle neurale », par laquelle votre état émotionnel est signalé en retour au cerveau, votre organisme recourt également à une « boucle chimique » de retour. Les hormones et les peptides libérés dans votre corps sous l'effet de l'émotion peuvent atteindre le cerveau par la voie de la circulation sanguine, et y pénétrer, en traversant activement ce que l'on appelle la « barrière hémo-méningée », ou en entrant, encore plus facilement, par les régions dépourvues de cette barrière (comme l'*area postrema*) ou possédant des systèmes capables d'envoyer des messages à diverses régions cérébrales (comme, par exemple, l'organe subfornical). Non seulement le cerveau peut élaborer, dans certains de ses systèmes neuraux, une photographie donnant de multiples points de vue de l'aspect du « paysage corporel » qui a été déterminé par d'autres systèmes neuraux, mais l'élaboration même de cette photographie, ainsi que son exploitation, peut être influencée directement par le corps (rappelez-vous l'exemple de l'ocytocine, discuté dans le chapitre VI). L'aspect du paysage corporel à un moment donné n'est pas seulement le résultat de signaux neuraux, mais aussi celui de signaux chimiques qui modifient la façon dont les signaux neuraux sont traités. C'est précisément *la* raison pour laquelle certaines substances chimiques ont joué un rôle majeur dans tant de sociétés traditionnelles ; et il faut se rendre compte que le problème de la drogue qu'affronte notre société actuelle – et je vise ici les drogues légales aussi bien qu'illégales – ne pourra pas être résolu tant que l'on n'aura pas compris en profondeur les mécanismes neuraux que l'on discute ici.

À mesure que des changements corporels prennent place, vous êtes informé de leur existence et vous êtes tenu au courant de leur continuelle évolution. Vous percevez les changements de votre état corporel, et suivez leur déploiement seconde après seconde, minute après minute. C'est en ce processus de continuelle surveillance du corps, en cette perception de ce que votre corps est en train de faire *tandis que* se déroulent vos pensées, que consiste le fait de ressentir des émotions (voir figure 7-5). Si une émotion est constituée par une série de changements dans l'état du corps, en rapport avec des images mentales particulières ayant activé un système neural spécifique, *le fait de la ressentir est, fondamentalement, constitué par l'expérience vécue de ces changements, juxtaposée aux images mentales qui ont initié le processus*. En d'autres termes, ressentir une émotion dépend de la juxtaposition d'une image du corps proprement dit avec une image de quelque chose d'autre,

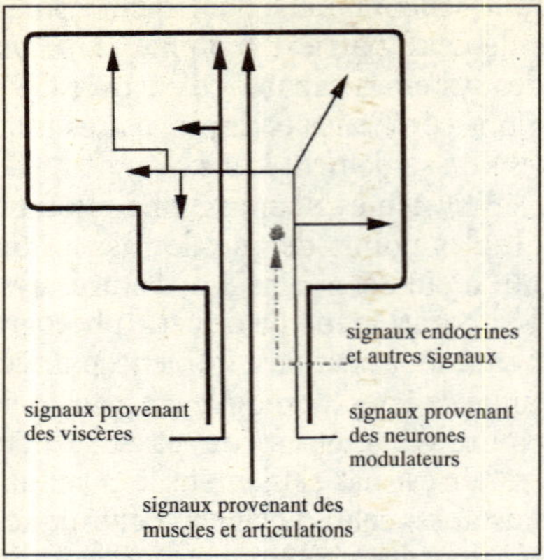

Figure 7-5. Pour ressentir une émotion, il est *nécessaire*, mais non *suffisant*, que les signaux neuraux en provenance des viscères, des muscles et des articulations, ainsi que des neurones modulateurs du tronc cérébral – toutes structures activées lors d'une émotion – parviennent à certains noyaux subcorticaux et au cortex cérébral. Les signaux endocrines et les autres signaux chimiques parviennent aussi au système nerveux central par le biais de la circulation sanguine, entre autres routes.

comme l'image visuelle d'un visage ou l'image auditive d'une mélodie. En plus de cette perception, et venant la compléter, il se produit simultanément des changements dans les processus cognitifs, changements qui ont été induits par des substances neurochimiques (par exemple, les neurotransmetteurs déversés en divers sites cérébraux, à la suite de l'activation des neurones modulateurs, lors de la réaction émotionnelle initiale).

À ce point de mon exposé, je dois apporter deux précisions. La première concerne la notion de « juxtaposition », dans la définition avancée ci-dessus. J'ai choisi ce terme parce que je pense que l'image du corps proprement dit se manifeste *après* que l'image de « quelque chose d'autre » s'est formée et a été maintenue active, et parce que les deux images restent séparées, sur le plan neural, comme je l'ai suggéré dans la partie du chapitre V consacrée aux images mentales. En d'autres termes, il doit se produire une « combinaison » et non pas une « fusion ». On pourrait aussi employer le terme de *superposition* de l'image du corps proprement dit et de celle de « quelque chose d'autre ».

Si le « qualifié » (un visage) et le « qualificatif » (l'état corporel juxtaposé) sont combinés, mais non fusionnés, cela permet de comprendre pourquoi il est possible de se sentir déprimé, alors que l'on pense à des personnes ou à des situations qui ne sont pas évocatrices de tristesse ou de dépossession, ou de se sentir gai, sans raison immédiate explicable. Les états corporels qualificatifs peuvent être inattendus ou parfois indésirables. Leur raison d'être psychologique peut être inapparente ou ils peuvent n'avoir aucune raison véritable (cela pourrait être, dans ce cas, un changement physiologique qui serait psychologiquement neutre). Sur le plan neurobiologique, l'existence de qualificatifs dépourvus de raison explicable montre bien que les mécanismes neuraux sous-tendant les émotions sont relativement indépendants. Mais elle nous rappelle aussi qu'il y a de nombreux processus non conscients, dont certains peuvent recevoir des explications psychologiques, et d'autres non.

Fondamentalement, la tristesse ou la joie sont constituées par la perception de certains états corporels juxtaposés à certaines pensées (de quelque nature qu'elles soient), et d'une modification de la tonalité et de l'efficacité des processus de pensée. En général, étant donné que la tonalité des processus cognitifs et les signaux (positifs ou négatifs) relatifs à l'état du corps ont été déclenchés par le même système neural, ils tendent à être concordants (mais cette concordance peut être brisée aussi bien dans le cadre de la normalité que dans celui des états pathologiques). Lorsque les signaux relatifs à l'état du corps sont de nature négative, la production des images mentales est ralentie, leur diversité est moindre, et le raisonnement est inefficace ; lorsque les signaux émanant du corps sont de nature positive, la production des images mentales est vive, leur diversité est grande, et le raisonnement peut être rapide, bien que pas nécessairement efficace. Lorsque des états corporels négatifs tendent à se reproduire souvent, ou lorsqu'ils se manifestent de façon continue, comme c'est le cas dans la dépression, la proportion des pensées tendant à être associées à des signaux négatifs s'accroît, et la tonalité et l'efficacité des processus de pensée se détériorent. L'exaltation permanente accompagnant certains états maniaques conduit aux résultats opposés. Dans son ouvrage *Darkness Visible* (« L'obscurité visible »), où il rapporte le souvenir de sa propre dépression, William Styron * a fourni des descriptions précises de cet état. Pour lui, la dépression se présentait fondamentalement comme une sensation torturante de souffrance « évoquant de très près la noyade ou l'étouffement – mais même ces analogies sont en dessous de la vérité ». Il n'a pas manqué, non plus, de noter la modification de ses processus cognitifs : « La pensée rationnelle a généralement été absente de mon esprit durant cette période, d'où la *catalepsie*. Je ne trouve pas de mot plus juste pour décrire cet état, fait d'hébétement et d'impuissance, dans lequel l'activité cognitive est remplacée par une "angoisse indiscutable et vive". » (« L'angoisse indiscutable et vive » était une expression qu'avait employée William James pour décrire sa propre dépression.)

L'autre précision : j'ai avancé ma conception personnelle de ce que représente fondamentalement le fait de ressentir une émotion, sur le plan cognitif aussi bien que neural ; seules des recherches plus approfondies permettront de dire si mes vues sont exactes. Mais je n'ai pas expliqué *comment* nous effectuons cette perception. La réception d'un vaste ensemble de signaux relatifs à l'état corporel, dans les régions appropriées du cerveau, n'est que la condition nécessaire de cette perception, mais elle n'est pas suffisante. Comme je l'ai suggéré dans la discussion sur les images, une condition supplémentaire est qu'une corréla-

---

* William Styron, romancier américain né en 1925, est l'auteur notamment d'un livre sur l'esclavage des Noirs américains au XIXe siècle, et du *Choix de Sophie* (1979). *(N. d. T.)*

tion existe entre la représentation du corps à chaque instant et les représentations neurales sous-tendant le « moi ». La perception d'une émotion relative à un phénomène particulier dépend de la subjectivité de la perception du phénomène en question, de la perception de l'état corporel que celui-ci engendre, et de la perception de la modification que tout cela apporte à la tonalité et à l'efficacité des processus de pensée.

Tromper le cerveau

Quelles sont les preuves soutenant l'idée que la perception des émotions repose sur les états du corps ? Quelques-unes viennent des études de neuropsychologie, dans lesquelles on observe une corrélation entre la perte de la perception des émotions et des lésions affectant les régions cérébrales nécessaires à la représentation des états du corps (voir chapitre v). Mais des études réalisées chez des sujets normaux sont également convaincantes ; c'est notamment le cas de celles de Paul Ekman [14]. Elles ont consisté à donner à des sujets expérimentaux normaux des instructions pour qu'ils exécutent des mouvements des muscles faciaux, lesquels étaient susceptibles de leur conférer une expression typique d'une émotion, sans qu'ils le sachent. Or, ces sujets ont effectivement rapporté qu'ils éprouvaient l'émotion correspondant à l'expression faciale. Par exemple, si, sur la base des instructions reçues, ils se composaient grossièrement et incomplètement une expression faciale heureuse, ils disaient ressentir de la joie ; s'ils se composaient le masque facial de la colère, ils disaient ressentir de la colère, et ainsi de suite. Ces résultats sont tout à fait impressionnants, surtout si l'on se rend compte que les sujets ne pouvaient percevoir que des expressions faciales fragmentaires et imprécises ; et puisqu'ils ne se trouvaient pas dans une situation de la vie réelle, capable d'engendrer l'émotion en question, leur corps ne leur fournissait, au départ, aucun indice relatif à une réaction viscérale qui l'aurait accompagnée.

Les expériences d'Ekman suggèrent soit qu'une partie de l'état corporel caractéristique d'une émotion suffit à permettre sa perception ; soit que cette partie suscite la reconstitution de l'état corporel complet, ce qui permet ensuite de ressentir l'émotion en question. Curieusement, le cerveau ne peut pas être induit en erreur par des configurations musculaires qui n'ont pas été engendrées par les voies normales. De récents résultats d'électrophysiologie montrent que les sourires commandés de façon volontaire ne sont pas accompagnés par les mêmes types d'ondes cérébrales que les sourires spontanés [15]. À première vue, cela peut sembler contredire les résultats de l'expérience précédente, mais pourtant, non : bien que disant ressentir l'émotion correspondant à l'expression faciale fragmentaire qu'ils se composaient, les sujets étaient parfaitement conscients que leur colère ou leur joie n'était pas due à telle ou telle circonstance. Nous ne nous trompons pas nous-mêmes, pas plus que nous ne trompons les autres, lorsque nous ne faisons que sourire poliment, et c'est cela que les résultats électrophysiologiques ci-dessus mettent parfaitement en évidence. Cela doit être aussi la bonne raison pour laquelle les grands acteurs, les chanteurs d'opéra, etc., arrivent à survivre aux fortes émotions qu'ils doivent régulièrement simuler.

Je me suis entretenu avec la chanteuse d'opéra Regina Resnik, qui a donné l'interprétation la plus remarquable de notre époque de rôles tels que ceux de Carmen ou de Clytemnestre. Cette artiste a donc connu des milliers de soirées de colère ou de folie musicales. Je lui ai demandé s'il lui avait été difficile de garder ses distances par rapport aux excessives émotions de ses personnages. Pas difficile du tout, m'a-t-elle répondu, à partir du moment où elle avait maîtrisé les secrets de son art. Personne n'aurait deviné, en la regardant et l'écoutant, qu'elle ne faisait que reproduire le tableau des émotions, sans les ressentir. Mais elle m'a avoué qu'une fois, en jouant *La Dame de pique* de Tchaïkovski, seule sur la scène plongée dans l'obscurité pour l'épisode de la Vieille Comtesse connaissant une peur terrifiante, elle n'a fait plus qu'un avec son personnage, et a véritablement ressenti de l'épouvante.

DIVERSES SORTES DE PERCEPTION DE L'ÉTAT DU CORPS

Comme il y a déjà été fait allusion, il existe diverses sortes de perception de l'état du corps. Un premier type repose sur les émotions, dont les plus universelles sont la joie, la tristesse, la colère, la peur et le dégoût, et qui correspondent à des états du corps largement préprogrammés, dans le sens de James. Lorsque le corps se conforme à un état correspondant à l'une de ces émotions, nous nous *sentons* heureux, triste, en colère, effrayé, dégoûté... Lorsque nous ressentons une émotion, l'attention est en grande partie tournée vers les signaux en provenance du corps, et certains secteurs du paysage corporel passent de l'arrière-plan au premier plan de notre conscience.

Un deuxième type de perception de l'état du corps repose sur de subtiles variations par rapport aux cinq émotions mentionnées ci-dessus ; l'euphorie et l'extase sont des variations par rapport à la joie : la mélancolie et le désenchantement sont des variations par rapport à la tristesse ; la panique et la timidité sont des variations par rapport à la peur. Cette seconde sorte de perception est modulée par l'expérience, c'est-à-dire par des circonstances dans lesquelles une nuance particulière d'un état cognitif se trouve coïncider avec une variante subtile de l'état corporel émotionnel. C'est cette mise en rapport d'un contenu cognitif complexe et d'une variante par rapport à un type donné d'état du corps préprogrammé, qui nous conduit à ressentir des nuances dans le remords ou l'embarras, ou bien des émotions particulières telles que la joie maligne ou la foi, et ainsi de suite [16].

• Perception de l'état d'arrière-plan du corps

Mais je pense qu'il existe encore une autre sorte de perception de l'état du corps, que je soupçonne d'avoir précédé les autres dans l'évolution. Je l'appelle *perception de l'état d'arrière-plan du corps*, parce qu'elle a trait à la perception d'un état de fond plutôt qu'à un état émotionnel. Autrement dit, il ne s'agit pas de ressentir une grande émotion à la Verdi ou une émotion cérébralisée à la Stravinski, mais plutôt un niveau minimal de tonalité et de rythme. En fait, il s'agit de la perception de la vie elle-même, de la sensation d'être. Je pense que cette notion se révélera utile dans les recherches futures sur la physiologie de la perception des états du corps.

Les états d'arrière-plan du corps sont moins variés que ceux relatifs aux émotions, tels que nous les avons décrits plus haut. Ils ne sont jamais trop positifs, ni trop négatifs, bien qu'ils puissent être perçus surtout comme plaisants ou déplaisants. Selon toute vraisemblance, c'est cet état d'arrière-plan plutôt que des états émotionnels que nous percevons le plus souvent au cours d'une vie. Nous ne sommes conscients de cette perception d'un arrière-plan que de façon subtile, mais nous en sommes néanmoins suffisamment conscients pour rapporter instantanément sa qualité. Lorsque nous sautons de joie, nous ne percevons pas un état d'arrière-plan, ni lorsque nous sommes déprimés en raison d'un amour déçu ; dans ces deux derniers cas, il s'agit d'états émotionnels. Un état d'arrière-plan correspond, au contraire, à l'état du corps tel qu'il se présente *entre* des émotions. Lorsque nous ressentons de la joie, de la colère ou toute autre émotion, l'état d'arrière-plan a été remplacé par un état émotionnel. La perception d'un état d'arrière-plan du corps porte sur l'image d'un paysage corporel qui n'est pas bouleversé par l'émotion. Le concept d'« humeur », bien qu'apparenté à celui de perception d'état d'arrière-plan, n'en rend pas exactement compte. Si des perceptions d'arrière-plan continuent à être du même type durant des heures et des jours, et ne changent pas progressivement tandis que les pensées vont et viennent, alors, leur effet cumulé contribue probablement à définir une humeur, bonne ou mauvaise ou indifférente.

Si vous essayez, juste un instant, de vous représenter ce que serait la vie *sans* cette perception d'arrière-plan du corps, vous ne douterez pas un instant de la notion que je suis en train d'introduire. J'avance ici l'idée que, sans cette perception, nous ne pourrions avoir aucune représentation de notre « moi ». Laissez-moi vous expliquer pourquoi je pense cela.

Comme je l'ai indiqué, les représentations des états présents du corps figurent dans de multiples cortex somatosensoriels, au sein de l'insula et des aires pariétales, et aussi au sein du système limbique, de l'hypothalamus et du tronc cérébral. Toutes ces régions, à la fois dans les hémisphères droit et gauche, sont coordonnées par des connexions neuronales, l'hémisphère droit dominant le gauche. Il reste beaucoup de choses à découvrir sur les modes de connexion au sein de ce système, mais on peut tout de même en donner l'aperçu suivant : la représentation des états actuels du corps est formée en permanence par de nombreux éléments distribués sur un grand nombre de structures, à la fois corticales et subcorticales. Une bonne partie des informations ayant trait à l'état des viscères se projettent dans des structures cérébrales au sein desquelles elles ne se distribuent que grossièrement sous forme de « cartes » – mais celles-ci sont suffisantes pour que nous puissions dire sans erreur de quelle partie du tronc ou des membres proviennent tels douleurs ou malaises. Il est vrai que les « cartes » neurales représentant les viscères sont moins précises que celles représentant le monde extérieur, mais on a beaucoup exagéré le caractère prétendument vague et erroné de la cartographie viscérale, en invoquant des phénomènes tels que l'irradiation de la douleur (c'est-à-dire la perception de douleurs dans le bras gauche ou dans l'abdomen lors d'un infarctus cardiaque, ou d'une douleur sous l'omoplate droite lors de l'inflammation de la vésicule biliaire). En ce qui concerne les informations provenant des muscles et des articulations, elles se projettent sous forme de cartes au sein de structures cérébrales données.

Outre ces cartes du corps, constituant des représentations « en prise directe », continuellement changeantes, il existe des cartes plus stables de la structure générale du corps, correspondant probablement à la proprioception (informations en provenance des muscles et des articulations) et à l'intéroception (informations en provenance des viscères), et qui sont à la base de l'image que nous nous formons de notre corps. Ces dernières représentations sont « déconnectées », existant comme à l'état de programmes « dormants », mais elles peuvent être appelées en activité dans les cortex somatosensoriels, parallèlement aux représentations *actuelles*, en « prise directe », de l'état du corps, afin de fournir une idée de ce que notre corps *tend à être*, plutôt que ce qu'il est, dans le moment présent. La meilleure preuve que ces représentations fonctionnent bien ainsi est fournie par le phénomène du « membre fantôme », déjà signalé plus haut. Après une amputation chirurgicale, certains patients s'imaginent que leur membre est encore là. Ils perçoivent même des modifications imaginaires affectant leur membre manquant, comme des sensations de mouvement, de douleur, de froid ou de chaud, etc. Mon interprétation de ce phénomène est qu'en l'absence des messages « en direct » fournis par ce membre, le cerveau fait appel à une représentation potentielle de ce dernier, c'est-à-dire à une reconstruction élaborée grâce au rappel d'un souvenir antérieurement acquis.

Ceux qui pensent que la perception de l'état du corps n'affleure guère à la conscience, dans les conditions normales, voudront peut-être un peu plus de précisions. Il est exact que nous ne sommes pas conscients en permanence de ce qui se passe au niveau de chacune des parties de notre corps, parce que les représentations des phénomènes extérieurs, par le biais de la vision, de l'audition ou du toucher, aussi bien que les images en provenance de l'intérieur, nous empêchent effectivement de prêter attention à la représentation permanente du corps. Mais le fait que nous portions en général notre attention ailleurs, c'est-à-dire là où elle est le plus nécessaire aux comportements adaptatifs, ne signifie pas que la représentation du corps est absente, comme vous pouvez facilement en avoir confirmation, lorsque la survenue soudaine d'une douleur ou d'un malaise mineur attire votre attention. La perception de l'état d'arrière-plan du corps est permanente, bien que vous la remarquiez à peine, puisqu'elle ne correspond à aucune partie spécifique du corps, mais plutôt à l'état global de la plupart de ses organes. Cependant, c'est cette représentation continue, que rien ne peut arrêter, de l'état de votre corps qui vous permet de répondre immédiatement à la question : « Comment vous *sentez*-vous ? » par une réponse qui implique que vous vous sentez bien ou pas si bien que ça (remarquez que cette question est différente du simple : « Comment allez-vous ? », auquel on peut répondre poliment et de façon superficielle, sans dire quoi que ce soit concernant l'état de notre corps). L'état d'arrière-plan du corps fait l'objet d'une surveillance continuelle, et c'est pourquoi on peut se demander ce qui arriverait, si tout d'un coup elle cessait ; si, à la question : « Comment vous sentez-vous ? », vous vous aperceviez que vous ne savez rien de cet état d'arrière-plan ; si, votre jambe vous faisant mal, et vous obligeant à la décroiser, vous n'ayez perçu le malaise momentané au niveau de votre membre que de façon isolée dans votre esprit, au lieu qu'il ait été rattaché à un sens global du corps. On sait avec certitude que même l'arrêt du processus de la proprioception, beaucoup plus simple et relativement bien circonscrit, qui peut être provoqué par une maladie des nerfs périphériques, engendre une profonde perturbation des processus mentaux (Oliver Sacks a décrit de façon frappante le cas d'un patient de ce genre [17]). On peut donc s'attendre à ce qu'un arrêt beaucoup plus important de la perception globale de l'état du corps engendre encore une plus grande perturbation. Et c'est bien en effet ce qui se produit.

Comme nous l'avons vu au chapitre IV, certains patients atteints de la forme prototypique et complète de l'anosognosie perdent toute conscience de leur état. Ils ne savent pas qu'ils souffrent des conséquences désastreuses de graves troubles tels qu'une hémorragie cérébrale ou une tumeur (que celle-ci ait pris naissance originellement au sein du cerveau ou qu'elle s'y soit développée à la suite d'un cancer dans une autre partie de l'organisme). Ils ne s'aperçoivent pas qu'ils sont paralysés, bien qu'ils puissent admettre que leurs membres ne peuvent bouger, lorsqu'on les oblige à constater le fait, en leur montrant, par exemple, leur main et leur bras immobiles. Ils ne peuvent se représenter les conséquences de leur état et ne sont pas préoccupés par leur avenir. Leur expression émotionnelle est minime, voire nulle, et leur capacité à ressentir les émotions est également nulle – comme ils l'admettent eux-mêmes ou comme un observateur extérieur peut le déduire.

Les lésions cérébrales chez ces patients anosognosiques ont pour effet d'interrompre les communications entre les régions qui sont le siège des cartes neurales relatives à l'état du corps ; souvent, elles détruisent aussi certaines de ces régions elles-mêmes. Ces dernières sont toutes situées dans l'hémisphère droit, bien qu'elles reçoivent des messages en provenance des côtés droit et gauche du corps. Les plus importantes sont l'insula, le lobe pariétal et la matière blanche contenant les connexions reliant ces aires entre elles, et contenant en outre celles se rendant au thalamus et en provenant, celles se rendant au cortex frontal et en provenant, et celles se rendant aux ganglions de la base.

En recourant à la notion de perception d'état d'arrière-plan du corps, je peux indiquer maintenant ce qui, selon moi, se passe dans le cadre de l'anosognosie. Ne pouvant disposer d'aucune information en provenance de leur organisme, les patients anosognosiques sont incapables de mettre à jour leur représentation du corps, et par la suite sont incapables de reconnaître, *via* leur système somatosensoriel, de façon rapide et automatique, que leur paysage corporel a changé. Ils peuvent encore se représenter l'apparence qu'avait leur corps auparavant, une apparence qui n'est plus d'actualité. Et puisque celle-ci était satisfaisante, cela explique qu'ils la déclarent ainsi, en dépit de son état présent.

Les patients souffrant du phénomène du membre fantôme peuvent déclarer que leur membre manquant est encore là, mais ils se rendent compte que ce n'est pas vrai. Ils ne sont pas victimes d'une hallucination ; en fait, c'est leur perception de la réalité qui les conduit à se plaindre de leur état gênant. Mais les anosognosiques n'ont aucun moyen de vérification automatique par rapport à la réalité. Soit que leur état provienne de l'absence d'informations concernant la quasi-totalité du corps, plutôt que d'une partie ; soit qu'il provienne de l'absence d'informations concernant les viscères plutôt que toute autre partie du corps, leur comportement est différent de celui des patients précédents. Dans la mesure où ils ne disposent pas d'informations permanentes sur l'état de leur corps, cela les conduit non seulement à faire des déclarations erronées concernant leurs déficits moteurs, mais aussi à exprimer et à ressentir des émotions tout à fait hors de propos par rapport à leur état de santé. Celui-ci ne paraît pas les préoccuper ; certains font preuve d'une jovialité déconcertante ; d'autres sont continuellement maussades. Lorsqu'on les oblige à raisonner sur leur état, en leur présentant les faits par le biais d'autres canaux, c'est-à-dire verbalement ou en leur mettant directement leur handicap sous les yeux, ils reconnaissent momentanément leur nouvelle condition, mais pour l'oublier rapidement. Il semble bien que les informations qui n'arrivent pas au cerveau naturellement et automatiquement par le biais de la perception des états du corps, ne puissent être maintenues présentes à l'esprit.

Les patients atteints d'anosognosie nous offrent la vision d'un fonctionnement mental perturbé par l'impossibilité de percevoir l'état *présent* du corps, et particulièrement l'état d'arrière-plan. J'avance ici l'hypothèse que ces patients souffrent d'une désintégration de leur « moi », parce qu'ils sont dans l'incapacité de mettre en corrélation des informations sur l'état présent de leur corps avec une référence de base concernant ce dernier. Ils peuvent continuer à avoir connaissance de leur identité personnelle par le biais du langage : les anosognosiques se rappellent qui ils sont, où ils vivent et travaillent, qui sont leurs proches. Mais ils ne peuvent utiliser ces informations pour raisonner de façon réaliste sur leur état personnel et leur statut social. La représentation que ces patients se font de leur propre psychologie et de celle des autres est malheureusement et irrévocablement périmée, déphasée par rapport au temps historique au sein duquel ils sont immergés (eux et les observateurs).

Il est logique que la perception de l'état d'arrière-plan du corps s'exerce en continu, puisqu'un être vivant et son organisation anatomique sont dotés d'une continuité qui persiste durant toute la vie. Contrairement à notre environnement, qui change continuellement, et contrairement aux images que nous nous formons de celui-ci (qui sont fragmentaires et modifiées par les circonstances externes), la perception de l'état d'arrière-plan du corps reflète la permanence interne du corps. Notre sens de l'identité individuelle est ancrée sur cet îlot d'illusoire permanence du vivant, cadre de référence par rapport auquel nous pouvons prendre conscience des innombrables autres choses qui, manifestement, changent tout autour de notre organisme.

LE CORPS COMME LIEU D'EXPRESSION DES ÉMOTIONS

L'une des critiques avancées contre la théorie de William James concernait l'idée que les émotions sont nécessairement exprimées au moyen du corps. Bien que je pense que, dans de nombreux cas, la capacité d'exprimer et ressentir des émotions ait précisément besoin de se réaliser de cette façon, c'est-à-dire du cerveau vers le corps, et retour au cerveau, je pense aussi que, dans de nombreux cas, le cerveau apprend à confectionner l'image affaiblie d'un état « émotionnel » du corps, sans avoir à reproduire ce dernier dans le corps proprement dit. En outre, comme nous l'avons vu plus haut, l'activation de certains neurones modulateurs du tronc cérébral et la mise en œuvre de leurs réponses court-circuitent le corps, bien que, de façon très curieuse, ces neurones soient impliqués dans la représentation cérébrale de la régulation biologique du corps. Il existe donc des mécanismes neuraux qui nous procurent des perceptions « comme si » elles provenaient d'états émotionnels, comme si le corps les exprimait véritablement. Ces mécanismes de simulation nous permettent donc de court-circuiter le corps, et d'éviter un processus lent et consommateur d'énergie. Nous évoquons, grâce à eux, quelque chose ressemblant à la perception d'une émotion par le biais du cerveau et de lui seul. Mais je doute, cependant, que cette perception soit la même que celle émanant d'un état du corps réel.

Les mécanismes de simulation se mettent probablement en place durant le développement postnatal, tandis que l'organisme s'adapte à l'environnement. L'association entre une certaine image mentale et le substitut d'un état corporel a sans doute été acquise par association répétée d'images d'un phénomène donné et de celles d'états corporels récemment survenus. Pour qu'à partir d'une image donnée s'établisse un « mécanisme de simulation », il a d'abord fallu qu'elle ait été à l'origine de tous les processus se déroulant en boucle au sein du corps (voir figure 7-6).

Pourquoi la perception d'émotions par le biais du mécanisme de simulation est-elle probablement différente de celle de la perception authentique des émotions ? Permettez-moi d'illustrer par un exemple pourquoi je pense qu'il en est ainsi : représentez-vous une personne normale reliée à un appareil enregistreur polygraphique, autrement dit à un instrument de laboratoire qui permet d'étudier la forme et l'ampleur des réactions émotionnelles, traduites sous forme d'enregistrements. Imaginez que cette personne participe à une expérience de psychologie, au cours

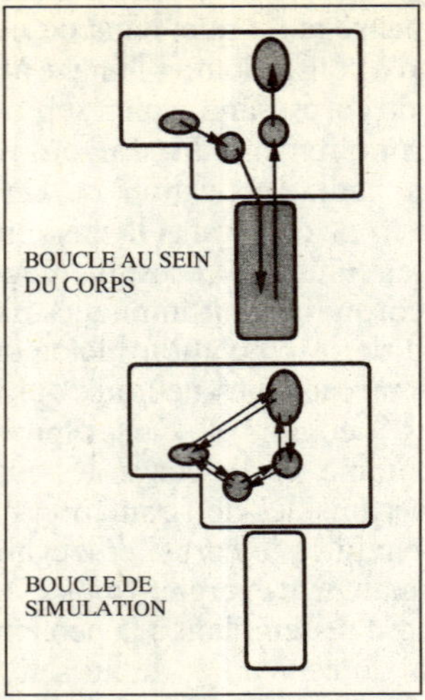

Figure 7-6. Schéma montrant les mécanismes de perception des émotions par le biais de processus se déroulant en « boucle au sein du corps » ou par le biais d'une « boucle de simulation ». Dans les deux images illustrant les deux sortes de « boucles », le cerveau est représenté par la ligne noire fermée du haut, et le corps, par celle du bas. Les processus se déroulant dans la « boucle de simulation » court-circuitent complètement le corps.

de laquelle certaines réponses seront jugées correctes par l'expérimentateur et mériteront une certaine sorte de récompense, tandis que d'autres seront jugées erronées et mériteront une certaine pénalité. Lorsque le sujet apprend, au cours de l'expérience, que la réponse qu'il vient de donner est correcte et qu'elle fait l'objet d'une récompense, il exprime une réaction émotionnelle, qui se traduit par une courbe montant selon une pente déterminée et atteignant un pic de hauteur donnée. Un peu plus tard, l'une des réponses du sujet fait l'objet d'une pénalité et est à l'origine d'une réaction émotionnelle, qui, cette fois-ci, se traduit par une courbe de forme différente, et atteint un pic plus élevé. Encore un peu plus tard, une réponse du sujet est sanctionnée par une pénalité encore plus sévère, et la traduction de la réaction émotionnelle est non seulement différente, mais l'aiguille d'enregistrement va et vient sur le papier au point d'en sortir.

La signification de cette variation dans les courbes est bien connue : différents degrés de récompense et de punition engendrent des réactions différentes, sur le plan mental et corporel, et l'appareil polygraphique met en évidence les réactions du corps. Il existe, cependant, des différences d'interprétation entre les auteurs, concernant la relation entre réaction corporelle et réaction mentale. Pour ma part, je considère que la capacité de ressentir des émotions passe par la « prise en compte » des changements corporels. Cependant, d'autres chercheurs estiment que si le corps subit effectivement des changements découlant de l'émotion, la perception des émotions ne s'appuie pas nécessairement sur ces changements ; selon eux, le même agent cérébral qui a déclenché des changements au niveau du corps, envoie des signaux à un autre site cérébral (probablement le système somatosensoriel), l'informant des types de changements qui ont été demandés au corps. La perception des émotions reposerait alors directement sur ces derniers types de signaux, et n'émanerait donc que de phénomènes neuraux intracérébraux, bien qu'étant tout de même concomitante des changements corporels. Pour les partisans de cette façon de voir, le point important serait donc que les changements de l'état du corps se produiraient parallèlement à la perception des émotions, plutôt qu'ils n'en seraient la source. Autrement dit, la perception serait fournie dans tous les cas par le mécanisme de simulation. Ce dernier ne serait donc pas un mécanisme supplémentaire, par rapport aux processus se déroulant en boucle au sein du corps, comme je l'ai proposé ci-dessus, mais bien plutôt le mécanisme fondamental de la perception des émotions.

Pourquoi est-ce que je trouve cette conception alternative moins satisfaisante que la mienne ? D'une part, je pense que l'émotion n'est pas induite par les voies neurales seulement. Il existe aussi une voie chimique. La région du cerveau qui a été à l'origine de l'émotion peut informer une autre région cérébrale que la réaction émotionnelle du corps a été induite en partie par voie neurale, mais il n'est guère vraisemblable qu'elle l'informe de la même façon qu'une autre partie de la réaction émotionnelle a été induite par voie chimique. En outre, il y a peu de chances que le cerveau puisse savoir à l'avance comment l'émotion, induite par ces différentes voies – neurale et chimique, et surtout cette dernière –, va exactement s'exprimer dans le corps : l'expression d'une émotion et les états du corps qui en résultent dépendent des contextes biochimiques locaux et de nombreuses variables au sein du corps, qui ne sont pas complètement représentées neuralement. L'émotion qui s'exprime au sein du corps est élaborée à chaque fois de façon nouvelle ; ce n'est pas une reproduction exacte de quoi que ce soit qui s'est déjà produit antérieurement. Je soupçonne que les états du corps ne sont pas prédictibles par le cerveau, car ils ne sont pas comparables aux résultats d'un algorithme ; je pense que le cerveau doit, au contraire, attendre que le corps l'informe de ce qui s'est réellement passé en son sein.

La conception alternative, évoquée ci-dessus, sur la façon dont sont exprimées et ressenties les émotions ne peut conduire qu'à une gamme de réactions émotionnelles stéréotypées. Et celles-ci ne seraient alors pas modulables par les conditions de la vie réelle rencontrées par l'organisme à tout moment. De telles réactions stéréotypées pourraient être utiles, si nous ne pouvions nous appuyer que sur elles, mais ce serait néanmoins des « rediffusions » et non pas du « direct ».

Le cerveau ne peut probablement pas prédire les paysages corporels exacts qui vont se réaliser, après qu'il a envoyé une avalanche de messages neuraux et chimiques au corps, de même qu'il ne peut pas prédire tous les facteurs impondérables d'une situation donnée, tandis que celle-ci se déploie dans la vie réelle. Qu'il s'agisse d'un état émotionnel ou d'un état d'arrière-plan (non émotionnel), le paysage corporel est toujours nouveau et presque jamais stéréotypé. Si nous ne ressentions que les émotions issues du mécanisme de simulation, nous ne percevrions pas cette évolution constante des affects qui caractérise de façon frappante notre monde mental. Le cas de l'anosognosie suggère que le fonctionnement mental normal a besoin d'être alimenté par un flot constant d'informations fraîches sur l'état du corps. Il se pourrait que le cerveau soit programmé de telle façon qu'il ait besoin de savoir que nous sommes bien vivants, avant de se mettre à accomplir ses fonctions dans les domaines de la vigilance et de la conscience.

FAIRE ATTENTION AU CORPS

Il ne semble pas judicieux d'exclure de l'explication du fonctionnement mental la capacité d'exprimer et ressentir les émotions. Cependant, c'est ce que font bon nombre d'interprétations des processus cognitifs, pourtant scientifiquement reconnues, qui ne prennent tout simplement pas en compte les émotions et leur perception. C'est une omission à laquelle j'ai fait allusion dans l'introduction : on considère généralement que la capacité d'exprimer et ressentir des émotions ne concerne que des entités insaisissables, qui ne méritent pas qu'on y prête autant d'attention qu'au contenu tangible des pensées – bien que ce dernier soit néanmoins affecté par elles. Cette manière de voir, qui exclut l'émotion du champ classique des sciences cognitives, présente une contrepartie dans les conceptions non moins traditionnelles des neurosciences, auxquelles j'ai fait allusion au début de ce chapitre ; à savoir que la capacité d'exprimer et ressentir des émotions dépend des parties basses du cerveau, des régions les plus subcorticales que l'on puisse imaginer, tandis que les phénomènes auxquels ces émotions donnent leur coloration se déroulent dans le néo-cortex. Je ne puis souscrire à de telles conceptions. Premièrement, il est tout à fait clair que les émotions sont exprimées à la fois sous l'égide de structures subcorticales et néo-corticales. Deuxièmement, et c'est peut-être encore plus important, *la perception des émotions est tout autant un processus cognitif que la perception de toute autre image*, et dépend de la mise en jeu du cortex cérébral tout autant que n'importe quelle autre image.

Bien entendu, la perception des émotions présente quelque chose de spécifique. Et sa spécificité tient d'abord et avant tout au fait qu'elle concerne le corps : elle nous *renseigne sur notre état viscéral et musculosquelettique*, tandis que celui-ci est affecté par les mécanismes préprogrammés et par les structures cognitives que nous avons développées sous leur influence. La perception des émotions nous conduit à *faire attention au corps*, de façon étroite, comme lors d'un état émotionnel, ou de façon plus détachée, comme dans le cas de la perception d'arrière-plan. Elle nous fait faire attention au corps « en direct », lorsqu'elle nous procure des images perceptuelles de notre corps, ou « en rediffusion », lorsqu'elle nous procure des images de rappel de l'état du corps, images appropriées à certaines circonstances, comme dans le cas des émotions issues des mécanismes de simulation.

La perception des émotions nous offre un aperçu de ce qui est en train de se passer dans notre chair, lorsqu'une image momentanée de cette chair est juxtaposée à l'image d'autres objets ou situations ; ce faisant, elle modifie l'appréhension globale qu'on peut avoir de ces derniers. Par le biais de cette juxtaposition, les images du corps donnent aux autres images neurales un contenu *qualitatif*, bon ou mauvais, agréable ou désagréable.

Je pense que la perception des émotions a un statut vraiment privilégié. Elle se réalise à de nombreux niveaux neuraux (y compris néo-cortical), sur un pied d'égalité neuro-anatomique et neurophysiologique avec les autres processus perceptifs attachés aux autres modalités sensorielles. Mais en raison de ses liens inextricables avec le corps, elle se manifeste en premier au cours du développement, puis garde une prééminence qui imprègne subtilement notre vie mentale. Puisque le cerveau est le public obligé du corps, la perception des émotions l'emporte sur les autres processus perceptifs. Et puisqu'elle se développe en premier, elle constitue un cadre de référence pour ce qui se développe ensuite, et par là elle intervient dans tout ce qui se passe dans le cerveau, et notamment dans le domaine des processus cognitifs. Son influence est immense.

LES PROCESSUS DE LA PERCEPTION DES ÉMOTIONS

Par quels processus neuraux *percevons*-nous un état émotionnel ou un état d'arrière-plan ? Je ne le sais pas de façon précise ; je pense que j'ai un début de réponse, mais non la totalité de celle-ci. Pour élucider comment se réalise cette perception, il serait nécessaire de comprendre ce qu'est la conscience, un domaine où il convient d'être modeste et qui n'est pas le sujet de ce livre. On peut cependant poser la question, en se fixant seulement comme objectif d'éliminer celles des réponses qui sont manifestement incorrectes, et d'envisager quelles voies de recherches pourraient dans l'avenir donner quelques certitudes.

Il existe une réponse faussement satisfaisante : elle a trait à la neurochimie de l'émotion. La découverte de substances chimiques impliquées dans l'expression des émotions ne suffit pas à expliquer par quels mécanismes nous ressentons celles-ci. On sait depuis longtemps que des substances chimiques peuvent changer les émotions et l'humeur ; l'alcool, les narcotiques et toute une série de substances pharmacologiques sont capables de modifier notre façon de ressentir les émotions. La relation bien connue entre les substances chimiques et les réactions émotionnelles a préparé les scientifiques et le public à l'idée que l'organisme produit lui aussi des substances chimiques qui peuvent avoir le même effet que celles précédemment citées. Tout le monde, à présent, admet sans difficulté que les endorphines représentent des substances morphiniques autoproduites par le cerveau et qu'elles peuvent facilement changer la façon dont nous nous sentons, ainsi que celle dont nous ressentons la douleur et aussi percevons le monde environnant. On admet également facilement que les neurotransmetteurs tels que la dopamine, la noradrénaline et la sérotonine, de même que les peptides neuromodulateurs, peuvent produire des effets du même ordre.

Savoir qu'une substance chimique donnée (qu'elle soit produite à l'intérieur ou à l'extérieur de l'organisme) peut modifier de telle ou telle façon les réactions émotionnelles et leur perception, n'est cependant pas la même chose que de savoir par quel mécanisme un tel résultat est obtenu. Savoir qu'une substance est à l'œuvre dans certains systèmes neuraux, dans certains circuits et récepteurs, ne permet pas d'expliquer *pourquoi* vous vous sentez gai ou triste. Cela vous indique un rapport entre la substance en question, des systèmes, des circuits, des récepteurs, des neurones, et la perception d'une émotion, mais cela ne vous dit pas *comment* vous passez de l'un à l'autre. Ce n'est que le début d'une explication. Si le fait de se sentir heureux ou triste correspond en bonne partie à un changement dans la représentation neurale de l'état du corps, alors l'explication requiert que les substances chimiques en question agissent sur la source de ces représentations neurales, c'est-à-dire sur le corps proprement dit lui-même, et sur les nombreux niveaux de circuiterie neurale dont les activités engendrent la représentation du corps. De toute évidence, comprendre la neurobiologie de la perception des émotions demande que l'on comprenne cette circuiterie. Si se sentir heureux ou triste correspond aussi en partie à des variations des modes cognitifs sous lesquels se déroulent vos pensées, alors l'explication demande aussi que les substances chimiques en question agissent sur les circuits qui engendrent et manipulent les images mentales. Cela veut dire que ramener l'explication de la dépression à une question de disponibilité de la sérotonine ou de la noradrénaline – une explication très en vogue de nos jours où règne le Prozac – est inacceptablement trop grossier.

Une autre réponse faussement satisfaisante consiste à mettre simplement le signe « égale » entre la perception des émotions et la représentation neurale de ce qui se passe dans le paysage corporel à tout moment. Malheureusement, cela ne suffit pas ; il nous faut découvrir comment les représentations du corps, constamment modulées de façon appropriée, deviennent subjectives, comment elles sont intégrées au « moi » qui les héberge. Comment expliquer neurobiologiquement un tel processus, sans retomber sur l'histoire simpliste de l'homoncule observant les représentations ?

Au-delà de la représentation neurale de l'état du corps, donc, il me semble nécessaire de faire l'hypothèse de deux grandes composantes au sein des mécanismes neuraux sous-tendant la perception des émotions. La première, qui semble intervenir dans le début du processus, est décrite ci-dessous. La seconde, qui n'est pas évidente, concerne le « moi », et sera envisagée au chapitre X.

Pour que nous puissions ressentir une émotion d'un certain type par rapport à une personne ou à un événement, le cerveau doit avoir le moyen de se représenter le lien causal entre la personne ou l'événement et l'état du corps, de préférence sans ambiguïté. Autrement dit, il ne faut pas qu'une émotion, positive ou négative, soit associée avec la mauvaise personne ou le mauvais phénomène. Nous faisons souvent de tels rapprochements erronés, comme, par exemple, lorsque nous associons une personne, une chose ou un lieu avec un tour malheureux pris par les événements ; mais certains d'entre nous essayent de se protéger contre de telles mauvaises associations. La superstition repose sur cette sorte de fausse association causale : un chapeau sur un lit annonce de la malchance, de même qu'un chat noir croisant votre chemin ; si vous passez sous une échelle, vous allez au-devant de malheurs, et ainsi de suite. Lorsqu'on fait trop de ces fausses associations entre une émotion (la peur) et des choses, il s'ensuit un comportement phobique. (La réciproque de ce dernier est tout aussi gênante. En faisant trop d'associations entre des émotions positives et des personnes, des choses ou des lieux, trop souvent et de façon indiscriminée, on peut se sentir plus à l'aise qu'il ne le faudrait dans de nombreuses situations, et on risque de faire comme Pollyanna *.)

Le cerveau arrive sans doute à établir un lien exact entre cause et effet, grâce à des zones de convergence jouant le rôle d'« intercesseur » (bidirectionnel) entre les signaux provenant du corps et ceux se rapportant à l'entité provoquant l'émotion. Les zones de convergence peuvent jouer ce rôle de « tierce partie » grâce à leurs connexions réciproques avec les sources qui leur envoient des signaux et auxquelles elles en adressent en retour. Le mécanisme que je propose ainsi comprend donc trois composantes : l'une est formée par la représentation explicite de *l'entité provoquant l'émotion* ; une autre, par la représentation explicite de *l'état actuel du corps* ; une autre encore, par une *représentation « tierce »*. En d'autres termes, les trois composantes correspondent : à l'activité cérébrale qui sous-tend la perception d'une certaine entité et qui forme transitoirement une représentation topographiquement organisée au sein des cortex sensoriels fondamentaux appropriés ; à l'activité cérébrale qui sous-tend la perception des changements de l'état du corps et qui forme transitoirement une représentation topographiquement organisée au sein des cortex sensoriels fondamentaux ; et à une représentation localisée dans les zones de convergence, qui reçoit des signaux en provenance des deux précédentes régions d'activité cérébrale, grâce à des connexions neurales provenant de celles-ci. Cette représentation « tierce » préserve l'ordre d'entrée en activité des deux régions en question et, en outre, fait en sorte de concentrer l'attention sur celles-ci et de les maintenir en fonctionnement, grâce aux connexions qu'elles leur envoient en retour. Les signaux échangés de façon relativement synchrone entre ces trois composantes donnent à l'ensemble de ce mécanisme une certaine unité, pendant une brève période. Selon toute

---

* Petite fille héroïne des romans pour enfants de l'écrivain américain Eleanor Porter (1868-1920). Ce personnage (« l'enfant toujours content ») est devenu proverbial aux États-Unis, en tant que symbole de l'optimisme déraisonnable ou illogique. *(N. d. T.)*

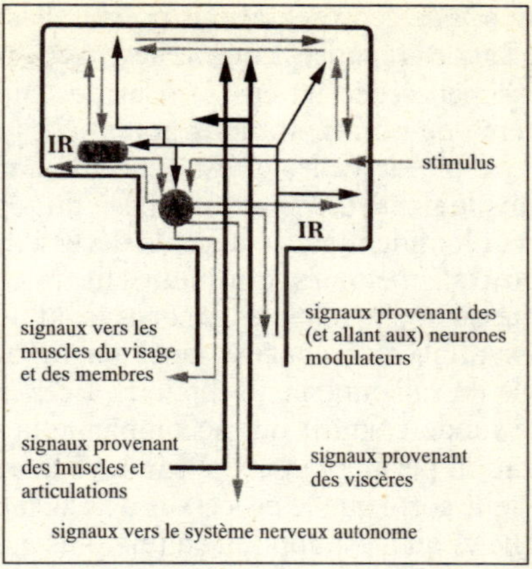

Figure 7-7. Schéma combinant les trois schémas des pages 86, 192 et 202. Il montre les principales voies neurales au sein du corps et du cerveau, impliquées dans l'expression des émotions et leur perception. On n'a pas fait figurer les signaux endocrines et les autres signaux chimiques, pour des raisons de clarté. Comme dans les schémas précédents, on n'a pas non plus représenté les ganglions de la base.

vraisemblance, les structures qui y participent sont à la fois corticales et subcorticales – et plus précisément situées dans le thalamus, pour ces dernières.

La capacité d'exprimer et ressentir des émotions dépend donc de deux processus fondamentaux : (1) la perception d'un certain état du corps, juxtaposée à la série des images l'ayant déclenchée ; et (2) un mode particulier et un niveau d'efficacité donné des processus cognitifs, qui accompagnent les phénomènes décrits en (1), mais se déroulent en parallèle.

Dans le cadre des phénomènes décrits en (1), il s'agit d'un état du corps réel ou bien d'un substitut à l'intérieur du cerveau. La réalisation de l'un ou l'autre de ces deux cas de figure dépend de l'existence d'un facteur déclenchant, de l'existence de représentations potentielles acquises, sur la base desquelles un processus d'évaluation prend place, et de l'existence de représentations potentielles innées qui mettent en jeu des réponses corporelles.

Les phénomènes décrits en (2) sont déclenchés par le même système de représentations potentielles opérant en (1), mais la cible de celles-ci est l'ensemble des noyaux figurant dans le tronc cérébral et la base du télencéphale. Ces derniers répondent par le biais de déversements sélectifs de neurotransmetteurs, qui induisent un changement dans la vitesse à laquelle les images sont engendrées, écartées, examinées, évoquées, ainsi qu'un changement dans le style de raisonnement appliqué à ces images. Par exemple, le mode cognitif qui accompagne la perception d'une exaltation permet la génération rapide de multiples images, de telle sorte que le processus d'association d'idées est plus riche et qu'il est appliqué à une plus grande diversité d'indices présents dans les images en cours d'examen. Ces dernières ne sont pas maintenues très longtemps dans le champ de l'attention. L'abondance qui en résulte permet de faire plus facilement des déductions, un processus qui peut même s'emballer. Ce mode cognitif s'accompagne d'un accroissement de l'efficacité motrice et même de désinhibition, ainsi que d'un accroissement de l'appétit et des comportements d'exploration. On peut l'observer sous une forme extrême dans les états maniaques. Par opposition, le mode cognitif qui accompagne la tristesse est caractérisé par la lenteur du processus d'évocation des images, la faiblesse du processus d'association d'idées (en raison de la prise en considération de moins d'indices), des déductions plus restreintes et moins bonnes, une concentration excessive sur les mêmes images, généralement celles qui ont pour effet de maintenir l'état émotionnel négatif. Ce mode cognitif est accompagné d'inhibition motrice et, de façon générale, d'une diminution de l'appétit et des comportements d'exploration. Poussé à l'extrême, on le trouve dans la dépression [18].

Je ne pense pas que les émotions soient des entités aussi impalpables et éthérées que beaucoup le disent. En réalité, elles ont une existence bien concrète, et on peut les rapporter à des systèmes spécifiques dans le corps et le cerveau, ni plus ni moins que la vision ou le langage. Les systèmes neuraux dont elles dépendent au sein du cerveau ne sont nullement confinés aux structures subcorticales. La base du cerveau coopère avec le cortex cérébral pour élaborer les émotions et leur perception, tout comme dans le cas de la vision. Cette dernière ne se réalise pas seulement par le biais du cortex cérébral ; elle commence probablement dès le niveau du tronc cérébral, par des structures telles que les tubercules quadrijumeaux.

Finalement, il est important de bien se rendre compte qu'expliquer l'expression et la perception des émotions comme des processus concrets, se déroulant sur les plans cognitif et neural, ne diminue en rien le caractère délicieux ou horrible des émotions, ni leur statut dans les domaines de la poésie ou de la musique. Comprendre comment nous voyons ou parlons ne rabaisse en rien ce qui est vu ou dit, ce qui est peint sur un tableau ou déclamé sur une scène de théâtre. Comprendre les mécanismes biologiques sous-tendant l'expression et la perception des émotions est parfaitement compatible avec la valeur romantique que ces dernières peuvent avoir pour les êtres humains.

CHAPITRE VIII

L'hypothèse des marqueurs somatiques

RAISONNEMENT ET PRISE DE DÉCISION

« Nous ne pensons presque point au présent, et si nous y pensons, ce n'est que pour en prendre la lumière pour disposer de l'avenir [1]. » Ces mots sont de Blaise Pascal, et il est facile de voir qu'ils témoignent d'une grande perspicacité, dans la mesure où le présent n'existe pratiquement pas pour nous tous, qui sommes en permanence en train d'invoquer le passé afin d'élaborer des plans pour le futur proche ou lointain. Ce phénomène incessant d'élaboration est à la base des processus de raisonnement et de prise de décision. Nous allons examiner dans ce chapitre quelques-uns des mécanismes neurobiologiques qui les sous-tendent.

On peut sans doute dire que la finalité du raisonnement est d'amener à une prise de décision, et que prendre une décision consiste, par essence, à sélectionner une réponse, c'est-à-dire à choisir une action (non verbale), ou un mot, ou une phrase (ou une combinaison de ces trois types d'entités) au sein de la gamme des nombreuses autres possibilités, envisageables à un moment donné, en rapport avec une situation donnée. Raisonner et prendre une décision sont des notions tellement liées l'une à l'autre, qu'on les emploie souvent de façon interchangeable. Philip Johnson-Laird a bien rendu compte de ce lien étroit en énonçant la formule suivante : « Pour décider, il faut juger ; pour juger, il faut raisonner ; et pour raisonner, il faut décider (sur quoi raisonner) [2]. »

Raisonner et prendre une décision, implique généralement que le décideur ait un certain savoir (a) sur la situation demandant qu'une décision soit prise, (b) sur les différentes options (réponses) possibles pour l'action, et (c) sur les conséquences (résultats) de chacune de ces options, de façon immédiate ou dans l'avenir. Ces connaissances qui sont stockées dans la mémoire sous forme de représentations potentielles peuvent être amenées dans le champ de la conscience sous une version à la fois verbale et non verbale, pratiquement simultanément.

Pour raisonner et prendre une décision, il est également nécessaire que le décideur possède quelque stratégie logique lui permettant de formuler des déductions fiables, à partir desquelles il pourra choisir une réponse appropriée. Il doit aussi être pourvu des mécanismes fondamentaux permettant la réalisation des processus du raisonnement. Parmi ces derniers, on mentionne généralement l'attention et la mémoire de travail ; mais la capacité d'exprimer et ressentir des émotions ne l'est pratiquement jamais, de même que les mécanismes par lesquels un riche répertoire d'options est élaboré afin de permettre la mise en œuvre d'un processus de sélection.

D'après les explications apportées ci-dessus sur le raisonnement et la prise de décision, il est clair que les processus biologiques qui conduisent à la sélection d'une réponse ne s'inscrivent pas forcément tous dans le cadre de raisonnements. Les exemples suivants vont permettre d'illustrer ce point.

Imaginez que votre taux de sucre dans le sang soit en train de baisser, et que les neurones de votre hypothalamus détectent la chute. C'est une situation demandant qu'une parade soit entreprise, en termes d'actions appropriées ; pour cela, il existe un « savoir-faire » physiologique, inscrit sous forme de représentations potentielles au sein de l'hypothalamus ; et, inscrite sous forme de circuit neural, il existe une « stratégie » de sélection des réponses ; et celle de ces dernières qui sera choisie consistera en l'instauration de l'état de faim, lequel vous conduira finalement à manger. Mais tout ce processus se déroule sans impliquer de savoir manifeste, ni d'exploration explicite du répertoire des options possibles et de leurs conséquences, ni de mécanisme conscient de déduction, jusqu'au moment où vous vous rendez compte que vous avez faim.

Autre exemple : imaginez que vous faites un mouvement vif pour éviter un objet qui vous tombe dessus. Cette situation (la chute d'un objet) demande une réaction rapide ; il existe plusieurs options possibles (esquiver ou non), chacune ayant des conséquences différentes. Cependant, pour choisir la réponse, vous ne mettez en œuvre ni savoir explicite, ni stratégie de raisonnement consciente. Il y a eu, dans le passé, à un moment donné, un savoir conscient : c'est lorsque vous avez appris pour la première fois que les objets qui chutent peuvent vous faire du mal et que les éviter est préférable à les recevoir. Mais l'expérience vécue de telles situations rencontrées au cours de l'enfance a conduit à ce que le cerveau associe solidement le stimulus (= chute d'objet) avec la réponse la plus avantageuse. La « stratégie » de sélection d'une réponse consiste dès lors à réactiver le souvenir de l'association, de telle sorte que la mise en œuvre de la réponse se déroule *automatiquement* et *rapidement*, sans qu'il y ait besoin de délibération, bien qu'on puisse l'arrêter, si l'on veut.

Considérez maintenant une série d'exemples, classés en deux groupes. Dans le premier, on envisage des problèmes tels que : choisir une profession ; décider avec qui l'on va se marier ou établir des liens d'amitié ; décider si l'on va ou non effectuer un vol en avion, alors que des orages sont annoncés ; décider pour qui l'on va voter ou comment on va placer ses économies ; décider si l'on va pardonner à quelqu'un qui vous a fait du tort ; ou, dans le cas où vous êtes gouverneur d'un État, décider si vous allez commuer la peine d'un condamné à mort. Dans le second groupe d'exemples, on envisage des problèmes tels que construire une nouvelle machine, faire les plans d'un bâtiment, résoudre un problème de mathématiques, composer un morceau de musique ou écrire un livre, ou juger si la nouvelle loi qui est proposée est en accord ou non avec l'esprit ou la lettre d'un amendement constitutionnel.

Dans cette série de deux groupes d'exemples, il est fait appel, dans tous les cas, au processus (supposé clair) consistant à tirer des conclusions logiques à partir de prémisses ; il s'agit, autrement dit, d'établir des déductions fiables qui, non perturbées par des sentiments, vont nous permettre de choisir la meilleure réponse possible, conduisant aux conséquences les plus favorables, étant donné un très important problème. Il n'est ainsi pas difficile de distinguer les cas envisagés dans cette série de deux groupes d'exemples des deux premiers exemples évoqués isolément (la faim et l'évitement d'un objet). Dans chacun de ceux de la série, la situation « stimulus » est plus complexe, les réponses possibles sont plus nombreuses, leurs conséquences possibles ont plus de ramifications et ces conséquences sont souvent différentes les unes des autres, dans l'immédiat et dans l'avenir, ce qui pose des conflits entre les avantages et les désavantages possibles, considérés sur des échelles de temps différentes. La complexité et l'incertitude occupent ici une place de premier plan, de sorte qu'il n'est pas facile d'arriver à des prédictions fiables. Autre point important : il est nécessaire d'amener dans le champ de la conscience un grand nombre de ces multiples options et conséquences possibles, de telle sorte qu'un processus d'examen puisse être enclenché. Pour arriver finalement à sélectionner une réponse, il vous faut appliquer le raisonnement, et cela demande que vous gardiez présente à l'esprit une grande quantité de faits, que vous calculiez les résultats des diverses sortes d'actions envisageables, que vous les compariez par rapport à des objectifs envisagés à moyen et à long terme. Pour faire tout cela, il faut que vous ayez une méthode, une stratégie que vous ayez mise au point à l'occasion d'innombrables cas semblables rencontrés dans le passé.

Il existe manifestement des différences flagrantes entre les exemples de la série de deux groupes et les deux premiers présentés isolément. Dans ces conditions, on a généralement considéré que les exemples de la série de deux groupes mettent en jeu des mécanismes totalement différents, mentalement et neuralement, de ceux des deux premiers ; si distincts, en fait, que Descartes pensait que les uns relevaient de quelque chose d'autre que le corps, caractérisant de façon suprême l'esprit humain, tandis que les autres relevaient seulement du corps, caractérisant le jeu des « esprits animaux » ; si distincts que les uns évoquent la clarté d'esprit, la capacité de déduction, la notion de règles logiques tandis que les autres impliquent l'idée d'obscurité et de vie des passions un peu anarchique.

Mais s'il est exact que les exemples de la série de deux groupes diffèrent profondément des deux premiers exemples envisagés isolément, il est aussi vrai que les cas des deux groupes, au sein de la série, ne sont pas de même sorte. Ils font certes tous appel au raisonnement, dans le sens le plus commun du terme, mais certains se rapportent davantage que d'autres aux problèmes personnels et à l'environnement social du décideur. Décider avec qui on va entretenir des liens d'amitié ou à qui on va pardonner ; choisir quelle profession on va exercer ; ou décider comment on va placer ses économies ; tout cela concerne des problèmes personnels et sociaux immédiats. Tandis que résoudre le dernier théorème de Fermat ou décider si une mesure législative est en accord ou non avec la constitution, tout cela est plus éloigné des problèmes personnels (bien qu'on puisse imaginer des exceptions). Les exemples du premier groupe de cette série se rangent plutôt sous la rubrique de la faculté de jugement et de la raison pratique ; tandis que les exemples du second groupe relèvent plutôt de la notion de raisonnement, de la raison théorique, et même de la raison pure.

Cependant, en dépit des apparentes différences entre tous ces divers exemples et de leur appartenance à plusieurs catégories se distinguant par leur niveau de complexité, il semble bien qu'il y ait un fil commun les reliant tous ; et celui-ci correspond à un mécanisme neurobiologique fondamental commun.

Raisonnement et prise de décision dans le domaine personnel et social

Raisonner et prendre une décision peut être ardu, mais c'est particulièrement le cas lorsque la vie personnelle et son contexte social immédiat est en jeu. Il existe de bonnes raisons de traiter ces deux domaines de façon distincte. En premier lieu, lorsque le processus de prises de décision dans le domaine personnel souffre d'un profond déficit, il n'existe pas nécessairement de déficit analogue dans le domaine non personnel, comme les cas de Phineas Gage, d'Elliot et d'autres l'ont bien montré. Nous sommes actuellement en train de faire des recherches pour établir quelle est l'efficacité du raisonnement chez de tels patients, lorsque les prémisses ne les concernent pas directement, et dans quelle mesure ils peuvent arriver à prendre la décision adéquate. Il semble bien que plus les problèmes sont éloignés de leur univers personnel et social, mieux ils peuvent les résoudre. Deuxièmement, l'observation courante du comportement humain va aussi dans le sens d'une telle dissociation dans la capacité de raisonnement, jouant dans les deux directions. Nous connaissons tous des personnes manifestant une grande intelligence dans le domaine des relations sociales, faisant preuve d'un jugement infaillible pour tirer avantage d'une situation, que ce soit pour eux-mêmes, leurs parents ou leurs amis, mais qui sont remarquablement incapables de résoudre un problème abstrait, sans rapport avec leur univers personnel ou social. Le cas inverse est tout aussi frappant : nous connaissons tous des savants ou des artistes de grande valeur qui ne savent absolument pas mener leur barque dans le domaine social, et qui se mettent, et mettent les autres, constamment en danger par leur comportement. Le professeur à l'esprit distrait en est l'exemple le plus bénin. Ces divers profils de personnalité s'expliquent par l'absence, dans le deuxième type de cas, de ce que Howard Gardner a appelé l'« intelligence sociale », ou bien, dans le premier type de cas, par l'absence de l'une ou l'autre des multiples catégories de l'intelligence, reconnues par cet auteur, comme par exemple, celle qu'il qualifie de « mathématique » [3].

L'univers personnel et social immédiat concerne directement notre propre existence et représente l'un des domaines où règnent l'incertitude et la complexité, à des degrés élevés. Dit de la façon la plus simple, prendre une bonne décision dans ce domaine, c'est choisir une réponse qui se révélera, au bout du compte, avantageuse pour l'organisme en termes de survie, et de qualité de survie, directement ou indirectement. Prendre une bonne décision, c'est aussi décider rapidement, surtout lorsque le temps joue un rôle décisif, et, en tout cas, c'est décider dans l'échelle de temps appropriée au problème posé.

Je sais bien qu'il n'est pas facile de définir ce qui est avantageux et je me rends compte que certaines solutions peuvent être regardées comme avantageuses par certains, mais non par d'autres. Par exemple, devenir millionnaire n'est pas nécessairement bon, et on peut en dire autant du fait de gagner des prix. Tout dépend de nos cadres de références et des buts que nous recherchons. Lorsque je parle d'une décision avantageuse, je vise des données fondamentales dans les domaines personnel et social, telles que la survie de l'individu et de sa famille, la possession d'un domicile, la préservation de la santé physique et mentale, la possession d'un emploi et d'un revenu, et la reconnaissance sociale dans un milieu donné. Le nouveau fonctionnement mental de Gage ou d'Elliot ne leur permettait plus de s'assurer quoi que ce soit de tout cela.

LE PROCESSUS DU RAISONNEMENT

Commençons par envisager une situation demandant que l'on fasse un choix. Imaginez que vous soyez le propriétaire d'une grosse affaire commerciale, et que vous ayez à choisir de rencontrer ou de ne pas rencontrer un éventuel client qui pourrait passer un gros marché avec vous, mais qui se trouve être aussi le pire ennemi de votre meilleur ami ; la question se pose donc de savoir si vous devez traiter ou non avec ce personnage. Le cerveau d'une personne adulte normale, intelligente et cultivée, va réagir à cette situation en imaginant rapidement différents scénarios, représentant les diverses réponses possibles *avec* leurs conséquences respectives. Dans le champ de votre conscience, ces scénarios se présentent sous forme de nombreuses scènes imaginaires, ne se déroulant pas à la manière de films, mais plutôt consistant en des instantanés, des extraits de séquences, que vous visualisez en parallèle. Vous vous représentez, par exemple, en train de rencontrer l'éventuel client ; être aperçu par votre meilleur ami en compagnie de ce client et voir vos liens d'amitié remis en question ; ne pas rencontrer le client ; perdre un gros marché, mais préserver vos précieux liens d'amitié, et ainsi de suite. Ce que je veux souligner est que votre esprit n'est nullement une table rase, au début du processus du raisonnement. Il est au contraire plein de toute une série d'images, engendrées pour la circonstance, images qui entrent et sortent de votre champ de conscience, en un défilé trop riche pour que vous puissiez entièrement le maîtriser. Ce n'est là qu'un exemple caricatural, mais vous y reconnaissez certainement le genre de problème auquel chacun de nous est confronté presque tous les jours. Comment le résolvez-vous ? Comment sériez-vous les questions posées par les images se déroulant dans votre champ de conscience ?

Il y a au moins deux possibilités distinctes : la première se conforme à la façon traditionnelle de se représenter le « raisonnement pur » menant à une prise de décision ; la seconde démarche correspond à l'« hypothèse des marqueurs somatiques ».

La conception traditionnelle, fondée sur le sens commun, soutient que lorsque le processus fonctionne bien, nous faisons, en quelque sorte, honneur à Platon, Descartes et Kant réunis. Selon ce point de vue, la logique formelle peut, par elle-même, nous conduire à la meilleure des solutions, quel que soit le problème. Un aspect important de cette façon de voir rationaliste est de poser que, pour obtenir les meilleurs résultats, il faut laisser *de côté* les émotions. Le processus du raisonnement ne doit pas être perturbé par les réactions affectives.

Fondamentalement, selon cette conception du « raisonnement pur », la démarche consiste à considérer séparément les différents scénarios et, pour reprendre le jargon économique contemporain, d'appliquer à chacun d'eux une analyse de « rapport coût/bénéfice ». Gardant à l'esprit l'« utilité subjective attendue » – autrement dit, la donnée que vous voulez maximiser – vous déduisez logiquement ce qui est bon, et ce qui est mauvais. Par exemple, vous envisagez les conséquences de chacune des options, à différents moments dans l'avenir, et évaluez les gains et les pertes correspondants. Puisque la plupart des problèmes ont beaucoup plus de deux solutions, contrairement à notre exemple caricatural ci-dessus, où il n'y avait qu'une simple alternative, votre analyse ne va pas en se simplifiant, tandis que vous avancez dans vos déductions. Mais remarquez que même le problème dont la solution ne comporte qu'une seule alternative n'est pas si simple que cela. Gagner un client peut être rémunérateur dans l'immédiat, mais être également à la source d'une rémunération encore plus importante dans l'avenir. L'ampleur de celle-ci est inconnue ; vous devez donc l'estimer ainsi que son évolution au cours du temps, et la comparer aux pertes prévisibles parmi lesquelles il y aura à compter les conséquences de la fin de votre amitié. Puisque l'importance de cette dernière perte variera au cours du temps, il vous faut également estimer sa vitesse de « dépréciation » ! Vous devez donc affronter des calculs complexes, sur des résultats envisagés à diverses dates, avec l'obligation de comparer des résultats de nature différente, pour lesquels il faudra néanmoins essayer de trouver un dénominateur commun. Une part importante de ces calculs va dépendre de l'invention d'une quantité toujours plus grande de scénarios imaginaires, sur la base de diverses configurations visuelles et auditives, et aussi de l'invention continuelle de narrations verbales pour accompagner ces scénarios, narrations qui sont d'importance fondamentale pour que le processus de déduction logique se poursuive.

Or, je pense que si vous ne disposez que de cette stratégie, et d'elle *seule*, vous ne pourrez pas mener à bien votre raisonnement. Dans le meilleur des cas, il vous faudra un temps extrêmement long pour arriver à prendre une décision, bien plus qu'il ne le faudrait, si vous voulez faire quoi que ce soit d'autre dans la même journée. Dans tous les autres cas, vous n'arriverez pas à prendre de décision du tout, parce que vous allez vous perdre dans les méandres de vos calculs. Pourquoi ? Parce qu'il ne sera pas facile de maintenir en mémoire les nombreux bilans de gains et pertes que vous aurez besoin de consulter pour établir vos comparaisons. Les résultats des étapes intermédiaires, que vous aurez mis en réserve, pour pouvoir les reprendre ultérieurement, afin de les traduire sous la forme symbolique requise pour faire progresser votre processus de déductions, vont tout simplement disparaître de votre ardoise mnémonique. Vous allez vous perdre en chemin. Les processus d'attention et ceux de la mémoire de travail n'ont qu'une capacité limitée. Au bout du compte, si votre fonctionnement mental ne peut accomplir que ce type de calculs rationnels, vous allez être conduit à prendre une décision erronée (et la regretter toute votre vie), ou bien, exaspéré, vous allez abandonner.

L'observation de patients tels qu'Elliot suggère que la froide stratégie invoquée par Kant et d'autres auteurs, ressemble plus à la façon dont les personnes atteintes de lésions préfrontales procèdent pour prendre une décision qu'à celle des individus normaux. Bien entendu, même ceux qui ne désirent recourir qu'aux purs calculs rationnels peuvent espérer faire mieux que cela, en s'aidant d'un papier et d'un crayon, lesquels permettront de poser par écrit les différentes options et les multiples scénarios envisageables, de même que les conséquences qui en découlent, et ainsi de suite. (Il semble que Darwin ait suggéré que l'on devrait procéder ainsi pour choisir au mieux son futur conjoint.) Mais, alors, munissez-vous d'une grande quantité de papier et d'un taille-crayon, ainsi que d'un grand bureau, et ne demandez à personne d'attendre que vous ayez fini.

Il est également important de remarquer que les difficultés auxquelles conduit la façon traditionnelle d'envisager le « raisonnement pur », ne portent pas que sur la capacité limitée de la mémoire. Même si l'on dispose de papier et d'un crayon pour garder trace des données nécessaires, il se trouve que les stratégies employées pour le raisonnement peuvent elles-mêmes présenter certaines failles, comme Amos Tversky et Daniel Kahneman l'ont démontré [4]. L'une de ces dernières, parmi les plus importantes, semble bien être que les gens font généralement preuve d'une ignorance profonde en matière de statistiques et de théorie des probabilités, et ne les appliquent que de façon défectueuse, comme Stuart Sutherland l'a suggéré [5]. Pourtant, notre cerveau peut souvent arriver à prendre une décision, en l'espace de quelques secondes ou de quelques minutes, selon l'échelle de temps appropriée. S'il en est ainsi, c'est qu'il doit disposer de quelque chose d'autre que du simple raisonnement pur. Il est nécessaire d'envisager une autre explication.

L'HYPOTHÈSE DES MARQUEURS SOMATIQUES

Reprenons les scénarios que j'ai mentionnés ci-dessus. Leurs composantes les plus importantes se déploient dans votre esprit, de façon schématique et pratiquement instantanément, trop rapidement pour pouvoir en saisir clairement les détails. Mais, à présent, imaginez qu'avant d'avoir appliqué la moindre analyse de « coût/bénéfice » aux différents cas de figure, et avant que vous ayez entamé le processus de raisonnement devant vous mener à la solution du problème, quelque chose d'important se produit : lorsque vous visualisez dans votre esprit, même fugitivement, la conséquence néfaste d'une réponse que vous pourriez choisir, vous ressentez une sensation déplaisante au niveau du ventre. Puisque cette perception concerne le corps, je donne à ce phénomène le terme de perception d'un « état somatique » (σῶμα est le nom du corps en grec) ; et puisqu'elle est associée à une image particulière, à la façon d'un repère ou d'une marque, je l'appelle « marqueur ». Notez de nouveau que j'emploie le terme somatique dans son sens le plus général (= ce qui appartient au corps) et j'envisage aussi bien les perceptions d'origine viscérale que celles n'ayant pas une origine viscérale, lorsque je parle de « marqueur somatique ».

Quelle est l'utilité d'un *marqueur somatique* ? Il oblige à faire attention au résultat néfaste que peut entraîner une action donnée, et fonctionne comme un signal d'alarme automatique qui dit : attention, il y a danger à choisir l'option qui conduit à ce résultat. Ce signal peut vous permettre de rejeter, *immédiatement*, une action donnée et vous incite à envisager d'autres alternatives. Il vous prémunit contre des pertes futures, sans plus de délibération, et vous conduit ainsi à *choisir parmi un plus petit nombre d'alternatives*. Il est encore possible de pratiquer des analyses de coût/bénéfice et d'appliquer une démarche déductive appropriée, mais seulement *après* que l'étape du signal automatique a réduit considérablement le nombre des options envisageables. Les marqueurs somatiques ne permettent sans doute pas, à eux seuls, d'effectuer la totalité du processus de prise de décision, chez l'homme normal, puisque des étapes de raisonnement et de sélection finale doivent encore prendre place dans la plupart des cas (mais non dans tous). Les marqueurs somatiques accroissent probablement la précision et l'efficacité du processus de prise de décision. Leur absence produit les effets inverses. Cette caractéristique est importante et on peut facilement passer à côté. Cette hypothèse ne fait pas l'économie des étapes de raisonnement qui suivent la phase de mise en jeu des marqueurs somatiques. En bref, *les marqueurs somatiques représentent un cas particulier de la perception des émotions secondaires*, dans le cadre duquel ces dernières ont été *reliées, par apprentissage, aux conséquences prévisibles de certains scénarios*. Lorsqu'un marqueur somatique négatif est juxtaposé à un résultat prédictible particulier, il joue le rôle d'un signal d'alarme. Lorsque cette juxtaposition concerne un marqueur somatique positif, celui-ci devient au contraire un signal d'encouragement.

C'est donc là en quoi consiste fondamentalement l'hypothèse des marqueurs somatiques. Mais ceux-ci peuvent être appliqués de bien des façons différentes, et vous allez voir que dans certaines occasions ils peuvent fonctionner de façon cachée (sans se manifester dans le champ de la conscience) et qu'ils peuvent, par ailleurs, être pris en compte au niveau d'une « boucle de simulation ».

Les marqueurs somatiques n'accomplissent pas le processus de délibération à notre place. Ils aident celui-ci à se réaliser, en mettant en lumière certaines options (soit dangereuses, soit favorables), et en permettant rapidement de ne plus avoir à les compter parmi celles à envisager. Vous pouvez vous les représenter comme un système d'appréciation automatique des conséquences prévisibles, qui fonctionne, que vous le vouliez ou non, de façon à évaluer les scénarios extrêmement divers du futur envisageable. C'est un système qui vous donne, en quelque sorte, des indications d'orientation. Par exemple, imaginez qu'on vous propose de faire un placement extrêmement risqué, mais assurant des intérêts à un taux particulièrement élevé. Supposez qu'on vous demande de répondre très vite, tandis que vous avez l'esprit entièrement absorbé par d'autres affaires. Si, dans votre for intérieur, la perception d'un état somatique négatif accompagne la perspective de faire ce placement, cela va vous aider à rejeter cette option, et vous obliger à faire une analyse plus détaillée de ses conséquences éventuellement désastreuses. L'état négatif associé à une projection dans l'avenir vient contrecarrer la perspective tentante d'un gros profit immédiat.

La théorie des marqueurs somatiques est donc compatible avec l'idée que, pour se comporter efficacement sur le plan personnel et social, les individus doivent se représenter théoriquement de façon adéquate leur propre psychologie et celle des autres. À partir de cette représentation on peut prédire celle que les autres individus se forment de nos propres dispositions mentales. L'exactitude de telles prédictions est, bien sûr, essentielle lorsque nous avons besoin de prendre une importante décision dans le domaine des relations interpersonnelles. Là encore, le nombre des possibilités à envisager est immense, et je pense que des marqueurs somatiques (ou quelque chose y ressemblant) doivent aider à faire le tri des innombrables variantes – ce qui, en pratique, diminue le volume des opérations de tri à effectuer, puisqu'ils fournissent une détection automatique des éléments de scénarios probablement les plus pertinents. Tout cela montre clairement que les processus dits cognitifs ont véritablement partie liée avec ceux que l'on appelle généralement « émotionnels ».

Cette explication générale s'applique aussi au cas où l'on doit choisir une option dont les conséquences immédiates sont négatives, mais qui conduit à des résultats positifs à plus long terme. C'est ce qui se produit, par exemple, lorsqu'on doit consentir à des sacrifices *tout de suite*, dans le but d'arriver à de meilleures conditions financières plus tard. Imaginez qu'afin de retourner la tendance à la baisse de votre affaire commerciale, vous et vos employés acceptiez des réductions de salaires, à partir de maintenant, ainsi qu'un accroissement extraordinaire de votre temps de travail. La perspective, dans l'immédiat, n'est pas agréable, mais la représentation d'un avantage dans l'avenir détermine la manifestation d'un marqueur somatique positif, qui contrecarre la tendance à repousser l'option à conséquence immédiate pénible. Ce marqueur somatique positif, dont l'apparition est déclenchée par l'image d'une perspective d'avenir heureuse, constitue certainement la base neurobiologique qui permet d'endurer la phase préalable pénible. Comment autrement accepterions-nous de subir une intervention chirurgicale, de faire du jogging, de suivre des études à l'université ou à la faculté de médecine ? On pourrait répondre : par la simple volonté. Soit, mais comment expliquer cette volonté ? Celle-ci s'appuie sur l'appréciation d'un objectif, et cette appréciation ne peut avoir lieu si l'attention n'est pas tournée correctement à la fois vers la conséquence ennuyeuse immédiate et la conséquence heureuse future, à la fois vers la souffrance *présente* et la gratification *future*. Si vous ne prenez pas en considération cette dernière, vous supprimez le moteur qui va donner des ailes à votre volonté. La volonté n'est que l'autre nom de la démarche consistant à choisir en fonction d'un objectif à long terme plutôt qu'en fonction d'un objectif à court terme.

Un intermède sur l'altruisme

À ce stade, nous pouvons nous demander si l'explication avancée ci-dessus s'applique à la plupart des actions, voire toutes, que l'on classe communément dans la catégorie de l'altruisme, comme, par exemple, les sacrifices que font les parents pour leurs enfants, ou les simples bonnes actions que des individus réalisent en faveur d'autres individus, ou ce que faisaient les bons citoyens jadis pour leur roi ou leur pays, et ce que font de nos jours les héros qui existent encore. Outre le bien évident que les altruistes font aux autres, ils se font également du bien à eux-mêmes sous la forme d'amour-propre, de reconnaissance sociale, d'honneur et d'estime publics, de prestige et éventuellement d'argent. N'importe laquelle de ces perspectives peut être la source d'un sentiment d'exaltation (dont la base neurale constitue, je pense, un marqueur somatique positif), et sans aucun doute procure encore plus de joie lorsque la perspective devient réalité. Le comportement altruiste est aussi à la source d'autres gratifications pour ceux qui le pratiquent, et d'une façon qui a son importance pour la théorie développée ici : ils épargnent aux altruistes la souffrance future que leur aurait procurée la perte (ou la honte) encourue du fait de *ne pas* s'être comportés en altruistes. Ce n'est pas seulement que l'idée de sauver votre petite fille, même au risque de votre vie, vous insuffle une sensation gratifiante ; c'est aussi l'idée que ne pas la secourir et la perdre vous procure une sensation bien plus terrible que d'envisager le risque susnommé. En d'autres termes, il s'agit de choisir entre une souffrance immédiate et une récompense future *et* une souffrance immédiate et une souffrance encore plus grande dans le futur. (Un exemple un peu comparable est l'acceptation des risques de la guerre. Jadis, le contexte social dans lequel on faisait des guerres « morales » impliquait une valorisation pour les survivants, et la honte et le déshonneur pour ceux qui refusaient de la faire.)

Cela veut-il dire qu'il n'existe pas de vrai altruisme ? S'agit-il là d'une vision trop cynique de l'esprit humain ? Je ne le crois pas. D'abord, pour qu'il y ait altruisme authentique, il faut qu'il y ait une certaine concordance entre ce que nous croyons ou ressentons *intérieurement* et ce que nous déclarons *extérieurement* croire ou ressentir. De toute façon, la reconnaissance du caractère authentique de l'altruisme ne se fonde pas sur une analyse des causes physiologiques qui nous font croire ou ressentir de telle ou telle façon. En fait, croire ou ressentir de telle ou telle façon dépend de nombreux facteurs relevant aussi bien de notre organisme que de la culture dans laquelle nous sommes immergés, même s'ils n'affleurent pas à notre conscience. S'il y a des raisons neurophysiologiques et culturelles rendant probable que certaines personnes se conduisent avec honnêteté et générosité, tant mieux ! Il ne s'ensuit pas que leur honnêteté et leurs sacrifices soient moins méritoires. En outre, comprendre les mécanismes neurobiologiques sous-tendant certains aspects des activités cognitives et du comportement ne diminue en rien la valeur, la beauté ou la dignité de ces derniers.

Deuxièmement, bien que la biologie et la culture déterminent souvent la façon dont nous raisonnons, directement ou indirectement, et puissent sembler limiter l'exercice de la liberté individuelle, il faut reconnaître que l'homme dispose d'une *certaine* marge de liberté, qu'il peut envisager et réaliser des actions allant à l'encontre de la biologie ou de la culture. Certains exploits humains sublimes ont pour base le rejet de ce que la biologie ou la culture poussent les individus à faire. De telles actions témoignent d'un autre niveau de l'être, dans le cadre duquel il est possible d'inventer de nouvelles techniques et d'autres façons valables d'exister. Dans certaines circonstances, cependant, la liberté prise par rapport aux contraintes de la biologie et de la culture peut être le signe patent de la folie et peut alimenter les idées et les actes du malade mental.

D'OÙ VIENNENT LES MARQUEURS SOMATIQUES ?

Quelle est l'origine des marqueurs somatiques, en termes neuraux ? Par quels processus sommes-nous équipés de tels systèmes utiles ? En sommes-nous dotés à la naissance ? Sinon, comment se sont-ils formés ?

Comme nous l'avons vu dans le chapitre précédent, nous naissons dotés des mécanismes neuraux permettant de répondre à certaines classes de stimuli par des états somatiques particuliers : il s'agit des mécanismes sous-tendant les émotions primaires. Ceux-ci sont génétiquement prédisposés à prendre en compte les signaux relatifs au comportement personnel et social, et ils comprennent dès le départ les rouages permettant de coupler un grand nombre de situations sociales à des réponses somatiques adaptées. Certains résultats chez l'homme normal paraissent s'accorder avec cette conception, de même que certaines observations attestant l'existence d'un savoir social complexe chez les mammifères et les oiseaux [6]. Néanmoins, la plupart des marqueurs somatiques dont nous faisons usage pour prendre des décisions ont probablement été élaborés dans notre cerveau au cours des processus d'éducation et de socialisation, par l'établissement d'un lien entre des classes particulières de stimuli et des classes particulières d'états somatiques. En d'autres termes, ils reposent sur le mécanisme des émotions secondaires.

L'élaboration de marqueurs somatiques adaptés implique que le cerveau et la culture soient tous deux normaux. Si le cerveau *ou* la culture sont défecteux dès le départ, les marqueurs somatiques ne seront probablement pas adaptés. On peut trouver un exemple du premier cas de figure chez certains patients souffrant d'une affection appelée sociopathie du développement ou psychopathie.

Tout le monde a entendu parler des psychopathes ou des sociopathes du développement, par le biais de la rubrique des faits divers dans les médias. Ils volent, ils violent, ils tuent, ils mentent. Ils sont souvent intelligents. Le seuil à partir duquel ils peuvent être touchés par quelque émotion est si élevé qu'ils semblent inébranlables, et ils sont, de leur propre aveu, insensibles et impitoyables. Ils sont l'exemple même de cette tête froide dont on nous dit qu'elle est indispensable si l'on veut prendre de bonnes décisions. De sang-froid, et pour le malheur de tout le monde, y compris d'eux-mêmes, les sociopathes répètent souvent leurs crimes. En fait, ils représentent une autre sorte de cas où l'affaiblissement de la faculté de raisonnement est accompagné d'une diminution, ou de l'absence, de la capacité de ressentir des émotions. Il est tout à fait possible que la sociopathie du développement découle, elle aussi, d'un défaut de fonctionnement de ces systèmes neuraux qui avaient été touchés chez Gage. Mais au lieu de résulter d'une lésion macroscopique survenue à l'âge adulte, le trouble neuropsychologique des sociopathes proviendrait d'une anomalie de fonctionnement de ces circuits neuraux ou de leurs mécanismes neurochimiques, anomalie qui se déclarerait très tôt au cours du développement. La compréhension de la neurobiologie de la sociopathie pourrait conduire à sa prévention ou à son traitement. Cela pourrait aussi permettre de comprendre dans quelle mesure les facteurs sociaux interagissent avec les facteurs biologiques pour aggraver ce trouble, ou en augmenter la fréquence, et pourrait même jeter quelque lumière sur des troubles superficiellement semblables, et cependant largement déterminés par des facteurs socioculturels.

Lorsque les mécanismes neuraux qui sous-tendent l'élaboration et la mise en place des marqueurs somatiques sont lésés à l'âge adulte, comme cela a été le cas chez Gage, le fonctionnement neuropsychologique qui fait appel à ces derniers n'est plus possible, même s'il avait été irréprochable jusque-là. J'utilise le terme de sociopathie « acquise », en tant que raccourci approximatif, pour décrire une partie du comportement de ces patients, bien que j'aie pu observer chez les miens qu'ils diffèrent des sociopathes du développement sur plusieurs points, dont le moindre n'est pas que je les ai rarement vus se montrer violents.

L'impact d'un « système social malade » sur le système neuropsychologique sous-tendant la faculté de raisonnement d'un adulte normal est moins profond que celui de la lésion d'une aire cérébrale précise affectant ce même système neuropsychologique. On connaît toutefois des contre-exemples. En Allemagne nazie et en Union soviétique dans les années trente et quarante, en Chine durant la Révolution culturelle, et au Cambodge durant le régime de Pol Pot, pour ne mentionner que les cas les plus évidents, un système social « malade » a primé sur les mécanismes normaux de la raison, avec des conséquences désastreuses. Je crains que des secteurs assez importants de la société occidentale ne soient en train de devenir de nouveaux contre-exemples tragiques.

Les marqueurs somatiques sont donc acquis par le biais de l'expérience individuelle, sous l'égide d'un système d'homéostasie interne et sous l'influence d'un ensemble de circonstances externes qui comprennent non seulement les entités et les événements avec lesquels l'organisme interagit nécessairement, mais aussi les conventions sociales et les règles éthiques.

La base neurale du système d'homéostasie interne est formée par des mécanismes régulateurs essentiellement innés, dont la finalité est d'assurer la survie de l'organisme. Lorsque cet objectif est atteint, cela coïncide avec la disparition de la sensation de déplaisir et la réalisation de l'homéostasie, c'est-à-dire de l'équilibre des fonctions biologiques. Ce système d'homéostasie interne est génétiquement programmé de façon que l'organisme tende à fuir la douleur et à rechercher le plaisir, et il est probablement préréglé pour que ces objectifs soient atteints dans le contexte de situations sociales.

L'ensemble des circonstances externes comprend les entités, l'environnement physique et les événements avec lesquels les individus doivent interagir ; la gamme des actions envisageables ; les conséquences futures possibles de ces actions ; et les punitions ou les récompenses qui accompagnent les actions choisies, aussi bien immédiatement que dans un temps ultérieur, tandis que se déploient leurs conséquences. Très tôt dans le développement, les punitions et les récompenses sont délivrées non seulement par les entités elles-mêmes, mais aussi par les parents et les autres personnes plus âgées qui représentent de façon générale les conventions sociales et les règles éthiques prévalant dans la société à laquelle on appartient. L'interaction entre le système d'homéostasie interne et l'ensemble des circonstances externes permet d'élargir la gamme des stimuli qui deviendront automatiquement « marqués ».

C'est sans doute durant l'enfance et l'adolescence que se constitue un important répertoire de stimuli couplés à des états somatiques. Mais l'accumulation de stimuli somatiquement marqués ne cesse que lorsque la vie s'arrête, et on peut donc décrire avec justesse cette accumulation comme un processus d'apprentissage continu.

Au niveau neural, l'élaboration des marqueurs somatiques dépend d'un apprentissage médié par un système de neurones pouvant mettre en rapport certaines catégories d'objets ou d'événements avec des états somatiques plaisants ou déplaisants. Soit dit en passant, il est important de ne pas considérer trop étroitement la notion de récompense ou de punition dans le cadre d'interactions sociales en évolution. Une absence de récompense peut constituer une punition et être désagréable, tout comme l'absence de punition peut constituer une récompense et être tout à fait agréable. L'élément décisif est représenté par le type d'état somatique, et de perception de cet état, qui se manifeste chez un individu donné, à un moment donné de son histoire, dans une situation donnée.

Lorsque le choix d'une option X, qui conduit à une conséquence néfaste Y, est suivi d'une punition et donc d'un état du corps déplaisant, le système des marqueurs somatiques s'enrichit d'une représentation potentielle correspondant à cette association arbitraire, non héritée et instaurée par l'expérience. La réexposition de l'organisme à l'option X, ou l'évocation par la pensée de la conséquence Y, aura dès lors la capacité de réinstaurer l'état du corps déplaisant, lequel servira de rappel automatique des conséquences néfastes prévisibles. Ce schéma est, bien sûr, extrêmement simplifié, mais il montre bien la nature du processus fondamental, tel que je le vois. Comme je l'expliquerai nettement plus loin, les marqueurs somatiques peuvent être mis en jeu de façon cachée (ils n'ont pas besoin d'être perçus consciemment) et peuvent jouer d'autres rôles utiles, outre celui de fournir des signaux annonçant : « Danger ! » ou « Vas-y ! »

LE RÉSEAU NEURAL DES MARQUEURS SOMATIQUES

Le système neural le plus important pour l'acquisition d'une gamme de marqueurs somatiques est situé dans le cortex préfrontal, où il recoupe, en bonne partie, le système sous-tendant les émotions secondaires. La position neuro-anatomique du cortex préfrontal est idéale dans ce but, pour les raisons que j'explicite ci-dessous.

Premièrement, le cortex préfrontal reçoit des signaux en provenance de toutes les régions sensorielles où se forment les images qui sont à l'origine de nos processus de pensée, y compris des cortex somatosensoriels où les états du corps passés et présents sont représentés de façon continue. Ces signaux correspondent donc à des perceptions relatives au monde extérieur, ou à des pensées que nous formons au sujet de ce monde extérieur, ou à des événements se déroulant dans le corps proprement dit. Toutes les régions du cortex préfrontal reçoivent de tels signaux, parce qu'elles sont toutes interconnectées. Elles font donc partie de ces régions cérébrales peu nombreuses qui reçoivent des signaux relatifs à pratiquement n'importe quelle activité prenant place dans notre corps ou notre esprit à n'importe quel moment [7]. (Le cortex préfrontal n'est pas le seul centre d'écoutes de tous les autres ; c'est aussi le cas du cortex entorhinal, une porte d'entrée pour l'hippocampe.)

Deuxièmement, le cortex préfrontal reçoit des signaux de plusieurs régions biorégulatrices du cerveau humain. Ces dernières comprennent notamment les ensembles de neurones modulateurs du tronc cérébral (par exemple, ceux qui distribuent de la dopamine, de la noradrénaline ou de la sérotonine) et de la base du télencéphale (ceux qui distribuent de l'acétylcholine). Mais en font aussi partie l'amygdale, le cortex cingulaire antérieur, et l'hypothalamus. Pour faire une comparaison, on pourrait dire que le cortex préfrontal reçoit des messages de toutes les sections du Bureau des normes et des mesures. Les valeurs de consigne innées du système homéostatique de l'organisme, déterminant les conditions de la survie de ce dernier – son système de valeurs biologiques, pour ainsi dire – sont communiquées au cortex préfrontal par le biais de ces signaux et font ainsi partie intégrante des mécanismes sous-tendant le raisonnement et la prise de décision.

Les régions préfrontales sont, en fait, dans une position privilégiée par rapport aux autres systèmes cérébraux. Leur cortex reçoit des signaux relatifs à la connaissance, constamment mise à jour, des phénomènes se déroulant dans le monde extérieur ; aux valeurs de consigne du système inné de régulation biologique ; et aux états du corps présents et passés, continuellement modifiés par les informations provenant du monde extérieur et du système de régulation biologique. Il n'est donc pas étonnant qu'elles jouent un si grand rôle dans le domaine que je vais bientôt envisager : le classement par catégories de nos expériences vécues, en fonction de nombreuses données contingentes.

Troisièmement, le cortex préfrontal lui-même est un lieu où s'opère le classement des situations dans lesquelles l'organisme a été impliqué, autrement dit le classement des circonstances fortuites rencontrées dans notre vie. En d'autres termes, certains circuits neuraux préfrontaux élaborent des représentations potentielles relatives à certaines combinaisons de choses et d'événements rencontrées dans notre vécu individuel, en fonction de la pertinence que nous leur accordons. Laissez-moi vous l'expliquer. Dans votre propre vie, par exemple, vous avez pu faire la rencontre d'un certain type de « patron », et connaître dès lors une situation dans laquelle vous vous êtes senti rabaissé ou, au contraire, investi d'un nouveau pouvoir ; avoir été placé dans un poste de direction peut avoir révélé en vous le meilleur, ou le pire ; des séjours à la campagne ont pu vous insuffler un état d'esprit mélancolique, tandis que l'océan a pu vous rendre incurablement romantique. Votre voisin de palier a pu connaître, lui aussi, chacune de ces situations, mais en les vivant exactement à l'opposé, ou du moins de façon différente. C'est là où la notion de *contingence*, de *fortuit* s'applique : il s'agit du vécu propre aux individus, lié à des événements qui ne se présentent pas exactement de la même manière pour chacun d'eux. L'expérience que vous, votre voisin et moi-même avons eu des poignées de porte ou des manches à balai a sans doute été moins marquée par le contingent, car la structure et le mode d'emploi de cette catégorie d'objets sont, de façon générale, invariables et prédictibles.

Les zones de convergence situées dans le cortex préfrontal sont donc des lieux de stockage de représentations potentielles correspondant aux données contingentes particulières au vécu de chacun de nous, et faisant l'objet d'un classement dans une catégorie appropriée. Si je vous demande de penser à des mariages, ces représentations potentielles préfrontales détiennent les éléments définissant la catégorie en question et peuvent reconstruire sur l'« écran » de votre esprit plusieurs scènes de mariage (rappelez-vous que, sur le plan neural, de telles reconstructions ne se réalisent pas dans le cortex préfrontal, mais plutôt dans divers cortex sensoriels fondamentaux où peuvent se former des représentations topographiquement organisées). Si je vous parle de mariage juif ou de mariage catholique, vous serez capable de reconstituer une série appropriée d'images appartenant à la catégorie en question, et de réfléchir à l'un ou l'autre de ces types de mariage. Vous pourrez alors me dire si vous aimez les mariages, quel type vous préférez, et ainsi de suite.

La totalité de la région préfrontale semble spécialement avoir pour fonction d'effectuer le classement des données contingentes issues du vécu personnel, dans la perspective de leur pertinence pour l'individu. Cela a été établi pour la première fois par Brenda Milner, Michael Petrides et Joaquim Fuster, pour ce qui concerne la région dorso-latérale du cortex préfrontal [8]. Des travaux menés dans mon propre laboratoire, non seulement soutiennent ce point de vue, mais suggèrent, en outre, que d'autres structures frontales, au niveau du pôle antérieur et de la région ventro-médiane, sont également importantes pour la mise en œuvre de ces processus de classement.

Le classement des données contingentes issues de notre vécu est une fonction qui permet de nourrir la production de scénarios variés dépeignant des conséquences futures, scénarios dont nous avons besoin pour faire des prédictions et établir des plans. Les processus du raisonnement s'appliquent à des objectifs réalisables dans des délais spécifiés, et nous avons besoin d'une grande variété de connaissances, classées d'après nos critères de pertinence personnels, si nous voulons pouvoir visualiser à l'avance le déploiement et les résultats de scénarios relatifs à des buts particuliers situés dans l'échelle de temps appropriée.

Il est probable que les connaissances relevant de domaines différents font l'objet d'un classement dans des régions préfrontales distinctes. Ainsi les domaines relatifs à la biorégulation et aux interactions sociales semblent être plutôt pris en compte au niveau des systèmes de la région ventro-médiane, tandis que les systèmes de la région dorso-latérale semblent être concernés par les domaines qui se rapportent à la connaissance du monde externe (entités telles que choses et gens, leurs mouvements dans l'espace et le temps ; le langage ; les mathématiques ; la musique).

Une quatrième raison pour laquelle le cortex préfrontal se prête parfaitement bien à une participation aux processus de raisonnement et de prise de décision est qu'il est directement relié à toutes les voies cérébrales conduisant à des réponses motrices ou chimiques. Les régions dorso-latérales et médianes supérieures peuvent activer le cortex prémoteur et, par là, mettre en jeu les régions que l'on appelle le cortex moteur primaire (M_1), l'aire motrice supplémentaire (M_2), et la troisième aire motrice (M_3) [9]. Le cortex préfrontal peut également mobiliser les mécanismes moteurs subcorticaux représentés par les ganglions de la base. Enfin, et ce n'est pas la moindre des choses, comme l'a démontré pour la première fois le neuro-anatomiste Walle Nauta, le cortex préfrontal ventro-médian envoie des signaux aux effecteurs du système nerveux autonome et peut promouvoir des réponses chimiques associées à l'émotion, sans que l'hypothalamus ou le tronc cérébral soient impliqués. Cette démonstration n'a pas été le fait du hasard. Nauta faisait exception chez les spécialistes des neurosciences dans la mesure où il accordait une grande importance aux informations viscérales dans les processus cognitifs. En conclusion, le cortex préfrontal, et en particulier sa région ventro-médiane, se prête particulièrement bien à l'établissement d'un triple lien entre : les signaux relatifs à certains types particuliers de situations ; les différents types d'états du corps qui ont été associés à certains types de situation au cours du vécu propre d'un individu ; et les effecteurs de ces états du corps. L'en haut et l'en bas s'unissent harmonieusement dans le cortex préfrontal ventro-médian.

LES MARQUEURS SOMATIQUES ONT-ILS POUR THÉÂTRE LE CORPS OU LE CERVEAU ?

Étant donné les explications que j'ai données plus haut sur la physiologie des émotions, vous ne devriez pas être étonné d'apprendre qu'il n'y a pas qu'un seul mécanisme sous-tendant le phénomène des marqueurs somatiques, mais deux. Dans le cadre du mécanisme fondamental, le cortex préfrontal et l'amygdale déterminent un profil particulier de l'état du corps, lequel engendre à son tour des signaux qui sont acheminés jusqu'au cortex somatosensoriel, pour passer ensuite dans le champ de l'attention et de la conscience. Dans le cadre du mécanisme alternatif, le corps est court-circuité et le cortex préfrontal et l'amygdale ne font que pousser le cortex somatosensoriel à reproduire les types d'activité neurale qu'il aurait eus, si le corps avait été placé dans un état déterminé et s'il avait envoyé les signaux correspondants. Le cortex somatosensoriel fonctionne comme s'il recevait les signaux relatifs à un certain état du corps, et bien que cette activité de simulation ne soit sans doute pas exactement la même que l'activité qui serait engendrée par un état du corps réel, elle peut néanmoins être prise en compte dans le mécanisme de prise de décision.

Les mécanismes de simulation sont mis en place au cours du développement. Lors du processus d'« ajustement » à la société que nous avons subi durant la petite enfance et l'enfance, il est probable que la plupart de nos prises de décision ont été façonnées par des états somatiques liés à des punitions et à des récompenses. Mais à mesure que nous avons grandi, et que nous avons pu classer les situations se répétant dans des catégories, nous avons eu de moins en moins besoin de nous fonder sur des états somatiques réels pour chaque cas de prise de décision (ce qui a représenté une certaine économie). Autrement dit, les processus de prise de décision ont commencé à dépendre en partie des « mécanismes de simulation » des états somatiques. Une importante question pratique est de savoir dans quelle mesure, à l'âge adulte, nous recourons aux mécanismes de simulation plutôt qu'aux mécanismes reposant sur les états du corps réels. Je crois que cela varie d'une personne à l'autre, et d'un problème à l'autre. Le recours aux mécanismes de simulation peut être avantageux ou nuisible, selon les sujets et les circonstances.

MARQUEURS SOMATIQUES EXPLICITES ET CACHÉS

Les marqueurs somatiques eux-mêmes peuvent se manifester par deux voies différentes, l'une passant par la conscience, et l'autre, non. Que les états du corps soient réels ou fassent l'objet d'une simulation, les activités neurales correspondantes passent dans le champ de la conscience et sont à l'origine de la perception d'une émotion. Cependant, bien que de nombreuses prises de décision impliquent la perception d'une émotion, un grand nombre de nos décisions quotidiennes procèdent apparemment sans que l'on ressente quelque émotion que ce soit. Cela ne veut pas dire que le processus d'évaluation qui normalement détermine un état du corps donné n'a pas pris place ; ni que l'état du corps (ou sa simulation) n'a pas été pris en compte ; ni que les mécanismes de régulation sous-tendant le processus n'ont pas été activés. Tout simplement, un état du corps, ou sa simulation, faisant fonction de signal, a bien été activé, mais n'est pas passé dans le champ de l'attention. Tant que ce n'est pas le cas, ni l'un ni l'autre ne peut devenir conscient, bien que l'un ou l'autre puisse influencer, de façon non apparente, les mécanismes qui gouvernent, hors du contrôle de la volonté, nos tendances à aller vers le monde (conduites appétitives) ou à le fuir (conduites aversives). Bien qu'une machinerie cachée se soit, par en dessous, mise en marche, notre conscience ne le saura jamais. En outre, la mise en jeu des neurones modulateurs du tronc cérébral, que j'ai décrite comme faisant partie de la réponse émotionnelle, peut altérer le cours des processus cognitifs d'une façon cachée, et ainsi influencer la tonalité des processus de raisonnement et de prise de décision.

Toutes réserves étant faites sur les particularités des êtres humains, et les dangers de l'extrapolation d'une espèce à l'autre, on peut dire que chez les organismes dont le cerveau ne peut pas être à l'origine d'une conscience et sous-tendre des raisonnements, les processus de prise de décision relèvent fondamentalement de mécanismes inconscients. Ces derniers représentent des moyens par lesquels sont « prévues » des conséquences, et ils poussent l'organisme à agir de telle ou telle façon – ce qui, pour un observateur extérieur, peut apparaître comme la réalisation d'un choix. C'est probablement ainsi que les ouvrières, chez les abeilles, « décident » sur quelles fleurs elles doivent se poser afin d'obtenir le nectar qu'elles ont besoin de rapporter à la ruche. Je ne prétends pas que, dans les profondeurs du cerveau, chez chacun de nous, il existe un cerveau d'abeille décidant à notre place. L'évolution n'est pas la Grande Chaîne des Êtres, et elle a manifestement suivi de nombreuses voies différentes, dont l'une a conduit jusqu'à nous. Mais j'estime qu'on peut apprendre beaucoup en étudiant comment des organismes simples réalisent des tâches apparemment complexes avec des moyens neuraux limités. Certains mécanismes du même type peuvent fonctionner aussi chez nous. C'est tout.

Douce rose !

« Tu es un délice, Dieu le sait, douce rose », disent les paroles polissonnes de ce grand classique du jazz qu'est la chanson de Fats Waller ; et elles peuvent sans doute aussi s'appliquer à la vie de l'ouvrière chez les abeilles. Le succès reproductif et la survie d'une colonie d'abeilles dépendent de la productivité de la récolte du nectar par les ouvrières. Si celles-ci ne sont pas assez efficaces, il n'y aura pas de miel, et lorsque les ressources énergétiques iront en s'amenuisant, la colonie dépérira.

Les ouvrières chez les abeilles sont dotées d'un système visuel qui leur permet de distinguer la couleur des fleurs. Elles sont dotées également d'un appareil locomoteur qui leur permet de voler et de se poser. Comme de récentes recherches l'ont démontré, les ouvrières chez les abeilles apprennent, après un petit nombre de visites à des fleurs de différentes couleurs, lesquelles ont le plus de chances de contenir le nectar qu'elles doivent rapporter. Il est clair que, lorsqu'elles sont dans un pré, elles ne se posent pas sur toutes les fleurs les unes après les autres, afin de découvrir dans lesquelles il y a du nectar. Elles se comportent manifestement comme si elles savaient à l'avance quelles sont les fleurs ayant le plus de chances d'en contenir, et elles se posent de préférence sur ces fleurs. Selon les propres mots de Leslie Real, qui a étudié expérimentalement le comportement de butinage chez le bourdon *(Bombus pennsylvanicus)*, « les ouvrières semblent apprendre les probabilités de trouver du nectar, sur la base de la fréquence avec laquelle elles rencontrent différents types d'états récompensants, et débutent leur vie de butineuse sans en avoir aucune estimation préalable [10] ». Comment les abeilles, avec leur modeste système nerveux, peuvent-elles se comporter d'une façon qui suggère un niveau élevé de raisonnement, ce qui semble indiquer l'utilisation de certaines connaissances, de la théorie des probabilités et de stratégies de raisonnement desservant des objectifs ?

La réponse est que ces insectes arrivent à ce résultat parce qu'ils possèdent un système simple mais efficace, capable d'effectuer les opérations suivantes : premièrement, détecter des stimuli dont le caractère attrayant est établi de façon innée, et qui constituent donc une récompense ; et deuxièmement, répondre à la présence d'une récompense (ou à son absence) en orientant le système locomoteur vers la réalisation d'un comportement particulier (par exemple, se poser ou non), lorsque la situation qui a engendré (ou non) la récompense (par exemple, une fleur d'une couleur donnée) apparaît dans le champ visuel. Le modèle d'un tel système a été récemment proposé par Montague, Dayan et Sejnowski, sur la base de données issues de l'observation du comportement et de la neurobiologie [11].

Les abeilles possèdent un système neural non spécifique employant un neurotransmetteur, probablement l'octopamine, ce qui n'est pas sans rappeler le système neural employant la dopamine chez les mammifères. Lorsque la récompense (le nectar) est détectée, le système non spécifique peut adresser des signaux à la fois au système visuel et au système moteur, et par là influencer leur fonctionnement. Par suite, la prochaine fois que la couleur ayant été associée à une récompense (disons, le jaune), apparaît dans le champ de vision, le système moteur est poussé à réaliser un atterrissage sur la fleur colorée de cette façon, et l'abeille a plus de chances de trouver du nectar que de ne pas en trouver. L'abeille a, de fait, effectué un choix, non pas consciemment, non pas délibérément, mais plutôt en mettant en œuvre un système automatique de commande des actions en fonction de préférences. Selon Real, les règles de préférences doivent répondre à deux formules fondamentales : « Un gain espéré élevé est préféré à un gain espéré faible ; un risque faible est préféré à un risque élevé. » Soit dit en passant, étant donné la capacité mnésique manifestement faible de l'abeille (elle ne possède qu'une mémoire à court terme, et pas spécialement de grande capacité), la dimension de l'échantillon sur la base duquel fonctionne le système des préférences doit être extrêmement petite. Il semble que trois visites soient suffisantes. De nouveau, je ne suis pas en train de suggérer que toutes nos décisions sont issues d'un cerveau d'abeille caché au sein du nôtre, mais je pense qu'il est important de savoir qu'un système aussi simple que celui décrit ci-dessus peut réaliser des tâches assez complexes.

L'INTUITION

Agissant à un niveau conscient, les états somatiques (ou leurs simulations) peuvent marquer positivement ou négativement les conséquences des réponses et conduire ainsi à la recherche ou l'évitement délibéré d'une option donnée. Mais ils peuvent aussi opérer de façon cachée, c'est-à-dire à l'insu de la conscience. Dans ce cas, il y aura bien production d'images, liées, par exemple, à une conséquence négative donnée, mais au lieu d'engendrer un changement perceptible de l'état du corps, ces images conduiront à l'inhibition des circuits neuraux régulateurs situés dans la profondeur du cerveau, qui sous-tendent les démarches appétitives. Grâce à l'inhibition de la tendance à agir, ou à l'augmentation de la tendance à fuir, les chances de prendre une décision aux conséquences néfastes seront plus petites. Pour le moins, cela représentera un gain de temps, ce qui permettra à la délibération consciente d'avoir plus de chances d'élaborer une décision appropriée (voire la plus appropriée). En outre, le choix d'une option négative pourra être complètement évité ; ou bien le choix d'une option positive sera rendu plus probable, grâce à l'augmentation de l'incitation à agir. Ce mécanisme agissant de façon cachée est peut-être à la source de ce que nous appelons l'intuition, ce mystérieux moyen par lequel nous arrivons à la solution d'un problème *sans* le soumettre au raisonnement.

Le rôle de l'intuition dans le processus de prise de décision est bien mis en lumière par un texte du mathématicien Henri Poincaré, dont la façon de voir à ce sujet s'accorde tout à fait à la mienne :

Qu'est-ce, en effet, que l'invention mathématique ? Elle ne consiste pas à faire de nouvelles combinaisons avec des êtres mathématiques déjà connus. Cela, n'importe qui pourrait le faire, mais les combinaisons que l'on pourrait former ainsi seraient en nombre infini, et le plus grand nombre serait absolument dépourvu d'intérêt. Inventer, cela consiste précisément à ne pas construire les combinaisons inutiles et à construire celles qui sont utiles et qui ne sont qu'une infime minorité. Inventer, c'est discerner, c'est choisir.

Comment doit se faire ce choix, je l'ai expliqué plus haut ; les faits mathématiques dignes d'être étudiés, ce sont ceux qui, par leur analogie avec d'autres faits, sont susceptibles de nous conduire à la connaissance d'une loi mathématique de la même façon que les faits expérimentaux nous conduisent à la connaissance d'une loi physique. Ce sont ceux qui nous révèlent des parentés insoupçonnées entre d'autres faits, connus depuis longtemps, mais qu'on croyait à tort étrangers les uns aux autres.

Parmi les combinaisons que l'on choisira, les plus fécondes seront souvent celles qui sont formées d'éléments empruntés à des domaines très éloignés ; et je ne veux pas dire qu'il suffise pour inventer de rapprocher des objets aussi disparates que possible ; la plupart des combinaisons qu'on formerait ainsi seraient entièrement stériles ; mais quelques-unes d'entre elles, bien rares, sont les plus fécondes de toutes.

Inventer, je l'ai dit, c'est choisir ; mais le mot n'est peut-être pas tout à fait juste, il fait penser à un acheteur à qui on présente un grand nombre d'échantillons et qui les examine l'un après l'autre de façon à faire son choix. Ici les échantillons seraient tellement nombreux qu'une vie entière ne suffirait pas pour les examiner. Ce n'est pas ainsi que les choses se passent. Les combinaisons stériles ne se présenteront même pas à l'esprit de l'inventeur. Dans le champ de sa conscience n'apparaîtront jamais que les combinaisons réellement utiles, et quelques-unes qu'il rejettera, mais qui participent un peu des caractères des combinaisons utiles. Tout se passe comme si l'inventeur était un examinateur du deuxième degré qui n'aurait plus à interroger que les candidats déclarés admissibles après une première épreuve [12].

La conception de Poincaré est très semblable à la mienne. Il n'est pas nécessaire que vous appliquiez le processus du raisonnement à la gamme totale des options possibles. Une présélection est réalisée pour vous, quelquefois secrètement, quelquefois non. Un mécanisme biologique la met en œuvre, examine les candidats, et ne permet qu'à un petit nombre de ceux-ci de se présenter pour un examen final. Il faut remarquer que j'avance avec prudence cette explication hypothétique pour les seuls domaines personnel et social, pour lesquels je dispose de données allant dans ce sens, bien que Poincaré suggère que sa façon de voir pourrait être étendue à d'autres domaines.

Le physicien et biologiste Leo Szilard a fait des remarques du même ordre : « Le scientifique créatif a beaucoup en commun avec l'artiste et le poète. Il doit faire preuve de pensée logique et de capacité d'analyse, mais c'est loin d'être suffisant pour faire un travail créatif. Les idées nouvelles qui ont conduit à de grandes percées n'ont pas été déduites logiquement des connaissances préexistantes : les processus créatifs, sur lesquels repose le progrès scientifique, opèrent à un niveau inconscient [13]. » Jonas Salk a vigoureusement plaidé dans ce même sens et proposé l'idée que la créativité repose sur « l'action combinée de la raison et de l'intuition [14] ». À ce point de mon exposé, il est donc approprié de dire un mot au sujet des processus du raisonnement en dehors des domaines personnel et social.

LE RAISONNEMENT EN DEHORS DES DOMAINES PERSONNEL ET SOCIAL

L'écureuil dans mon jardin qui grimpe en toute hâte sur un arbre pour se mettre hors de portée du dangereux chat noir des voisins n'a pas procédé à de grands raisonnements pour décider d'agir ainsi. On ne peut pas dire qu'il ait réfléchi aux diverses options envisageables et calculé les coûts et les bénéfices de chacune. Il a aperçu le chat, son sang n'a fait qu'un tour, et il s'est enfui à toute vitesse. Je le vois à présent sur la branche maîtresse de mon chêne des marais, le cœur battant si fort que je peux distinguer les mouvements de sa cage thoracique, la queue agitée de ces secousses nerveuses qui traduisent la peur chez l'écureuil. Il a été touché par une puissante émotion et est tout à fait bouleversé.

L'évolution fonctionne à l'économie et recourt au bricolage. Elle disposait, dans le cerveau de nombreuses espèces, de mécanismes de prises de décision reposant sur le corps et tournés vers la survie, et ces mécanismes s'étaient montrés efficaces dans toutes sortes de niches écologiques. Lorsque le milieu s'est diversifié et que de nouvelles stratégies de prise de décision ont dû être élaborées, il a sans doute été intéressant, d'un point de vue économique, que les structures cérébrales sous-tendant ces nouvelles stratégies gardent des liens fonctionnels avec celles qui les avaient précédées. Leur objectif était le même : la survie ; et les paramètres sur lesquels étaient déterminée leur mise en œuvre et vérifiée leur efficacité, étaient également les mêmes : le bien-être et l'absence de souffrance. On connaît d'innombrables exemples démontrant que la sélection naturelle procède bien de cette façon, c'est-à-dire en conservant les systèmes qui ont bien fonctionné et en encourageant la mise en place d'autres mécanismes pouvant faire face à une plus grande complexité – il est très rare que des processus entièrement nouveaux soient élaborés à partir de rien.

Il est plausible qu'un système ayant pour fonction de produire des marqueurs aidant à prendre des décisions dans les domaines « personnel » et « social » ait été coopté pour assister d'« autres » processus de prise de décision. Les mécanismes qui vous aident à décider avec qui établir des liens d'amitié vous aident aussi sans doute à élaborer les plans d'une maison garantie contre l'inondation. Bien entendu, il n'est pas nécessaire, dans ce cas, que les marqueurs somatiques fassent l'objet d'une perception explicite en tant que réactions émotionnelles. Mais ils pourraient agir néanmoins de façon cachée pour privilégier, par le biais des mécanismes d'attention, certains éléments par rapport à d'autres, et pour commander, de fait, les signaux de marche, arrêt, changement de direction, nécessaires à certaines phases des processus de prise de décision dans les domaines non personnel et non social. Cela pourrait correspondre au système des marqueurs généraux que Tim Shalice a proposé pour les processus de prises de décision, bien qu'il n'en ait pas explicité les mécanismes neurophysiologiques ; dans un récent article, Shallice en a discuté les ressemblances possibles [15]. La physiologie sous-jacente pourrait être la même : des signaux émanant du corps, conscients ou non, à partir desquels l'attention pourrait être focalisée.

D'un point de vue évolutif, le plus ancien système de prise de décision concerne la régulation biologique fondamentale ; celui qui est venu après se rapporte aux domaines personnel et social ; et le plus récent concerne un ensemble de fonctions symboliques et abstraites, auxquelles peuvent se rattacher le raisonnement scientifique et artistique, le raisonnement utilitariste et technique, et le développement du langage et des mathématiques. Mais bien que l'ancienneté évolutive différente et la spécialisation des systèmes neuraux puissent conférer une certaine indépendance à chacun de ces systèmes de prise de décision-raisonnement, je soupçonne qu'ils sont tous interdépendants. Lorsque nous apercevons des signes de créativité chez les êtres humains contemporains, cela traduit probablement la mise en œuvre intégrée de l'ensemble de ces systèmes, selon toutes sortes de combinaisons.

L'AIDE DE L'ÉMOTION, POUR LE MEILLEUR ET POUR LE PIRE

Le travail d'Amos Tversky et Daniel Kahneman démontre que le raisonnement objectif que nous employons dans nos décisions quotidiennes est beaucoup moins efficace qu'on ne serait en droit de l'attendre [16]. Dit de la façon la plus simple, nos stratégies de raisonnement sont imparfaites, et Stuart Sutherland touche une corde sensible lorsqu'il parle de l'irrationalité comme de l'« ennemi de l'intérieur » [17]. Mais même si elles étaient parfaites, il semble bien qu'elles ne seraient pas suffisantes pour faire face à l'incertitude et à la complexité qui caractérisent les problèmes dans le domaine personnel et social. Les instruments fragiles de la rationalité ont besoin d'une aide spéciale.

Le tableau est cependant plus compliqué que je ne l'ai suggéré jusqu'ici. Bien que j'estime qu'un mécanisme reposant sur le corps est nécessaire pour assister la « froide » raison, il est également vrai que certains des signaux émanant du corps peuvent perturber la qualité du raisonnement. En réfléchissant aux recherches de Kahneman et Tversky, il m'apparaît que certains dysfonctionnements de la faculté de raisonnement ne sont pas dus simplement à des défauts dans les méthodes de calcul, mais aussi à l'influence de pulsions biologiques telles que l'obéissance, la soumission, le désir de préserver son amour-propre, pulsions qui se manifestent souvent sous la forme d'émotions. Par exemple, la plupart des gens craignent beaucoup plus de prendre l'avion que de monter dans une auto, alors que le calcul objectif des risques démontre sans ambiguïté que nous avons bien plus de chances de rester en vie si nous nous rendons d'une grande ville à une autre en avion, que si nous effectuons ce trajet en auto. La différence en faveur du transport aérien est de plusieurs ordres de grandeur. Et pourtant la plupart des gens perçoivent l'automobile comme un moyen plus sûr. L'erreur de jugement vient de ce que l'on appelle « le biais dû à l'usage », lequel, à mon avis, conduit à laisser dominer l'image dramatique d'un accident d'avion sur l'ensemble des processus de raisonnement, de telle sorte qu'une attitude négative s'installe contre le choix correct. Cet exemple peut sembler venir en contradiction avec la théorie sur les émotions et le raisonnement que j'ai exposée jusqu'ici, mais ce n'est pas le cas. Il montre, en fait, que les pulsions biologiques et les émotions *peuvent* réellement influencer les processus de prise de décision. De plus, dans cet exemple, il est clair que l'influence « négative » exercée par la réaction émotionnelle, bien qu'en discordance avec les risques statistiques réels, est néanmoins orientée par une perspective de survie : il y a de temps à autre des accidents d'avions, et la proportion de survivants est, dans ce cas, moins élevée que dans les accidents d'automobiles.

Mais tandis que les pulsions biologiques et les émotions peuvent être à la source de biais irrationnels dans certaines circonstances, elles peuvent êtres utiles dans d'autres. Le mécanisme automatique des marqueurs somatiques reposant sur les pulsions biologiques joue un rôle essentiel dans la mise en œuvre des comportements rationnels, et ceci particulièrement dans les domaines personnel et social, bien qu'il puisse perturber le processus de prise de décision dans certaines circonstances, en faisant surgir une prévention à l'encontre des faits objectifs ou même en interférant avec certains des mécanismes de base auxquels fait appel la faculté de raisonnement, comme la mémoire de travail.

Un exemple pris dans mon propre laboratoire va permettre d'éclairer un peu plus les idées avancées ci-dessus. Il n'y a pas très longtemps, l'un de nos patients atteint d'une lésion préfrontale ventro-médiane est venu nous rendre visite au laboratoire, par un jour d'hiver où il faisait froid. De la pluie mêlée de neige était tombée, les routes étaient verglacées et le voyage en automobile avait été risqué. Je m'étais beaucoup inquiété à ce sujet, et lui demandai, puisque c'était lui-même qui avait pris le volant, si la conduite avait été difficile. Il a répondu promptement et avec calme que tout s'était bien passé comme à l'ordinaire, sauf qu'il avait dû faire un peu attention aux précautions qu'il est nécessaire de prendre pour rouler sur une route verglacée. Il m'a alors donné quelques explications détaillées sur celles-ci et m'a rapporté qu'il avait vu des autos et des camions effectuer des dérapages et sortir de la route, parce que leurs conducteurs n'avaient pas suivi ces règles adéquates et rationnelles. Il m'a même raconté un cas particulier, celui d'une femme au volant d'une voiture qui roulait devant lui : elle était passée sur une plaque de glace, s'était mise à déraper, et au lieu d'essayer de s'en sortir en douceur, s'était affolée, avait bloqué brutalement les freins, et avait terminé sa course dans le fossé. Un instant plus tard, apparemment pas troublé par cette scène impressionnante, mon patient avait atteint à son tour la plaque de glace et l'avait franchie fort calmement, sans problème. Il m'a rapporté tout cela avec la même tranquillité dont il avait certainement fait preuve durant tout cet incident.

Il ne fait guère de doute que, dans ce cas précis, il avait été extrêmement avantageux que le mécanisme des marqueurs somatiques ne fonctionnât pas. La plupart d'entre nous aurait dû volontairement et violemment inhiber la tendance à appuyer fortement sur les freins, sous le coup de la peur ou de la simple compassion pour la pauvre automobiliste devant nous. Cela montre bien que le mécanisme automatique des marqueurs somatiques peut parfois être nuisible, et que, dans certaines circonstances, son absence peut représenter un avantage.

Le jour suivant, je discutais avec ce même patient et je lui demandais à quel moment pourrait prendre place sa prochaine visite au laboratoire. Je lui proposais de choisir entre deux dates, situées dans le mois courant et à quelques jours l'une de l'autre. Le patient a tiré son agenda de sa poche et a commencé à consulter le calendrier. Il s'en est suivi une scène remarquable, dont ont été témoins plusieurs chercheurs de mon laboratoire. Pendant presque une demi-heure, il a énuméré les raisons pour et contre le choix de chacune des deux dates : engagements antérieurs, proximité d'autres engagements, prévisions météorologiques, et pratiquement toutes les sortes de raisons envisageables. Tout aussi calmement qu'il avait précédemment franchi la plaque de glace, et en avait raconté l'épisode, il était maintenant en train de nous dévider une ennuyeuse analyse de coûts et profits ; il se livrait à des comparaisons sans fin et sans intérêt entre différentes options et leurs éventuelles conséquences. Il a fallu énormément de sang-froid pour écouter tout cela sans taper sur la table et lui dire d'arrêter. Mais finalement, je lui ai effectivement dit, sans me troubler, qu'il devrait venir le second des deux jours proposés. Sa réponse a été également calme et rapide. Il a simplement dit : « C'est très bien. » Il a rangé l'agenda dans sa poche et s'en est allé.

Cet exemple illustre bien les limites de la démarche purement rationnelle et les conséquences désastreuses de l'absence du mécanisme des marqueurs somatiques. Si ce dernier avait fonctionné normalement, il aurait aidé de bien des façons ce patient à prendre sa décision. Pour commencer, il lui aurait permis de mieux envisager globalement ce problème. Personne d'entre nous n'y aurait consacré le temps qu'il y a passé, parce que le mécanisme automatique des marqueurs somatiques nous aurait fait immédiatement sentir ce que ce travail aurait comporté de futile et d'inutile. Nous nous serions, pour le moins, rendu compte combien il allait être ridicule d'y consacrer trop d'efforts. Ou alors, ayant perçu le gaspillage de temps que cela allait demander, nous aurions opté pour l'une ou l'autre des dates au hasard, ou nous nous serions fondés sur un jugement intuitif. Ou encore, nous aurions proposé à la personne posant la question de choisir elle-même, en lui disant que, pour nous, cela n'aurait pas d'importance.

En résumé, nous nous serions représenté la perte de temps, et aurions associé cette perspective à un marqueur somatique négatif ; et nous nous serions représenté les autres personnes en train de nous regarder, et aurions associé, là aussi, cette image à une sensation d'embarras. Il y a des raisons de penser que le patient s'était bien formé des représentations internes de ce type, mais que ses mécanismes d'attention ne les avaient pas prises en considération, parce qu'elles n'avaient pas été marquées somatiquement.

Si vous êtes en train de vous dire qu'il est vraiment bizarre que les pulsions biologiques puissent être *à la fois* bénéfiques et nuisibles, permettez-moi de vous dire que ce n'est pas le seul cas, en biologie, où un facteur ou un mécanisme peut jouer un rôle positif ou négatif, selon les circonstances. Nous savons tous que le monoxyde d'azote est toxique. Il peut polluer l'air et empoisonner le sang.

Cependant, ce même gaz joue le rôle de neurotransmetteur, acheminant des signaux entre cellules nerveuses. Un exemple encore plus subtil est fourni par le glutamate, un autre neurotransmetteur. Cette substance chimique est présente dans de très nombreuses régions du cerveau, où elle permet à une cellule nerveuse d'en stimuler une autre. Cependant, lorsque les cellules nerveuses sont endommagées comme dans le cas d'un infarctus cérébral, elles libèrent de grandes quantités de glutamate dans les espaces environnants, ce qui provoque l'excitation excessive des cellules nerveuses saines se trouvant dans leur voisinage, et les conduit à mourir.

Finalement, la question soulevée ici est celle de la nature et de l'ampleur du marquage somatique par rapport aux différents aspects du problème posé. Le pilote de ligne qui s'apprête à poser son avion par de mauvaises conditions météorologiques sur un aérodrome très encombré ne doit pas laisser ses émotions perturber l'attention qu'il doit porter aux détails sur lesquels seront fondées ses décisions. Et cependant, il lui faut percevoir des émotions, afin de ne pas perdre de vue les objectifs plus larges qu'il poursuit dans le contexte de la situation présente, émotions qui ont trait à son sens des responsabilités pour la vie de ses passagers et de son équipage, ainsi que pour sa propre vie et celle de sa famille. Trop d'émotion se rapportant aux détails de l'atterrissage ou pas assez par rapport aux objectifs plus larges, peut conduire à des conséquences désastreuses. À la Bourse, les agents de change travaillant à la corbeille connaissent des conditions très semblables.

Ces considérations ont été très bien mises en lumière par une étude récente ayant pris pour « cobaye » le chef d'orchestre Herbert von Karajan [18]. Les psychologues autrichiens G. et H. Harrer ont obtenu la permission d'observer les réponses du système nerveux autonome de Karajan dans diverses circonstances : tandis qu'il faisait atterrir son avion à réaction privé sur l'aérodrome de Salzbourg ; tandis qu'il dirigeait l'orchestre en studio ; et tandis qu'il écoutait l'enregistrement du morceau ainsi exécuté (il s'agissait de l'ouverture de *Léonore III* de Beethoven).

Au cours de la direction d'orchestre, des variations très marquées ont affecté le système nerveux autonome de Karajan. Son rythme cardiaque s'est accéléré beaucoup plus notablement lors des passages à fort contenu émotionnel que lors des passages demandant une activité physique réelle. Les mêmes variations du rythme cardiaque ont été observées lorsque le chef d'orchestre a écouté l'enregistrement venant d'être réalisé en studio. Par ailleurs, Karajan faisait atterrir son avion sans le moindre problème, et même le jour où la tour de contrôle lui a demandé de redécoller en urgence alors qu'il avait déjà touché le sol, son rythme cardiaque s'est accéléré un petit peu, mais beaucoup moins que lors de ses prestations musicales. Son cœur était évidemment dans la musique, comme je m'en suis personnellement aperçu lors d'un concert : juste avant qu'il abaisse son bâton donnant le signal du départ de la Sixième Symphonie de Beethoven, je murmurai quelque chose à ma femme, assise à mes côtés. Karajan a stoppé le mouvement de son bras, s'est retourné et m'a foudroyé du regard. Dommage que personne n'ait alors enregistré nos rythmes cardiaques respectifs.

À CÔTÉ ET AU-DELÀ DES MARQUEURS SOMATIQUES

Bien que le mécanisme des marqueurs somatiques soit un élément neurobiologique nécessaire au fonctionnement de la faculté de raisonnement, il est évident qu'il n'est pas suffisant. Comme je l'ai indiqué plus haut, des capacités logiques doivent être mises en œuvre après la phase des marqueurs somatiques. En outre, pour que ces derniers soient pris en compte, plusieurs processus doivent nécessairement précéder cette étape, ou se manifester en même temps qu'elle, ou encore la suivre immédiatement.

Quels sont ces processus, et que peut-on dire de leur substrat neural ?

Quels autres processus interviennent parallèlement à la mise en jeu, explicite ou cachée, des marqueurs somatiques ? Que se passe-t-il dans le cerveau pour que les images sur lesquelles s'applique le raisonnement perdurent le temps nécessaire ? Pour examiner ces questions, retournons au problème envisagé au début du chapitre. Lorsque vous vous apprêtez à prendre une décision, il vous vient à l'esprit, suscité pour la circonstance, un afflux de connaissances reliées à la situation. Les images correspondant aux innombrables options possibles et leurs éventuelles conséquences sont appelées et maintenues dans le champ de l'attention. Elles sont accompagnées de leurs commentaires verbaux (autrement dit de mots et de phrases rendant compte de ce que votre esprit voit et entend), et ceux-ci se font concurrence pour occuper la première place. Ce processus dépend d'une création continuelle de combinaisons, conduisant à des juxtapositions d'images variées, en accord avec les classements des connaissances antérieurement établis. Jean-Pierre Changeux a proposé d'appliquer le terme de « générateur de diversité » à cette fonction vraisemblablement accomplie par les structures préfrontales, et qui engendre la formation d'un vaste répertoire d'images dans d'autres régions du cerveau. Cette expression est bien choisie puisqu'elle évoque le précédent évolutif du système immunologique et qu'elle engendre elle-même un bien curieux acronyme * [19].

Ce générateur de diversité s'appuie sur un vaste stock de connaissances relatives aux faits, aux situations que nous pouvons rencontrer, aux acteurs au sein de ces situations, à leurs actions possibles et aux diverses conséquences que celles-ci peuvent engendrer. Les connaissances relatives aux faits sont classées (en fonction de critères fournis par les éléments constitutifs de ces derniers), et ce classement contribue à l'élaboration des décisions, car il permet de

* En anglais, le « générateur de diversité » *(generator of diversity)* donne l'acronyme : GOD (c'est-à-dire « Dieu »). *(N. d. T.)*

mettre de l'ordre dans les types d'option et les types de conséquence envisageables, ainsi que dans les rapports possibles entre les options et les conséquences. Ce classement permet également de ranger les options et les conséquences envisageables en fonction de tel ou tel système de valeurs. Lorsque nous faisons face à une situation, l'existence préalable de classements de ce type nous permet de découvrir rapidement si une option ou une conséquence donnée a des chances d'être avantageuse, ou dans quelle mesure d'autres événements contingents pourraient modifier l'importance de cet avantage.

Pour que ce passage en revue des connaissances soit possible, il faut que deux conditions soient remplies. Premièrement, on doit pouvoir s'appuyer sur les mécanismes de base de l'*attention*, lesquels permettent de maintenir une image mentale dans le champ de la conscience à l'exclusion (relative) des autres. En termes neuraux, cela demande probablement que l'activité neurale sous-tendant une image donnée soit intensifiée, tandis que les autres activités neurales à son voisinage doivent être diminuées [20]. Deuxièmement, le mécanisme de base de la *mémoire de travail* doit être fonctionnel, de telle sorte que des images distinctes soient maintenues présentes à la conscience pendant une période relativement « prolongée », allant de quelques centaines à quelques milliers de millisecondes (autrement dit, de quelques dixièmes de seconde à un certain nombre de secondes consécutives) [21]. Cela veut dire que le cerveau doit réitérer au cours du temps les représentations topographiquement organisées sous-tendant ces images distinctes. Il est nécessaire ici de se poser une importante question : qu'est-ce qui peut bien pousser les mécanismes de base de l'attention et de la mémoire de travail à entrer en action ? La réponse est qu'il ne peut s'agir que de la recherche du maintien de l'ensemble des *valeurs homéostatiques fondamentales*, autrement dit de la recherche de l'ensemble des objectifs fondamentaux préférés dans le cadre de la régulation biologique.

Sans les mécanismes de base de l'attention et de la mémoire de travail, aucune activité mentale cohérente ne pourrait prendre place et, bien évidemment, les marqueurs somatiques ne pourraient jouer aucun rôle, car il n'y aurait aucun terrain stable sur lequel ils pourraient intervenir. Cependant, l'attention et la mémoire de travail continuent probablement à être nécessaires, même après que le mécanisme des marqueurs somatiques a fonctionné, car les processus du raisonnement supposent la réalisation d'opérations telles que : comparaison des conséquences possibles, classement des résultats par ordre d'importance, et élaboration de déductions. Mon hypothèse sur les marqueurs somatiques a, par conséquent, besoin d'être élargie, et je propose donc qu'un état somatique, négatif ou positif, provoqué par l'apparition d'une représentation donnée, fonctionne non seulement comme *marqueur par rapport à cette dernière, mais aussi comme stimulateur du maintien en activité des mécanismes de l'attention et de la mémoire de travail*. Les processus en cours sont « encouragés » à se poursuivre par des signes indiquant qu'une évaluation est réellement en train de se faire, positivement ou négativement, en termes de recherche d'objectifs préférés. La mise en œuvre et le maintien de l'attention et de la mémoire de travail ne résultent pas du hasard. Ils sont en premier lieu motivés par la recherche des objectifs préférés assignés héréditairement à l'organisme, et ensuite par la recherche d'objectifs préférés fixés par apprentissage, sur la base des précédents.

En termes de fonctions du cortex préfrontal, je suggère donc que les marqueurs somatiques, qui sont mis en jeu dans le domaine des relations sociales et celui de la régulation biologique, relevant tous deux de la région ventro-médiane, influencent la mise en œuvre des mécanismes de l'attention et de la mémoire de travail au sein de la région dorso-latérale, qui contrôle la réalisation des processus de raisonnement dans d'autres domaines. Cela laisse ouverte la possibilité que les marqueurs somatiques influencent aussi la mise en œuvre des mécanismes de l'attention et de la mémoire de travail au sein même des domaines relatifs aux relations sociales et à la régulation biologique. En d'autres termes, chez les individus normaux, les marqueurs somatiques qui sont engendrés par la rencontre avec des phénomènes fortuits stimulent la mise en œuvre des mécanismes de l'attention et de la mémoire de travail dans l'ensemble du système cognitif. Chez les patients atteints de lésions dans la région ventro-médiane, toutes ces actions sont probablement inopérantes, à un degré plus ou moins grand.

PRESSIONS D'ORIENTATION ET CRÉATION D'UN ORDRE

Il existe donc trois mécanismes principaux intervenant dans le processus d'un raisonnement appliqué à une vaste gamme de scénarios construits à partir des connaissances relatives aux faits : celui des *états somatiques automatiques*, qui exercent une pression d'orientation ; celui de la *mémoire de travail* ; et celui de l'*attention*. Ces trois mécanismes interagissent et il semble bien que tous trois concourent à la réalisation du même objectif capital, faire surgir de l'ordre à partir du panorama des scénarios exposés en parallèle. Ce problème a été reconnu pour la première fois par Karl Lashley et découle du fait que, en raison de sa structure, le cerveau n'autorise, à tout instant, que des sorties d'ampleur limitée dans le domaine du fonctionnement mental conscient et dans celui de la motricité [22]. Il est nécessaire que les images à l'origine de notre pensée soient organisées en « expressions », qui doivent à leur tour être enchaînées dans le temps selon un ordre pour former une sorte de « phrase », de même que les mouvements élémentaires, constituant nos réponses externes, doivent être organisés en « expressions » et celles-ci en « phrases », pour qu'une action donnée atteigne son but. Les « expressions » et les « phrases », aussi bien dans le domaine du fonctionnement mental que dans celui de la motricité, sont composées grâce à un mécanisme sélectionnant des éléments au sein de la gamme des possibilités exposées en parallèle. Et puisque la pensée aussi bien que la motricité demandent des déroulements simultanés de processus, il est nécessaire que de nombreuses séquences ordonnées soient continuellement élaborées.

Que l'on se représente l'exercice de la faculté de raisonnement sur la base de processus de sélection ou sur celle de la mise en œuvre de déductions logiques opérant au moyen d'un système de symboles, ou – ce qui est préférable – sur la base de ces deux modes, on ne peut ignorer le problème de l'ordre. Je propose la solution suivante : 1. Pour créer de l'ordre à partir d'une gamme de possibilités envisageables, il faut d'abord que celles-ci soient rangées par ordre hiérarchique ; 2. Pour effectuer un tel rangement, il faut disposer de critères (autrement dit, de valeurs de référence ou d'objectifs préférés) ; 3. Ces critères sont fournis par les marqueurs somatiques, qui expriment, à tout moment, l'ensemble des objectifs préférés, assignés par l'hérédité aussi bien que par l'apprentissage.

Mais comment les marqueurs somatiques peuvent-ils imposer la recherche d'objectifs préférés ? L'une des possibilités est que lorsque différents marqueurs somatiques sont juxtaposés à différentes combinaisons d'images, ils modifient la façon dont le cerveau traite celles-ci, imposant ainsi une pression d'orientation. Cette dernière pourrait conduire à donner des poids différents aux différentes composantes présentes dans le champ de l'attention, autrement dit à attribuer automatiquement un *degré différent* d'attention aux *divers contenus*, ce qui se traduirait par un panorama contrasté. Les processus de la conscience pourraient ensuite passer de composante en composante, par exemple, en fonction de leur rang dans la hiérarchie. Pour que tout cela se réalise, il faut que les composantes restent en vue dans le panorama pendant un laps de temps allant de quelques centaines à quelques milliers de millisecondes, de façon assez stable, et c'est bien cela que permet la mémoire de travail. (J'ai trouvé des arguments allant dans le sens de la conception que j'avance ici, en lisant les publications récentes de William T. Newsome et ses collègues au sujet de la neurophysiologie de la décision dans le domaine de la perception. Un changement dans l'équilibre entre les signaux parvenant à une population de neurones particulière, représentant un contenu particulier, conduit à une « décision » en faveur de ce contenu, par un mécanisme du type du « vainqueur-prend-tout » [23].)

Les processus normaux de la cognition et de la motricité demandent qu'une organisation soit imposée aux séquences qui interagissent et se déploient dans le même temps. Là où il est besoin d'ordre, il est besoin que soient arrêtées des décisions, et pour prendre des décisions, il est nécessaire qu'existent des critères pour fonder celles-ci. Puisque de nombreuses décisions ont pour effet d'affecter l'avenir de l'organisme, il est plausible que certains critères soient fournis, directement ou indirectement, par les pulsions biologiques de l'organisme (ce sont ses raisons, pour ainsi dire). Les pulsions biologiques peuvent se manifester explicitement ou de façon cachée, sous la forme d'une pression d'orientation due à un marqueur, pression qui est mise en œuvre par un processus d'attention exercé sélectivement dans le champ des diverses représentations maintenues en activité par la mémoire de travail.

Le système automatique des marqueurs somatiques, chez la plupart d'entre nous qui avons eu la chance d'être élevés dans le cadre d'une culture relativement saine, a été adapté par l'éducation aux normes de la rationalité admises dans cette culture. Malgré son enracinement dans la régulation biologique, ce système a été ajusté aux prescriptions culturelles permettant d'assurer la survie dans ce type de société particulière. Dit d'une autre façon, si le système des marqueurs somatiques s'est développé dans le cadre d'un cerveau normal et d'une culture saine, il a été conduit à desservir une rationalité conforme aux conventions sociales et aux règles éthiques en vigueur.

Les pulsions biologiques, les états du corps et les émotions constituent sans doute le substrat indispensable de la faculté de raisonnement. Les niveaux les plus bas dans l'édifice neural sous-tendant cette dernière sont ceux-là mêmes qui contrôlent l'expression et la perception des émotions, ainsi que les fonctions globales du corps proprement dit, permettant à l'organisme de survivre. Ces niveaux inférieurs entretiennent des relations directes et réciproques avec le corps proprement dit, de sorte que celui-ci se trouve pris en compte dans la série des processus conduisant aux degrés d'expression les plus élevés de la raison et de la créativité. La faculté de raisonnement est probablement façonnée et modulée par les signaux en provenance du corps, même lorsqu'elle s'applique aux plus sublimes analyses, et détermine des actions en conséquence.

David Hume, qui a si bien traité du rôle et de la valeur de la sensibilité et des émotions, serait certainement d'accord avec mon point de vue ; Pascal, qui disait que « le cœur a ses raisons, que la raison ne connaît point », aurait sans doute trouvé plausibles les explications précédentes [24]. J'aurais, pour ma part, envie de modifier sa formule de la façon suivante : *l'organisme a certaines raisons, que la raison doit absolument prendre en compte*. Mais il n'est certes pas douteux que les processus sous-tendant la faculté de raisonnement doivent se poursuivre bien au-delà des raisons du cœur. D'une part, en recourant aux instruments de la logique, nous vérifions l'adéquation des choix que nous avons été poussés à faire sous l'influence du système de recherche d'objectifs préférés. D'autre part, nous dépassons le stade des « raisons du cœur », en appliquant la stratégie des déductions et des inductions dans le cadre de propositions verbales explicites. (Après avoir achevé ce manuscrit, j'ai découvert que plusieurs auteurs avaient émis des idées compatibles avec les miennes. Ainsi, J. St. B. T. Evans a récemment proposé qu'il existerait deux variantes de la faculté de raisonnement, se rapportant pratiquement aux deux domaines que j'ai envisagés ici [d'une part, le domaine personnel/social ; et d'autre part, tout ce qui est en dehors de celui-ci] ; le philosophe Ronald De Sousa a soutenu que les émotions sont intrinsèquement rationnelles ; et P. N. Johnson-Laird et Keith Oatley ont suggéré que certaines émotions fondamentales nous aident à nous conduire de façon rationnelle [25].)

Troisième partie

CHAPITRE IX

La mise à l'épreuve de l'hypothèse des marqueurs somatiques

SAVOIR SANS RESSENTIR

Pour mettre à l'épreuve l'hypothèse des marqueurs somatiques, je me suis d'abord tourné vers les réponses du système nerveux autonome, en entreprenant une série d'expériences avec Daniel Tranel, psychophysiologiste et spécialiste de neuropsychologie expérimentale. Le système nerveux autonome comprend des centres, localisés dans le système limbique et le tronc cérébral (l'amygdale en étant l'exemple type), et des nerfs provenant de ces centres et se dirigeant vers les viscères au sein de tout l'organisme. Les vaisseaux sanguins, dans tout ce dernier, y compris dans l'épaisseur du plus vaste organe du corps, la peau, sont innervés par des terminaisons du système nerveux autonome, et c'est également le cas du cœur, des poumons, des intestins, de la vessie et des organes reproducteurs. Même un organe comme la rate, dont la fonction est pourtant essentiellement immunitaire, est innervé par le système nerveux autonome.

Les nerfs de ce dernier émanent du tronc cérébral et de la moelle épinière et sont répartis entre deux grands groupes, l'un étant appelé le système sympathique et l'autre, le système parasympathique. Ils se rendent aux organes qu'ils innervent, soit de façon solitaire, soit accompagnés de nerfs n'appartenant pas au système autonome (les actions commandées par les systèmes sympathique et parasympathique sont médiées par des neurotransmetteurs différents et sont largement antagonistes – c'est-à-dire que lorsque l'un des deux systèmes commande la contraction des muscles lisses, l'autre en commande la relaxation). Les nerfs du système nerveux autonome qui vont des organes aux centres apportent à ces derniers des informations concernant l'état des viscères, et empruntent globalement les mêmes trajets que les nerfs allant des centres aux viscères, mentionnés précédemment.

Du point de vue de l'évolution, il semble que le système nerveux autonome ait d'abord représenté l'appareil par lequel le cerveau d'organismes beaucoup moins complexes que les nôtres intervenait dans la régulation de leur économie interne. Lorsque la physiologie avait principalement pour objectif d'assurer la fonction équilibrée d'un petit nombre d'organes, et que la diversité des interactions avec l'environnement était limitée, les systèmes endocrine et immunologique étaient les appareils qui comptaient le plus. La fonction du cerveau pouvait se borner à recevoir des informations sur l'état de divers organes, ainsi qu'à modifier celui-ci en fonction de certaines circonstances externes. Le système nerveux autonome fournissait précisément cela : un réseau acheminant vers les centres les informations relatives aux changements affectant les viscères, et un réseau acheminant depuis les centres les commandes motrices à destination des viscères. Ultérieurement, il est apparu, par évolution, des réponses motrices de forme plus complexe, comme celles qui ont finalement assuré la commande des mains et de l'appareil vocal. Ces dernières réponses ont requis une différenciation de plus en plus poussée du système moteur périphérique, de telle sorte qu'il puisse commander un fonctionnement fin des muscles et des articulations, ainsi qu'acheminer des signaux concernant le toucher, la température, la douleur, la position des articulations et le degré de contraction des muscles.

Rappelez-vous que l'hypothèse des marqueurs somatiques implique l'induction, par voie chimique et neurale, de changements prenant place dans tout le corps, c'est-à-dire aussi bien au niveau des viscères que du système musculosquelettique (bien que la composante viscérale semble un peu plus importante que la musculosquelettique dans la réalisation des états émotionnels et des états d'arrière-plan du corps). Pour commencer à étudier expérimentalement l'hypothèse des marqueurs somatiques, il fallait se concentrer sur certains aspects de ce vaste ensemble de changements, et il était assez logique de commencer par étudier les réponses du système nerveux autonome. Après tout, lorsque se réalise un état somatique correspondant à une certaine émotion, le système nerveux autonome est probablement le principal responsable des modifications des paramètres physiologiques dans le corps, même si les messages hormonaux y jouent aussi leur rôle.

Parmi les réponses du système nerveux autonome qui peuvent être étudiées au laboratoire, la modification de la conductance cutanée est certainement la plus intéressante. Elle est facile à obtenir, est fiable, et a été parfaitement étudiée par les psychophysiologistes, chez l'individu normal de tout âge et appartenant à diverses cultures. (De nombreuses autres réponses, telles que le rythme cardiaque et la température cutanée, ont aussi été étudiées de cette façon.) On peut enregistrer la variation de la conductance cutanée, sans provoquer la moindre douleur ou gêne chez le sujet, grâce à une paire d'électrodes posées sur la peau, reliées à un enregistreur polygraphique. Le principe de cette réponse est le suivant : tandis que notre corps commence à changer à la suite d'une perception ou d'une pensée données, et qu'un état somatique correspondant commence à se réaliser (par exemple, celui qui traduit une émotion donnée), le système nerveux autonome détermine une légère augmentation de la sécrétion de sueur par les glandes sudoripares de la peau. Bien que cette augmentation de la quantité de sueur sécrétée soit généralement si petite qu'elle ne peut être remarquée à l'œil nu, ni même détectée par les terminaisons sensorielles de notre peau, elle suffit à abaisser la résistance au passage d'un courant électrique. Pour mesurer cette réponse, donc, l'expérimentateur fait passer un courant de faible voltage dans le secteur de peau situé entre les deux électrodes enregistreuses. La variation de la conductance cutanée correspond alors au changement de la quantité de courant passant entre les deux électrodes. Sur l'enregistrement, elle se manifeste par une courbe qui monte pendant un certain temps, puis retombe. On peut mesurer l'amplitude de cette courbe (en unités appelées « microsiemens ») et étudier son décours en fonction du temps ; on peut également mesurer la fréquence avec laquelle des réponses sont engendrées par certains stimuli, dans tout intervalle de temps donné.

La variation de la conductance cutanée a fait l'objet d'un grand nombre de recherches en psychophysiologie, et certaines ont eu un but pratique et souvent controversé, celui de la mise au point de ce que l'on a appelé les « tests de détection de mensonges » – dont le but est évidemment différent de celui de nos recherches. Ces tests visent à déterminer si un sujet donné est en train de mentir, en le mettant dans une situation où, tandis qu'il nie connaître tel objet ou telle personne, il présente, à son insu, une variation de conductance de la peau.

Dans notre propre étude, nous voulions d'abord déterminer si des patients comme Elliot pouvaient produire des réponses telles que la variation de la conductance de la peau. Est-ce que leur cerveau était encore capable de provoquer le moindre changement dans leur état somatique ? Pour répondre à cette question, nous avons comparé des patients souffrant de lésions préfrontales avec des individus normaux et avec des patients souffrant de lésions situées ailleurs dans le cerveau, dans des conditions expérimentales connues pour engendrer obligatoirement une variation de conductance de la peau, ce qui pouvait indiquer si les mécanismes neuraux responsables de cette réponse étaient normaux ou non. L'une de ces conditions consiste à surprendre le sujet par un bruit inattendu, par exemple un claquement de mains, ou par une illumination imprévue provoquée par un stroboscope tournant rapidement. Il existe un autre indicateur fiable permettant de déceler le caractère normal ou non des mécanismes neuraux sous-tendant la variation de la conductance de la peau : il est lié à un acte physiologique simple, celui consistant à prendre une profonde inspiration.

Nous avons pu constater très rapidement que tous nos sujets atteints de lésions frontales pouvaient manifester des variations de conductance de la peau dans les conditions expérimentales classiques, à l'instar des individus normaux ou des sujets atteints de lésions dans d'autres régions du cerveau. En d'autres termes, chez les patients souffrant de lésions frontales, rien d'essentiel ne paraissait avoir été perturbé dans les mécanismes neuraux sous-tendant les variations de conductance de la peau.

Nous nous sommes demandé si des patients atteints de lésions frontales pourraient présenter une variation de conductance de la peau en réponse à un stimulus qui demanderait que soit évalué son contenu émotionnel. Pourquoi était-ce une question pertinente ? Parce que des patients tels qu'Elliot présentaient un déficit dans leur façon de percevoir les émotions, et parce que nous savions, à partir d'études antérieures chez les individus normaux, que lorsque nous sommes exposés à des stimuli dotés d'un fort contenu émotionnel, nous présentons, de façon obligatoire, de fortes variations de conductance cutanée. Nous exprimons de telles réponses lorsque nous sommes témoins de scènes d'horreur ou de souffrance physique, ou lorsqu'on nous en montre des photos, ou lorsqu'on voit des images sexuellement explicites. Vous pouvez vous représenter la variation de conductance de la peau comme une réponse imperceptible faisant partie d'un état somatique qui, lorsqu'il se réalise dans sa totalité, vous procure une sensation forte – laquelle se traduit par la chair de poule, chez certaines personnes. Mais il est important de se rendre compte que, dans la mesure où cette réponse ne constitue qu'une petite partie d'un état somatique, le fait de présenter une variation de conductance cutanée ne garantit pas que vous finirez par percevoir un changement d'état somatique notable. Il semble cependant que l'inverse soit vrai : si vous ne présentez pas de variation de conductance de la peau, vous ne percevrez jamais de façon consciente l'état du corps caractéristique d'une émotion.

Nous avons organisé l'expérience de façon à pouvoir comparer les patients souffrant de lésions frontales à la fois à des individus normaux et à des patients souffrant de lésions ailleurs qu'au niveau frontal, en nous assurant qu'ils étaient tous de niveau comparable en matière d'âge et d'arrière-plan culturel. Nous leur avons donné à voir une série de diapositives, dans des conditions où ils étaient confortablement assis et reliés à un enregistreur polygraphique, et où on leur demandait de ne rien dire et de ne rien faire. La plupart des images projetées étaient parfaitement banales, comme des paysages ne présentant rien de remarquable, ou bien des motifs abstraits, mais de temps à autre, au hasard, une photo au contenu bouleversant apparaissait. L'expérience se prolongeait jusqu'à ce qu'aient été montrées des centaines de diapositives. Avant la projection, on avait dit aux sujets d'être attentifs, car on leur demanderait ensuite de dire ce qu'ils avaient vu, ce qu'ils avaient ressenti, et même *à quel moment* de la séance ils avaient vu telle ou telle image.

Les résultats ont été sans ambiguïté [1]. Les sujets normaux et les patients souffrant de lésions ailleurs que dans la région frontale ont présenté d'évidentes variations de la conductance de la peau lorsqu'ils voyaient des images bouleversantes, mais non lorsqu'ils voyaient des images sans intérêt. Au contraire, les patients souffrant de lésions du lobe frontal n'ont montré *aucune* variation de la conductance de la peau, dans quelque cas que ce soit. Leurs enregistrements restaient constamment plats (voir figure 9-1).

Avant d'en tirer quelque conclusion que ce soit, nous avons décidé de répéter l'expérience avec différentes images et différents sujets, et également de la répéter avec les mêmes sujets à différents moments. Dans tous ces cas de figure, les résultats n'ont pas changé. Invariablement, dans les conditions passives décrites ci-dessus, les patients souffrant de lésions frontales n'ont présenté aucune variation de conductance de la peau lors de la vision des images bouleversantes, même s'ils pouvaient ensuite en discuter le contenu de façon détaillée, et même se rappeler à quel moment ils les avaient vues au cours de la séance. Ils pouvaient décrire verbalement la peur, le dégoût ou la tristesse qu'elles évoquaient, et pouvaient nous dire s'ils avaient vu telle image avant ou après telle autre, ou s'ils l'avaient vue en début ou en fin de la séance. Il ne faisait aucun doute que ces sujets avaient prêté une grande attention à la projection, qu'ils avaient compris le contenu des images, et qu'ils pouvaient faire différentes sortes de réflexions à leur sujet – ils savaient non seulement ce qu'elles dépeignaient (par exemple, ils savaient qu'il s'agissait d'un homicide), mais ils savaient aussi que l'homicide représenté sur la diapositive présentait un caractère horrible, qu'il fallait plaindre la victime et regretter qu'un tel événement ait eu lieu. En d'autres termes, un stimulus donné avait déclenché, chez ces patients souffrant de lésions frontales, l'évocation de tout un savoir en rapport avec la situation. Cependant, contrairement aux sujets contrôles, ils n'avaient

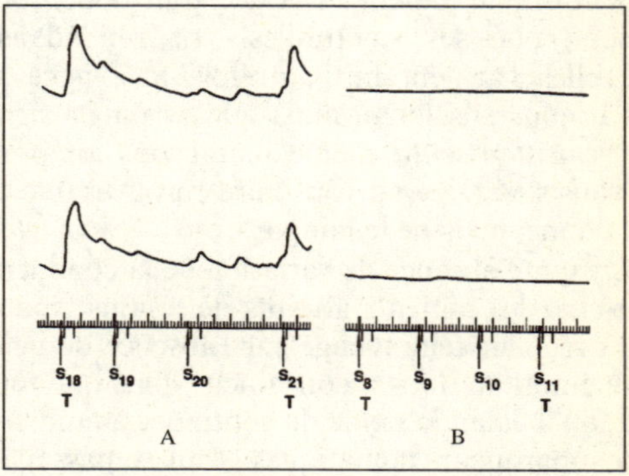

Figure 9-1. Variation de la conductance de la peau chez des sujets normaux sans lésions cérébrales (A) et chez des patients souffrant de lésions frontales (B), tandis qu'ils regardent une série d'images, dont certaines ont un fort contenu émotionnel (elles sont repérées par la lettre T figurant au-dessous du numéro de l'image – par exemple, sous l'image S_{18}), et d'autres n'en ont pas. Les sujets normaux présentent de fortes variations peu de temps après avoir vu ces images à fort contenu émotionnel, mais n'en montrent aucune après avoir vu les images neutres. Les patients atteints de lésions frontales ne montrent aucune réponse, ni aux unes ni aux autres.

pas présenté de variation de la conductance de la peau. L'analyse des résultats a montré que cette différence était statistiquement significative à un degré élevé.

Durant l'un des tout premiers entretiens qui ont suivi les séances de projection, un patient en particulier, spontanément et avec une grande perspicacité, nous a confirmé que la variation de conductance de la peau n'était pas, et de loin, le seul facteur manquant chez ces sujets. Il avait remarqué qu'après avoir vu toutes ces images, et bien qu'il se soit rendu compte que leur contenu aurait dû le bouleverser, il n'avait pas été lui-même bouleversé. Réfléchissez à l'importance de cette révélation. Nous avions donc affaire à un être humain connaissant à la fois la signification explicite de ces images et leur signification émotionnelle implicite, mais également conscient qu'il ne « ressentait » pas ce qu'il avait autrefois ressenti, dans ce genre de circonstances – et qu'il aurait peut-être dû ressentir ? Autrement dit, ce patient nous déclarait donc, tout à fait clairement, que ses « entrailles » ne répondaient plus comme elles l'avaient fait autrefois face à ce type de scènes. Il nous enseignait ainsi que *savoir ne signifie pas nécessairement ressentir*, même quand vous comprenez que ce que vous savez devrait vous faire éprouver une émotion de type donné, mais ne le fait pas.

La constante absence de variation de la conductance de la peau chez les patients atteints de lésions frontales, de concert avec leur témoignage sur l'absence de perception de toute émotion, nous a convaincus, plus que tout autre résultat, qu'il valait la peine de continuer à étudier l'hypothèse des marqueurs somatiques. Tout se passait, en fait, comme si ces patients pouvaient accéder à la totalité du savoir sauf aux représentations potentielles permettant d'associer des faits donnés au mécanisme de reproduction des réponses émotionnelles. En l'absence de ce lien automatique, les patients pouvaient évoquer dans leur for intérieur des connaissances relatives aux faits, mais sans pouvoir déterminer l'état somatique correspondant, ou du moins un état somatique dont ils puissent être conscients. Ils pouvaient faire appel à d'abondantes connaissances relatives aux faits, mais étaient dans l'impossibilité de rien ressentir par rapport à celles-ci, c'est-à-dire qu'ils « ignoraient » comment leur corps aurait dû se comporter par rapport aux connaissances factuelles en question. Et dans la mesure où ces individus avaient été précédemment normaux, ils étaient capables de comprendre que leur état mental global n'était plus ce qu'il aurait normalement dû être, que quelque chose leur manquait.

Au total, les expériences sur la variation de conductance de la peau nous ont donc permis de disposer d'une réponse physiologique mesurable, et elles ont ainsi complété les observations qualitatives que nous avions faites antérieurement, selon lesquelles ces patients souffraient d'une réduction de leurs réactions émotionnelles, ainsi que de leur capacité de percevoir des émotions (comme ils s'en rendaient eux-mêmes compte).

PRENDRE UN RISQUE : LE TEST DU « JEU DE POKER »

Pour mettre à l'épreuve l'hypothèse des marqueurs somatiques, nous nous sommes également appuyés sur un test inventé par un chercheur qui effectuait un stage dans notre laboratoire, après avoir soutenu sa thèse, Antoine Bechara. Ce dernier s'était donné pour tâche de mettre au point un test qui permettrait d'évaluer la capacité de prendre des décisions, mais, insatisfait, comme nous tous, de la nature artificielle de la plupart des expériences de neuropsychologie, il avait voulu que ce test reproduise des conditions aussi proches que possible de la vie réelle. Le test qu'il a inventé, et qui a été perfectionné en collaboration avec Hanna Damasio et Steven Anderson, a reçu dans notre laboratoire, comme il fallait s'y attendre, le nom de code « jeu de poker » [2]. Globalement, ce test présente une forme attrayante, à la différence de la plupart des expériences couramment réalisées dans ce domaine. Les individus normaux, aussi bien que les patients souffrant de lésions, prennent plaisir à y participer, et sa mise en œuvre dans notre laboratoire a donné lieu à d'amusantes anecdotes. Je me rappelle les yeux exorbités et l'air offusqué d'un distingué visiteur, arrivant dans mon bureau après avoir traversé le laboratoire où se déroulait une expérience de ce type. « Il y a des gens qui *jouent pour de l'argent* ici ! » m'a-t-il informé dans un souffle.

Dans le cadre de ce test, le sujet, dénommé le « Joueur », s'assoit devant quatre paquets de cartes baptisés A, B, C et D. Il se voit attribuer un prêt de 2000 dollars (en billets de jeu, ressemblant de près aux vrais billets). On lui annonce que le but du jeu est de perdre le moins possible sur la somme d'argent qui lui est avancée, et d'essayer d'en gagner le plus possible en extra. Le jeu consiste à retourner des cartes, une à la fois, sur l'un quelconque des paquets, jusqu'à ce que l'expérimentateur demande d'arrêter. Le Joueur ignore ainsi le nombre total de cartes qu'il pourra retourner d'ici la fin du jeu. On l'informe également que toute carte retournée se voit décerner une certaine somme d'argent et que, de temps en temps, certaines cartes se traduiront à la fois par un gain pour lui et par une somme à payer à l'expérimentateur. Mais on ne lui dit, lorsqu'il commence le jeu, ni le montant des gains ou des pertes associés aux cartes, ni la façon dont ces gains et ces pertes sont distribués en fonction des différents paquets de cartes, ni l'ordre d'apparition des cartes. Le montant de la somme gagnée ou à payer n'est révélé qu'après qu'il a retourné chaque carte. Aucune autre directive n'est fournie. Le bilan total des gains et des pertes n'est pas révélé, et le sujet n'est pas autorisé à prendre de notes.

Dans les paquets de cartes A et B, chaque carte retournée se voit attribuer la somme rondelette de 100 dollars, tandis que les paquets C et D ne rapportent que 50 dollars par carte retournée. Tandis que le Joueur continue à tourner les cartes de chacun des paquets, certaines d'entre elles, dans les paquets A et B (ceux qui rapportent 100 dollars par carte), sont soudainement assorties de la réclamation faite au Joueur de payer une somme élevée, quelquefois jusqu'à 1250 dollars. De même, dans les paquets C et D (ceux qui rapportent 50 dollars par carte retournée), certaines cartes sont assorties de la demande de paiement par le Joueur d'une somme, mais moins élevée (moins de 100 dollars en moyenne). Ces règles non révélées ne sont jamais changées. À l'insu du Joueur, le jeu prend fin après qu'il a retourné cent cartes. Le Joueur est dans l'impossibilité de prévoir au départ ce qui va se passer, et il ne lui est pas non plus possible de garder en mémoire un bilan précis de ses gains et de ses pertes à mesure que le jeu se déroule. Ce dernier est, en fait, à l'image de la vie, où l'incertitude règne et où nous n'acquérons que fragment par fragment, au fur et à mesure de notre vécu, la plus grande partie des connaissances qui nous permettent de vivre et de faire des plans adéquats pour l'avenir. Notre savoir – tout comme celui du Joueur – est façonné à la fois par le monde avec lequel nous interagissons et par les penchants propres à notre organisme, comme, par exemple, la tendance à préférer les gains aux pertes, ou les récompenses aux punitions, ou les faibles risques aux risques élevés.

Il est intéressant de voir comment les individus normaux (non atteints de lésions cérébrales) se comportent dans ce type de jeu. Ils commencent par tester chacun des paquets de cartes, à la recherche d'indices. Puis, le plus souvent, et peut-être attirés par les récompenses élevées associées au retournement des cartes dans les paquets A et B, ils commencent par préférer rester sur ceux-ci. Petit à petit, cependant, avant d'avoir accompli les trente premiers coups, ils en viennent à préférer les paquets C et D. En général, ils s'en tiennent alors à cette stratégie jusqu'à la fin, bien que certains joueurs, qui se définissent eux-mêmes comme des personnes aimant prendre de gros risques, reviennent de temps en temps aux paquets A et B, mais seulement pour revenir ensuite à la stratégie apparemment la plus prudente.

Il est impossible aux joueurs de faire un bilan précis des gains et des pertes. C'est seulement petit à petit qu'ils acquièrent l'impression que certains paquets – précisément, le A et le B – sont plus « dangereux » que les autres, et que les paquets C et D sont assortis de pertes moins élevées, ce qui permettra aux joueurs de s'en tirer mieux, à long terme, même si les gains sont plus faibles. Je soupçonne qu'avant cette prise de conscience, un processus non conscient doit petit à petit se mettre en place dans leur esprit afin d'évaluer les conséquences de chaque coup, et leur souffler, d'abord faiblement, puis très fortement, qu'une punition ou une récompense va survenir *si* tel coup est joué. En bref, je doute que l'adoption d'une stratégie, dans le cadre de ce jeu, ne dépende que d'un processus pleinement conscient ou d'un processus totalement non conscient. Les mécanismes de prise de décision d'un cerveau bien équilibré font sans doute appel aux deux types de processus.

Le comportement des patients atteints de lésions frontales ventro-médianes a été très riche d'enseignements. Ces sujets ont agi, dans le cadre de ce jeu de cartes, comme ils le font souvent dans la vie depuis qu'ils ont subi leurs lésions, et comme ils ne l'auraient pas fait auparavant. Leur comportement a été diamétralement opposé à celui d'individus normaux.

Après avoir commencé par faire des essais en s'adressant à tous les paquets, les patients atteints de lésions frontales ont systématiquement tourné de plus en plus de cartes dans les paquets A et B, et de moins en moins dans les paquets C et D. Ils commençaient par gagner plus d'argent, mais les pénalités très élevées dont ils ne cessaient d'être taxés les conduisaient à la faillite dès le milieu de la partie, et il fallait alors que l'expérimentateur leur consente de nouveaux prêts. Dans le cas d'Elliot, qui a joué à ce jeu, son comportement a été particulièrement remarquable, parce qu'il continuait à se décrire comme une personne prudente, ne prenant que de faibles risques, et parce que même des individus normaux se décrivant comme des « risque-tout » pratiquaient un mode de jeu très différent du sien, et bien plus prudent. En outre, à la fin du jeu, Elliot savait quels paquets étaient « mauvais » et lesquels ne l'étaient pas. Lorsque l'expérience a été répétée quelques mois plus tard, avec des cartes différentes et une distribution différente des paquets, il s'est comporté de la même manière qu'il le fait dans la vie, c'est-à-dire en persistant dans ses erreurs.

Nous avons donc eu à notre disposition le premier test de laboratoire permettant de mesurer des erreurs de décision comparables à celles que faisait réellement Phineas Gage dans sa vie. Les patients atteints de lésions du lobe frontal comparables à celles d'Elliot (et dont le comportement était également comparable au sien) ont obtenu des résultats semblables aux siens dans ce test.

Pourquoi ce test s'est-il montré particulièrement excellent, à la différence de beaucoup d'autres ? C'est probablement parce qu'il reproduisait étroitement les conditions de la vie quotidienne. Il était exécuté en temps réel et ressemblait aux jeux de cartes ordinaires. Il mettait en œuvre des punitions et des récompenses, et faisait ouvertement appel à des valeurs monétaires. Il poussait le sujet à rechercher des avantages, il comportait des risques, il donnait la possibilité de faire des choix, mais sans que l'on sache comment, ni quand, ni quoi choisir. Il offrait des conditions où régnait l'incertitude, et la seule façon de réduire celle-ci était de se laisser aller à des impressions, de faire des estimations de probabilité, par quelque moyen que ce soit, puisque des calculs de bilan précis n'étaient pas possibles.

Les mécanismes neuropsychologiques sous-tendant ce comportement étaient fascinants, particulièrement dans le cas des patients atteints de lésions frontales. Manifestement, Elliot s'était vraiment investi dans la tâche proposée, avait fait preuve de beaucoup d'attention, s'était montré coopératif et avait montré de l'intérêt pour les résultats. En fait, il avait désiré *gagner*. Comment se faisait-il qu'il avait fait des choix aussi désastreux ? Comme dans le cas de ses autres comportements, nous ne pouvons invoquer ni manque de connaissances, ni manque de compréhension de la situation. Tandis que le jeu s'était déroulé, il avait toujours pu disposer de toutes les données pour effectuer les choix corrects. Lorsqu'il avait perdu 1 000 dollars, il l'avait parfaitement compris, puisqu'il avait payé cette pénalité à

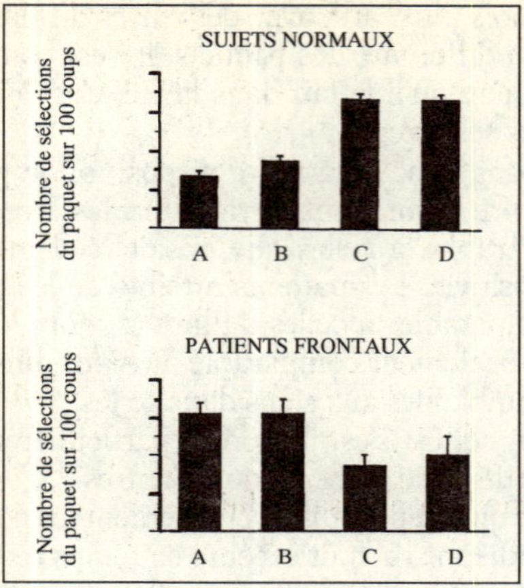

Figure 9-2. Diagramme montrant les résultats des différents types de sujets au « test du jeu de poker », en termes de fréquence de choix des paquets respectifs. Les sujets normaux préfèrent globalement retourner les cartes des paquets C et D, tandis que les patients souffrant de lésions frontales font les choix opposés. Cette différence de comportement est statistiquement significative.

l'expérimentateur. Et cependant, il avait persisté à choisir les paquets à 100 dollars par carte retournée, ce qui lui avait valu de grosses pertes à chaque fois qu'il avait été pénalisé. Pouvait-on supposer que le déficit chez ce type de patient se situait dans le domaine de la mémoire, dans la mesure où, le jeu se poursuivant, il aurait fallu faire un effort mnémonique de plus en plus grand pour se rendre compte de la tournure des événements ? Mais ce n'était pas le cas, puisque les conséquences positives ou désastreuses des coups joués pouvaient se vérifier constamment : à mesure que leurs pertes allaient grandissant, Elliot et les autres patients souffrant de lésions frontales étaient dans la nécessité de faire des emprunts, ce qui était la preuve évidente que leur façon de jouer était mauvaise. Et cependant, ils ont persisté à faire le moins avantageux des choix pendant plus longtemps que tous les autres sujets ayant passé ce test, y compris des patients atteints de lésions cérébrales ailleurs qu'au niveau frontal.

Ces derniers, même si leurs lésions étaient de grande taille, ont joué à ce jeu exactement comme les personnes normales, dès lors qu'ils pouvaient voir et comprendre les instructions. Cela a été le cas même de patients souffrant de déficit du langage. Une malade de ce type, qui présentait un déficit sévère de la capacité de nommer, par suite d'un trouble du cortex temporal gauche, a joué en se plaignant à haute voix (avec sa façon déficiente de parler), durant toute la partie, qu'elle ne comprenait absolument rien à ce jeu. Et cependant, ses résultats ont été parfaits. Elle a, sans faillir, toujours fait les choix que sa faculté de raisonnement intacte la conduisait à faire.

Que pouvait-il s'être passé dans le cerveau des sujets souffrant de lésions frontales ? Voici la liste des mécanismes que l'on pouvait envisager :

1. Ces sujets n'étaient plus sensibles aux punitions, mais étaient seulement sensibles aux récompenses.

2. Ils étaient devenus tellement sensibles aux récompenses que la simple présence de celles-ci les amenait à ne pas prendre conscience des punitions.

3. Ils étaient encore sensibles aux punitions et aux récompenses, mais ni les unes ni les autres ne pouvaient être prises en compte dans le système des marqueurs somatiques, et elles ne stimulaient pas la mise en œuvre de processus d'examen des conséquences prévisibles des actions ; dès lors, ils se rabattaient préférentiellement sur les options immédiatement récompensées.

Pour essayer de distinguer entre ces différentes possibilités, Antoine Bechara a mis au point un autre test, dont le principe consistait à inverser la programmation des punitions et des récompenses. Dès lors, les punitions venaient en premier, sous la forme de gros ou de faibles paiements à faire par le Joueur à chaque fois qu'il retournait une carte ; tandis que les récompenses se produisaient de temps en temps à l'occasion du retournement de certaines cartes.

Comme dans le cas du test précédent, deux paquets de cartes conduisaient à perdre de plus en plus d'argent, tandis que deux autres conduisaient progressivement à en gagner. Dans le cadre de ce nouveau test, Elliot s'est comporté à peu près comme les sujets normaux, et cela a été aussi le cas des autres patients souffrant de lésions frontales. En d'autres termes, l'idée qu'Elliot et les autres patients souffrant de lésions frontales étaient simplement insensibles à la punition ne pouvait être exacte.

À l'encontre de l'hypothèse de l'insensibilité aux punitions, nous avons également trouvé une autre preuve dans la façon dont s'étaient comportés ces patients lors du premier test. Une observation serrée nous a montré que ces patients, immédiatement après qu'ils avaient dû effectuer le paiement d'une pénalité, tendaient à éviter le paquet d'où avait été tirée la « mauvaise » carte, exactement comme le faisaient les sujets normaux ; mais ensuite, contrairement à ces derniers, ils revenaient à ce paquet. Cela suggérait que les patients souffrant de lésions frontales étaient bien sensibles aux punitions, mais que les effets de ces dernières ne semblaient pas durer longtemps, probablement parce qu'elles n'étaient pas prises en compte pour la formulation de prédictions concernant les perspectives futures.

LA MYOPIE DE L'AVENIR

Supposons maintenant que la troisième des explications envisagées ci-dessus soit la bonne. Dans ces conditions, le comportement des patients souffrant de lésions frontales apparaîtrait, aux yeux d'un observateur extérieur, bien plus tourné vers le présent que vers l'avenir. Autrement dit, dépourvus de tout système leur permettant de maintenir à l'esprit les diverses possibilités envisageables pour l'avenir, ils présenteraient des comportements largement orientés par des perspectives immédiates et paraîtraient, de fait, insensibles à celles de l'avenir. Cela suggérerait que les patients atteints de lésions frontales souffriraient d'une profonde exagération de ce qui pourrait être une tendance fondamentale normale, à savoir : se saisir du présent plutôt que de miser sur l'avenir. Mais tandis que cette tendance serait bridée chez les individus normaux, socialement bien adaptés, surtout dans les situations personnellement importantes, elle deviendrait tellement forte chez les patients atteints de lésions frontales qu'ils y succomberaient facilement. On pourrait décrire leur état en disant qu'ils font preuve d'une « myopie de l'avenir », un concept qui a été également avancé pour expliquer le comportement d'individus sous l'influence de l'alcool ou d'autres drogues. L'ivresse rétrécit effectivement le panorama des perspectives que nous nous formons de l'avenir, dans une proportion telle que l'on ne peut plus rien appréhender clairement hormis le présent [3].

Il semble bien que les patients atteints de lésions frontales aient perdu ce qu'ils avaient acquis par l'éducation et la socialisation. L'une des aptitudes les plus caractéristiques de l'homme est d'apprendre à orienter son comportement en fonction de perspectives lointaines et non en fonction d'objectifs immédiats, apprentissage que nous commençons à faire dès l'enfance. Les lésions frontales, chez nos patients, mettent à mal non seulement tous les acquis accumulés jusque-là, dans ce domaine, mais empêchent, en outre, toute acquisition nouvelle. Le seul côté un peu positif de ce triste constat est que, comme c'est souvent le cas en neuropathologie, il ouvre des perspectives au progrès de la science. L'effet des lésions nous permet d'entrevoir la nature des processus qui ont été perdus.

Nous connaissons la localisation des lésions engendrant ce type de trouble. Nous avons quelque indication sur les systèmes neuraux figurant dans les régions touchées par les lésions. Mais comment se fait-il que leur destruction entraîne soudain que les perspectives futures ne sont plus prises en compte dans l'élaboration des décisions ? En analysant de près ce problème, nous pouvons avancer diverses solutions.

On peut faire l'hypothèse que les images représentant des scénarios situés dans l'avenir seraient faibles et instables. Elles se formeraient bien, mais ne pourraient être maintenues assez longtemps dans le champ de la conscience pour jouer un rôle dans la stratégie de raisonnement appropriée. En termes neuropsychologiques, ceci reviendrait à dire que la mémoire de travail ou les mécanismes de l'attention ne fonctionneraient pas bien, au moins en ce qui concernerait les images relatives à l'avenir. Cette explication serait valable aussi bien pour les images se rapportant aux états du corps, que pour les images ayant trait à des faits extérieurs au corps.

On peut envisager une autre explication faisant appel aux marqueurs somatiques. Même si les images relatives à des scénarios situés dans l'avenir étaient stables, les lésions du cortex préfrontal ventro-médian empêcheraient la prise en compte des signaux pertinents émanant d'états somatiques (que ceux-ci soient effectivement réalisés au niveau corporel ou qu'ils soient seulement simulés). Et par conséquent, les scénarios en question ne se verraient plus « marqués ». Leur valeur, positive ou négative, n'apparaîtrait plus, et ils ne pourraient plus jouer aucun rôle dans le processus de prise de décision ou, en tout cas, leur influence serait facilement surclassée par celle des perspectives immédiates. Je m'explique : le mécanisme perdu par les patients atteints de lésions préfrontales aurait pour rôle de former automatiquement des prévisions sur la valeur négative ou positive des résultats d'actes futurs. Considérons les sujets normaux qui ont participé au test du « jeu de poker » décrit ci-dessus : ils ont sans doute été conduits à attribuer une valeur positive ou négative au fait de retourner une carte dans tel ou tel paquet, en fonction des différents rapports entre récompenses et punitions qu'ils ont progressivement perçus. En d'autres termes, les mécanismes cérébraux ont attribué une valeur plus ou moins bonne ou plus ou moins mauvaise à chacun des paquets, A, B, C ou D. Cela s'est sans doute opéré de façon non consciente, la jauge ayant été la fréquence et l'importance des états négatifs. L'expression neurale de ce mécanisme non conscient de raisonnement est probablement représentée par la pression d'orientation exercée par les états somatiques. Chez les patients souffrant de lésions frontales, aucun de ces processus ne semble se dérouler.

J'estime, pour le moment, qu'il faut sans doute envisager une combinaison des deux explications. La réalisation d'un état somatique approprié est certainement le facteur le plus important. Mais je soupçonne aussi que le mécanisme des états somatiques sert à intensifier ceux de la mémoire de travail et de l'attention se rapportant aux scénarios situés dans l'avenir. En bref, il vous est impossible de vous former une représentation théorique adéquate de vos propres dispositions psychologiques et de celles des autres, s'il vous manque un mécanisme comme celui des marqueurs somatiques.

LA PRÉVISION DE L'AVENIR : CORRÉLATIONS PHYSIOLOGIQUES

Un prolongement naturel du « test du jeu de poker » a été suggéré par Hanna Damasio. Son idée a consisté à observer la variation de la conductance cutanée de sujets normaux et de patients atteints de lésions frontales en même temps que leur comportement durant le test. Quelles différences allait-on trouver entre les patients et les sujets normaux ?

Antoine Bechara et Daniel Tranel se sont attaqués à cette tâche, en étudiant les réactions de ces deux types de sujets au moyen d'un enregistreur polygraphique, tandis qu'ils jouaient à retourner les cartes. Deux séries de données ont donc été recueillies : les choix effectués successivement par les sujets tout au long du jeu, et la variation de leur conductance cutanée durant le même temps.

Les résultats ont été extrêmement intéressants. Aussi bien les sujets normaux que les patients souffrant de lésions frontales ont présenté des variations de conductance cutanée lors de chaque récompense ou punition survenant après le retournement d'une carte donnée. En d'autres termes, dans les quelques secondes suivant immédiatement la réception de leur récompense monétaire ou l'exécution de leur pénalité, les sujets normaux, de même que les patients souffrant de lésions frontales, ont éprouvé une réaction émotionnelle, et il s'en est suivi une variation de conductance de la peau. Cela est important, puisque cela montre, de nouveau, que les patients atteints de lésions frontales peuvent présenter des variations de conductance de la peau dans certaines conditions, mais non dans d'autres. Il est clair qu'ils peuvent répondre à des stimuli dans l'instant où ils se manifestent – un éclair lumineux, un bruit, un gain, une perte – mais qu'ils ne peuvent pas répondre si le facteur déclenchant consiste en la représentation mentale de quelque chose lié au stimulus, mais non disponible en perception directe. Au premier abord, on pourrait décrire leur condition par l'aphorisme « Hors de la vue, hors de l'esprit », par lequel Patricia Goldman-Rakic a fort justement caractérisé le déficit de la mémoire de travail produit par une dysfonction frontale dorso-latérale. Mais nous savons que, chez nos patients, ce qui est « hors de la vue » peut être « encore présent à l'esprit », bien que ne jouant plus aucun rôle. Peut-être qu'une meilleure description de nos patients serait donnée par l'aphorisme : « Hors de la vue, présent à l'esprit, mais sans que ça compte. »

Au bout d'un certain nombre de cartes retournées, un phénomène intéressant a aussi commencé à se manifester chez les sujets normaux. Dans la période précédant immédiatement le choix d'une carte au sein d'un « mauvais » paquet, c'est-à-dire tandis que les sujets supputaient s'il fallait tourner une carte dans un paquet que l'expérimentateur savait être mauvais, ils manifestaient une variation de la conductance de la peau. En d'autres termes, le cerveau des sujets normaux était en train d'apprendre à prévoir un mauvais coup, et délivrait des messages signalant le caractère « mauvais » de tel paquet particulier avant que ne soit effectué le retournement de carte. L'ampleur de la variation de conductance de la peau, dans ce type de circonstances, est allée en croissant, tandis que le jeu s'est poursuivi [4].

Le fait que les sujets normaux ne présentaient pas de telles réponses au début du jeu, le fait que ces dernières aient été acquises par le biais de l'expérience vécue au cours du temps, et le fait que leur amplitude n'a cessé de croître à mesure que s'accumulaient de plus en plus d'expériences positives et négatives, tout cela indiquait avec force que le cerveau des sujets normaux était capable d'apprendre quelque chose d'important concernant les conditions du jeu et qu'il pouvait envoyer des messages signalant, par anticipation, ce qui n'allait pas être bon dans le futur immédiat.

Si l'observation de telles réponses chez les sujets normaux s'était révélée passionnante, ce que nous avons vu dans les enregistrements des patients souffrant de lésions frontales l'a été encore plus : *ces derniers n'ont pas présenté la moindre réponse anticipatrice*, pas le moindre signe que leur cerveau était en train de former des prévisions sur des événements négatifs futurs.

Peut-être davantage que tout autre résultat, celui-ci montre bien quelle est la condition neuropsychologique de ces patients. Chez eux, les systèmes neuraux qui pourraient leur permettre d'apprendre ce qu'il convient d'éviter ou de préférer ne fonctionnent pas, et ils sont donc incapables d'élaborer des réponses adaptées à des situations nouvelles.

Nous ne savons pas encore comment la prévision des événements négatifs futurs se met en place chez les sujets participant à notre test « du jeu de poker ». Il se pourrait que les sujets commencent par faire une estimation rationnelle du rapport « mauvais » *versus* « bon » pour chaque paquet, puis relient automatiquement cette impression avec un état somatique signifiant « mauvais », qui peut à son tour fonctionner comme signal d'alarme. Dans cette hypothèse, le raisonnement précéderait le « marquage somatique » ; mais ce dernier reste le facteur essentiel du passage à l'acte, puisque nous savons que les patients souffrant de lésions frontales ne peuvent se comporter « normalement », même s'ils savent quels paquets sont mauvais, et lesquels sont bons.

Mais il existe une autre possibilité. Il pourrait y avoir d'abord une estimation non consciente avant toute évaluation rationnelle. Les réseaux préfrontaux effectueraient ensuite une estimation plus précise du rapport « mauvais » *versus* « bon » pour chaque paquet, à partir de la fréquence des états somatiques « mauvais » *versus* « bons » ressentis *après* les punitions et les récompenses. Aidé par ce tri automatique, le sujet serait conduit à se représenter le caractère mauvais ou bon de chacun des paquets, autrement dit, à se faire une représentation théorique du jeu. Les systèmes de régulation fondamentaux prépareraient le terrain aux processus cognitifs conscients. Sans une telle préparation, la prise de conscience de ce qui est bon et de ce qui est mauvais ne se produirait jamais, ou bien se produirait trop tard et trop faiblement.

CHAPITRE X

Le corps dans le fonctionnement mental du cerveau

PAS DE CORPS, PAS DE REPRÉSENTATION MENTALE

« Son corps s'est étendu à son cerveau » est l'un des célèbres bons mots les moins connus de Dorothy Parker *. On peut être certain que le brillant esprit de Miss Parker ne se préoccupait pas de neurobiologie, qu'elle ne se référait pas à William James, et qu'elle n'avait pas entendu parler de George Lakoff ni de Mark Johnson, respectivement linguiste et philosophe, qui, eux, se sont, sans aucun doute, préoccupés du corps dans ses rapports avec les processus mentaux [1]. Mais son trait d'esprit procurera sans doute quelque détente aux lecteurs impatients de comprendre où je veux en venir avec mes réflexions sur le corps dans le fonctionnement mental du cerveau. Dans les pages qui vont suivre, je reviens à l'idée que le corps fournit une référence de base aux processus mentaux.

Imaginez que vous rentrez chez vous à pied, seul, vers minuit, dans la métropole que vous voudrez, où il est encore d'usage de rentrer à pied chez soi, et que vous vous

* Dorothy Parker (1893-1967) était une poétesse et romancière américaine, qui a également été critique dramatique, entre les deux guerres. Son œuvre est caractérisée par une satire mordante de la vie moderne. Sa vie a été récemment évoquée par le film d'Alan Rudolph, *Mrs. Parker et le cercle vicieux*. *(N. d. T.)*

rendez compte tout à coup que quelqu'un est en train de vous suivre de façon persistante, pas très loin derrière vous. Exprimé en langage courant, voici ce qui se passe : votre cerveau détecte le danger ; élabore quelques réponses possibles ; en choisit une ; la met en œuvre ; et réduit ainsi le risque ou le fait disparaître complètement. Comme nous l'avons vu dans la discussion sur les émotions, les choses sont, cependant, plus compliquées que cela. La réponse mise en œuvre par le cerveau comprend des composantes neurales et hormonales qui ont pour effet de modifier profondément le fonctionnement de toutes sortes de tissus et d'organes. Les réserves énergétiques sont mobilisées et le rythme métabolique de tout l'organisme est modifié, de même que l'état d'alerte du système immunitaire ; le statut biochimique global de l'organisme fluctue rapidement ; les muscles squelettiques qui permettent les mouvements de la tête, du tronc et des membres se contractent ; et des messages signalant tous ces changements sont acheminés jusqu'au cerveau, certains par voie neurale, d'autres par voie chimique par le biais de la circulation sanguine, de sorte que l'état du corps proprement dit, qui s'est modifié de seconde en seconde, va affecter le système nerveux central, neuralement et chimiquement, au niveau de sites variés. Après que le cerveau a détecté un danger (ou toute autre situation provoquant une stimulation semblable), le résultat net est que les processus vitaux s'écartent profondément de leur façon habituelle de fonctionner, à la fois dans des secteurs bien précis de l'organisme (changements « locaux ») et dans l'organisme en tant que tout (changements « globaux »). Et, ce qui est plus important, les changements se produisent *à la fois* dans le cerveau et dans le corps proprement dit.

En dépit des nombreux exemples de ces complexes séries d'interactions que l'on connaît à présent, on se représente généralement le corps et le cerveau comme des entités séparées, à la fois par leur structure et leur fonction. L'idée que la totalité de l'organisme, et non pas le corps seul ou le cerveau seul, interagit avec l'environnement est souvent écartée, à supposer même qu'elle soit un moment envisagée. Cependant, lorsque nous voyons, entendons, touchons, goûtons ou sentons, le corps proprement dit *et* le cerveau participent tous deux à l'interaction avec l'environnement.

Pensez à ce qui se passe lorsque vous regardez un paysage que vous aimez particulièrement. La rétine et le cortex visuel ne sont pas les seuls à être impliqués. Certes, la cornée est passive, mais le cristallin et l'iris, non seulement laissent pénétrer la lumière, mais modifient leurs dimensions et leurs formes en réponse au spectacle qui se trouve devant eux. Le globe oculaire est actionné par plusieurs muscles, de façon que les objets soient repérés efficacement, et la tête et le cou prennent également des attitudes optimales. Si tous ces réglages, et beaucoup d'autres, ne sont pas effectués, vous risquez de ne pas voir grand-chose. Ils dépendent de messages allant du cerveau au corps et d'autres, en rapport avec les précédents, allant du corps au cerveau.

Ensuite, les messages relatifs au paysage sont traités à l'intérieur du cerveau. Des structures subcorticales, comme les tubercules quadrijumeaux, entrent en activité, de même que les cortex sensoriels fondamentaux et les divers cortex d'association et centres du système limbique qui y sont reliés. Tandis que toutes sortes de connaissances se rapportant au paysage sont appelées sur la scène mentale par le truchement des représentations potentielles localisées dans ces diverses aires cérébrales, le reste du corps est amené à participer au processus. Tôt ou tard, les viscères vont réagir aux images que vous êtes en train de voir, et aux images que votre mémoire est en train d'engendrer, en rapport avec ce que vous voyez. Au bout du compte, vous allez constituer un souvenir du paysage que vous regardez. Il consistera en la trace neurale d'un grand nombre des changements que j'ai juste décrits, certains ayant pris place dans le cerveau lui-même (comme l'image élaborée à partir du monde externe, ainsi que les images élaborées à partir de la mémoire), d'autres ayant pris place dans le corps proprement dit.

Percevoir l'environnement ne se résume donc pas à ce

que le cerveau reçoive directement des signaux d'un stimulus donné, sans parler même de la réception directe d'images. L'organisme se modifie activement de telle sorte que l'interaction puisse prendre place dans les meilleures conditions possibles. Le corps proprement dit n'est pas passif. Et, autre point non négligeable, si se produisent tout simplement des interactions avec l'environnement, c'est que l'organisme en a besoin pour maintenir son homéostasie, son état d'équilibre fonctionnel. L'organisme *agit* continuellement sur l'environnement (dans l'évolution, les actions et l'exploration ont effectivement pris place avant la perception), de façon à favoriser les interactions nécessaires à la survie. Mais s'il veut réussir à éviter les dangers ou à trouver efficacement des aliments, des partenaires sexuels et des abris, il doit nécessairement *percevoir* l'environnement (par l'odorat, le goût, le toucher, l'audition, la vue), de façon que des actions appropriées puissent être réalisées en réponse à ce qui est perçu. Percevoir est tout autant une question d'action sur l'environnement que de réception des signaux en provenance de ce dernier.

L'idée que les phénomènes mentaux émanent de la totalité de l'organisme peut, à première vue, sembler aller à l'encontre de l'intuition. Dans les époques récentes, il est vrai qu'on avait abandonné certaines notions encore défendues au XIXe siècle, selon lesquelles l'esprit planait quelque part dans l'« éther ». Il était donc courant jusqu'ici de déclarer que son lieu de résidence devait se trouver dans le cerveau – cela représentait une certaine rétrogradation, mais cet emplacement conservait un cachet de respectabilité. Il peut sembler, à présent, excessif de considérer, comme je vous le demande, que les phénomènes mentaux dépendent d'interactions entre le corps et le cerveau chez les organismes actuels (comme il peut sembler aussi excessif de déclarer que ces mêmes interactions entre corps et cerveau ont été nécessaires à l'apparition des phénomènes mentaux dans l'évolution ou dans le développement individuel). Mais suivez-moi bien. Ma suggestion revient à dire que les processus mentaux résultent de l'activité de circuits neuraux, bien sûr, mais que nombre de ces derniers ont été façonnés, au cours de l'évolution, par les nécessités fonctionnelles de l'organisme. Elle revient à dire aussi que le fonctionnement mental normal demande que les circuits neuraux sus-nommés contiennent des représentations fondamentales de l'organisme, et qu'ils ne cessent de prendre en compte les états successifs du corps. Autrement dit, selon moi, il existe dans le cerveau des circuits neuraux qui élaborent en permanence une représentation de l'organisme, reflétant sa perturbation par des stimuli provenant de l'environnement physique et socioculturel, et son action sur cet environnement. Si l'objet fondamental de cette représentation n'était pas l'unité organique constituée par le corps, nous aurions probablement une certaine sorte d'esprit, mais je doute qu'il ressemblerait à celui que nous avons.

Ma suggestion ne revient pas à dire que l'esprit est situé dans le corps. J'affirme simplement que le corps fournit au cerveau davantage que ses moyens d'existence et que la modulation de ses activités. Il fournit un *contenu* faisant intégralement partie du fonctionnement mental normal.

Revenons à l'exemple de votre retour à pied à la maison, aux alentours de minuit. Votre cerveau a détecté un danger, sous la forme de la personne qui vous suit, et met en route plusieurs séries complexes de réactions neurales et chimiques. Certains éléments de ce programme d'actions sont écrits dans le corps proprement dit, tandis que d'autres sont écrits dans le cerveau lui-même. Cependant, vous ne faites pas de distinction précise entre ce qui se passe dans votre cerveau et ce qui se passe dans votre corps, même si vous êtes un spécialiste de neurophysiologie et de neuro-endocrinologie. Vous êtes conscient d'un danger, vous êtes à présent tout à fait effrayé et pensez que vous devriez marcher plus vite, vous marchez plus vite, et, finalement – il faut l'espérer –, vous êtes maintenant hors de danger. Le « vous » dans cet épisode est d'une seule pièce : c'est en réalité une élaboration mentale très réelle que j'appellerai le « moi » (faute d'un meilleur terme), et qui repose sur des activités prenant place dans votre organisme entier, c'est-à-dire dans votre corps proprement dit et dans le cerveau.

Je dresserai plus loin le tableau sommaire de ce que je pense être les bases neurales nécessaires du moi, mais il me faut immédiatement préciser que ce dernier est un état biologique continuellement reconstruit ; il ne s'agit *pas* d'une petite personne, le tristement célèbre homoncule, logé à l'intérieur de votre cerveau et contemplant ce qui est en train de se passer. Je ne mentionne de nouveau ce dernier que pour vous répéter que je ne le prends pas du tout en considération. Cela ne sert à rien d'invoquer un homoncule en train de contempler, de penser ou de faire ce que vous voudrez dans votre cerveau, parce qu'il faudrait se demander si le cerveau de cet homoncule contient lui aussi un petit personnage en train de contempler et de penser, et ainsi de suite à l'infini. Cette explication, qui pose le problème de la régression à l'infini *, n'en est pas une. Je dois aussi souligner que d'avoir un moi, et un moi d'une seule pièce, est tout à fait compatible avec l'idée de Dennett, selon laquelle il n'y a nulle part de Théâtre cartésien dans notre cerveau. Chaque organisme possède bien sûr un moi, sauf dans des conditions pathologiques où une maladie du cerveau détermine la formation de plus d'un moi (comme dans la psychose caractérisée par une personnalité multiple), ou diminue ou abolit le moi normal unique (comme dans certains cas d'anosognosie et certaines formes d'épilepsie). Mais le moi, qui donne à notre vécu son caractère de subjectivité, n'est pas un inspecteur central observant tout ce qui se passe dans notre esprit.

Pour que l'état biologique définissant votre moi se réalise, il faut que de nombreux systèmes cérébraux soient en plein fonctionnement, de même que de nombreux systèmes siégeant dans le corps proprement dit. Si vous sec-

---

* Je pense qu'il vaudrait mieux appeler ce problème, une régression à l'infini *dans l'espace*, pour souligner que la difficulté repose sur l'invocation d'une série de poupées russes emboîtées, chacune regardant la suivante et étant regardée par la précédente.

tionniez *tous* les nerfs acheminant au corps proprement dit les signaux en provenance du cerveau, l'état de votre corps changerait radicalement, et par suite celui de votre esprit. Si vous n'interrompiez *que* les signaux du corps proprement dit à destination du cerveau, votre fonctionnement mental changerait également. Le blocage même partiel des échanges de signaux entre le cerveau et le corps, comme cela se produit dans le cas de lésions de la moelle épinière, provoque aussi un changement dans les processus mentaux [2].

Les philosophes ont imaginé une expérience en pensée, appelée « le cerveau dans un bac ». Supposez que l'on puisse extraire un cerveau de son corps, qu'on le maintienne vivant dans un bain de liquide nutritif, et qu'on le stimule par le biais de ses nerfs, à présent flottant en liberté, exactement de la même façon que s'il était encore dans la boîte crânienne [3]. Certains auteurs estiment qu'un tel cerveau continuerait à présenter le même état mental normal. Or, en laissant de côté la question de la naïveté requise pour imaginer une expérience de cette sorte (comme d'ailleurs pour toutes les expériences en pensée), j'estime que ce cerveau ne présenterait pas un état mental normal. L'absence de signaux *sortant* du cerveau en direction du corps, capables d'influencer ses fonctions, se traduirait par l'arrêt du déclenchement et de la modulation de ces états somatiques particuliers, qui, par les signaux qu'ils envoient en retour au cerveau, forment, selon moi, le soubassement de la sensation d'exister. On pourrait soutenir que s'il était possible de stimuler les nerfs flottant librement de façon à mimer de très près les messages provenant du corps, alors ce cerveau sans corps pourrait présenter un état mental normal. Certes, ce serait une expérience intéressante à « faire », et je pense que, dans ces conditions, ce cerveau pourrait peut-être présenter un état mental normal jusqu'à un certain point. Mais cette « expérience » plus poussée reviendrait donc à créer un substitut du corps, et ne ferait ainsi que confirmer que des messages en provenance du corps sont nécessaires pour qu'un cerveau présente finalement un état mental normal. Mais il est peu probable que, dans cette nouvelle « expérience », les signaux censés émaner du corps arrivent à reproduire de façon assez fidèle ceux qui traduisent la diversité des états somatiques, lorsqu'ils sont déclenchés par un cerveau engagé dans un travail d'évaluation.

En résumé, les représentations que votre cerveau élabore pour décrire une situation, et les mouvements que vous exécutez en réponse à cette situation, dépendent d'interactions corps-cerveau réciproques. Le cerveau élabore des représentations changeantes du corps, tandis que l'état de ce dernier varie sous l'impact d'influences neurales et chimiques. Certaines de ces représentations restent non conscientes, tandis que d'autres atteignent le niveau de la conscience. En même temps, des signaux émanant du cerveau ne cessent d'être acheminés vers le corps, certains de façon volontaire, d'autres de façon automatique, à partir de régions du cerveau dont les activités ne se manifestent jamais directement à la conscience. En résultat, l'état du corps change de nouveau, et l'image que vous vous en formez change également.

S'il est vrai que les phénomènes mentaux sont le résultat de l'activité des neurones du cerveau, ces derniers ont cependant pour tâche obligatoire et prioritaire de traduire l'état du corps et de son fonctionnement.

La primauté du thème du corps dans l'activité cérébrale est également observable dans l'évolution : du simple au complexe, depuis des millions d'années, le cerveau a consacré ses activités d'abord à l'organisme dans lequel il se trouvait. Dans une moindre mesure, cela s'applique également au développement individuel de chacun de nous, de sorte que dans les premiers temps de notre vie, nos premières représentations mentales ont d'abord concerné le corps proprement dit, les représentations concernant le monde extérieur n'étant venues que plus tard. Dans une mesure encore moindre, mais pas du tout négligeable, cette primauté du corps s'applique également au *présent*, tandis que nous sommes en train d'élaborer notre état mental du moment.

Si l'on considère que les processus mentaux émanent de l'organisme entier, et non pas seulement d'un cerveau séparé du corps, cela est compatible avec un certain nombre d'hypothèses.

D'abord, si l'évolution a retenu par sélection un cerveau assez complexe pour déterminer non seulement des réponses motrices (des actions) mais aussi des réponses mentales (des images), c'est probablement parce que ces dernières ont augmenté les capacités de survie par l'un ou l'autre des moyens suivants : une meilleure appréciation des circonstances externes (par exemple, la perception d'un plus grand nombre de détails dans un objet donné, ou bien sa localisation plus précise dans l'espace, etc.) ; le perfectionnement des réponses motrices (ce qui a permis d'atteindre une cible donnée avec plus de précision) ; la prédiction de conséquences futures par le biais de l'invention de scénarios ; et la formulation de plans d'actions permettant d'exécuter les meilleurs des scénarios.

Deuxièmement, puisque la survie par le biais de *représentations mentales* visait l'organisme entier, celles-ci ont d'abord nécessairement dû se rapporter au corps proprement dit, décrivant sa structure et ses états fonctionnels, y compris ses réponses internes et externes à l'environnement. Il n'aurait pas été possible d'assurer la régulation et la protection de l'organisme sans représentation de son anatomie et de sa physiologie, de façon détaillée, mais aussi constamment *actualisée*.

L'apparition des processus mentaux dans l'évolution, autrement dit l'apparition de représentations pouvant être rendues conscientes en tant qu'images, a donné aux organismes une nouvelle façon de s'adapter aux circonstances rencontrées dans l'environnement, qui n'aurait pas pu être programmée dans le génome. Les premières étapes de cette nouvelle adaptabilité ont probablement consisté à élaborer des images du corps tandis qu'il répondait à l'environnement sur le plan externe (par exemple, en bougeant un membre) et sur le plan interne (en réglant l'état des viscères).

Si la raison originelle de l'apparition du cerveau dans l'évolution a été d'assurer la survie du corps proprement dit, l'acquisition évolutive ultérieure par cet organe d'une capacité à élaborer des représentations mentales a certainement eu pour objectif la prise en compte du corps. Et pour assurer la survie du corps du mieux possible, je suggère que la nature a trouvé par hasard une solution extrêmement efficace : *représenter le monde extérieur par le biais des modifications que celui-ci provoque dans le corps proprement dit*, c'est-à-dire représenter l'environnement en modifiant les représentations fondamentales du corps chaque fois que prend place une interaction entre l'organisme et l'environnement.

Quelles sont ces représentations fondamentales et où se trouvent-elles ? Je pense qu'elles comprennent : 1. la représentation de l'état des régulations hormonales au sein des structures du tronc cérébral et de l'hypothalamus ; 2. la représentation des viscères, entendant par là non seulement les organes internes situés dans la tête, la poitrine et l'abdomen, mais aussi la masse musculaire et la peau, qui fonctionne comme un organe et constitue la limite externe de l'organisme (une sorte de supermembrane qui nous enveloppe en tant qu'unité) ; et 3. la représentation de l'ensemble musculosquelettique et de ses mouvements potentiels. Ces représentations qui sont distribuées, comme je l'ai indiqué dans les chapitres IV et VII, dans plusieurs régions cérébrales, sont nécessairement coordonnées par des connexions neuronales. Je soupçonne que les représentations de la peau et de l'ensemble musculosquelettique jouent un rôle important dans la mise en œuvre de cette coordination, comme je l'explique plus loin.

La première idée qui vient à l'esprit lorsqu'on pense à la peau est celle d'une vaste surface sensorielle, tournée vers l'extérieur, prête à nous permettre de connaître la forme, l'étendue, la texture et la température des objets figurant dans le monde extérieur, grâce au sens du toucher. Mais la peau est bien davantage que cela. D'abord, elle joue un rôle capital dans la régulation homéostatique : elle reçoit des signaux de commande directement du cerveau par le biais de nerfs du système nerveux autonome, ainsi que des signaux chimiques en provenance de nombreuses sources. Lorsque vous rougissez ou pâlissez, ces réactions prennent place au sein de la peau « viscérale », c'est-à-dire qu'elles visent une autre fonction de la peau que celle d'organe du toucher. Dans son rôle de viscère (la peau est, en fait, le plus grand viscère de tout le corps), elle aide à régler la température du corps, en contrôlant le diamètre des vaisseaux sanguins figurant dans son épaisseur, et permet de contrôler le métabolisme en déterminant des variations dans les équilibres ioniques (comme lorsque vous transpirez). Si l'on peut mourir de graves brûlures, ce n'est pas parce qu'on a perdu l'organe responsable du sens du toucher, mais parce que la peau est un organe viscéral dont la fonction est indispensable.

J'estime que le système somatosensoriel du cerveau, principalement localisé dans l'hémisphère droit chez les êtres humains, élabore une représentation de notre structure somatique en prenant pour base un schéma corporel présentant des organes médians (la tête, le tronc), des organes latéraux (les membres), et le contour du corps. Ce dernier correspond, en fait, à une surface limitante (une enveloppe), et il est donc bien dépeint par une représentation de la peau, puisque celle-ci est une interface entre l'intérieur du corps et l'environnement avec lequel l'organisme interagit.

La carte dynamique de l'ensemble de l'organisme, reposant sur ce schéma corporel et cette enveloppe du corps, ne semble pas être localisée à une seule aire cérébrale, mais paraît être distribuée entre plusieurs régions dont les activités neurales sont sans doute temporellement coordonnées. Il existe probablement une représentation grossière du fonctionnement corporel dans le tronc cérébral et l'hypothalamus (l'activité neurale n'y est que faiblement distribuée de façon topographique), et celle-ci est sans doute reliée à des régions cérébrales où l'activité neurale est de plus en plus organisée topographiquement – comme le cortex de l'insula et les cortex somatosensoriels appelés S_1 et S_2 [4]. Par ailleurs, la représentation sensorielle de tous les organes capables de mouvements est probablement reliée aux divers niveaux du système moteur dont l'activation peut déterminer une activité musculaire. En d'autres termes, l'ensemble de cartes dynamiques auquel je pense, est, en fait, « somato-moteur ».

Personne ne contestera l'existence de toutes les structures que j'ai mentionnées ci-dessus. Je ne peux pas garantir, cependant, qu'elles fonctionnent bien comme je l'ai décrit ou qu'elles jouent bien le rôle que je leur attribue. Mais mon hypothèse peut faire l'objet de recherches. Entre temps, il faut se rendre compte que si nous ne disposions pas d'un système de ce genre, nous serions incapables d'indiquer la localisation approximative d'une douleur ou d'une gêne ressentie dans le corps (ce que nous pouvons pourtant réellement faire, même si c'est imprécis) ; nous ne pourrions pas déceler de lourdeur dans les jambes après être restés longtemps debout, ni repérer l'origine de maux de ventre, ni détecter cette fatigue qui résulte du décalage horaire provoqué par un voyage en avion et que nous rapportons quasiment à l'ensemble du corps.

Admettons que mon hypothèse soit correcte, et envisageons certaines de ses conséquences. La première est que la plupart des interactions avec l'environnement se réalisent en un *site* donné de l'enveloppe du corps, qu'il s'agisse du toucher ou d'une autre modalité sensorielle, car les organes des sens sont localisés en un point précis de cette vaste surface. Le traitement des signaux émanant de l'interaction d'un organisme avec son environnement externe s'effectue peut-être en référence à la carte globale de l'enveloppe du corps. Un sens particulier, comme la vision, résulte d'un processus se déroulant en un *site particulier* au sein de l'enveloppe du corps, dans ce cas, les yeux.

Les signaux provenant de l'extérieur sont ainsi *doubles*. L'objet que vous voyez ou le son que vous entendez stimule le sens particulier de la vision ou de l'audition, et engendre un « signal ne relevant pas du corps » ; mais il est aussi à l'origine d'un signal « émanant du corps », et plus précisément provenant du lieu de l'enveloppe où se situe l'organe sensoriel considéré. Lorsque les organes des sens sont stimulés, ils sont donc à l'origine d'un double ensemble de signaux. Les premiers se rapportent au corps, reflétant la localisation particulière de l'organe des sens considérés (les yeux dans le cas de la vision ; les oreilles dans le cas de l'audition), et sont acheminés vers ces systèmes cérébraux somatosensoriels et moteurs qui donnent lieu à une représentation dynamique de l'ensemble du corps sous forme d'une carte fonctionnelle. La seconde série de signaux se rapporte à l'organe sensoriel particulier lui-même et est acheminée vers les régions cérébrales correspondant à cette modalité sensorielle. (Dans le cas de la vision, ces dernières comprennent les cortex visuels fondamentaux et les tubercules quadrijumeaux supérieurs.)

De cette organisation découlent des conséquences pratiques. Lorsque vous voyez, vous ne faites pas que voir : *vous ressentez que vous êtes en train de voir quelque chose avec vos yeux*. Votre cerveau traite des signaux émanant de cette partie de votre organisme qui est sollicitée par la stimulation (par exemple, les yeux et les muscles oculaires) et qui occupe une position particulière sur la carte générale du corps, en même temps qu'il traite les signaux visuels spécifiques de l'objet qui stimule votre rétine.

Je soupçonne que les connaissances acquises par les organismes en touchant des objets, en regardant des paysages, en entendant des voix, ou en se déplaçant dans l'espace selon une trajectoire donnée, ont fait l'objet de représentations dont le cadre de référence était le corps en train d'agir. Dans les premiers temps de l'évolution des organismes, ni le toucher, ni la vision, ni l'audition, ni le mouvement ne faisaient l'objet de perceptions isolées. Chacune de celles-ci était accompagnée de la *sensation du corps* en train de toucher, de voir, d'entendre ou de se mouvoir.

Dans une grande mesure, cet agencement aurait été maintenu. On peut dire que lorsque nous voyons, nous « sentons notre corps en train de voir », et nous « sentons » très certainement que nous voyons avec nos yeux plutôt qu'avec notre front. (Nous « savons » aussi que nous voyons avec nos yeux, parce que si nous les fermons, les images visuelles s'en vont. Mais cette connaissance obtenue par déduction n'est pas équivalente au fait de sentir que l'on voit avec ses yeux.) Il est vrai que l'attention portée aux processus de traitement de l'information visuelle tend à nous faire oublier le corps. Cependant, si la douleur, la gêne ou l'émotion se manifeste soudain, l'attention peut instantanément se porter sur les représentations du corps, et la perception de ce dernier passe de l'arrière-plan au centre de la scène.

Nous sommes en réalité bien plus avertis de l'état global du corps que nous ne le pensons généralement, mais il est clair qu'à mesure que la vision, l'audition et le toucher ont évolué, l'attention qui a été accordée en particulier à chacune de ces modalités a beaucoup augmenté ; par suite, la perception du corps proprement dit est restée de façon générale précisément où elle était, et est encore, la plus utile : *dans l'arrière-plan*. Cette idée s'accorde bien avec l'existence, chez les organismes simples, d'un stade précurseur de la perception sensorielle du corps, fondé sur l'enveloppe corporelle globale (la « peau ») de ces organismes, en même temps que d'un stade précurseur des organes des sens spécialisés (vision, audition, toucher), fondé sur le fait que l'enveloppe corporelle *entière* peut répondre (à la lumière, aux vibrations et au contact mécanique, respectivement). Par exemple, chez un organisme dépourvu de système visuel, on peut rencontrer le précurseur de la vision sous la forme d'une photosensibilité étendue à tout le corps. Peut-être est-ce pour cette raison que, lorsque la photosensibilité est devenue l'apanage d'une partie spécialisée du corps (l'œil), celle-ci a alors occupé une *position* particulière dans le schéma global du corps. (L'idée que les yeux sont apparus dans l'évolution à partir de petites portions de peau photosensibles avait déjà été avancée par Darwin. Nicholas Humphrey a recouru récemment à une idée similaire [5].)

Dans la plupart des cas où sont à l'œuvre les mécanismes normaux de la perception, les systèmes somatosensoriels et moteurs sont mis en jeu en même temps et parallèlement au système sensoriel spécifiquement concerné par la perception en question. Cela est vrai même lorsqu'on envisage la modalité extéroceptive (orientée vers le monde extérieur) du système somatosensoriel. Lorsque vous touchez un objet, deux séries de signaux émanent de votre peau. L'une concerne la forme et la texture de l'objet ; l'autre vous informe de la position sur le corps des sites cutanés stimulés par le contact avec l'objet, ainsi que des mouvements du bras et de la main. Ajoutez à tout cela que, puisque l'objet peut déterminer ensuite une réaction corporelle, reflétant sa valeur émotionnelle, le système somatosensoriel va de nouveau être mis en œuvre, peu après la réaction en question. Il devrait donc être maintenant clair pour le lecteur que la prise en compte du corps au sein des processus cérébraux, indépendamment de ce que l'on est en train de faire ou de penser, est pratiquement inévitable. Il est probable que les phénomènes mentaux ne peuvent se concevoir sans une certaine sorte de *référence au corps*, notion qui figure de façon proéminente dans les positions théoriques avancées par George Lakoff, Mark Johnson, Eleanor Rosch, Francisco Varela et Gerald Edelman [6].

J'ai présenté ce type d'idée devant des auditoires très divers, et si l'on peut se fier à ma connaissance personnelle des réactions du public, je suis sûr que la plupart de mes lecteurs vont accepter sans problème mes explications. Seul un petit nombre va les trouver exagérées ou fausses. J'ai écouté attentivement les sceptiques, et me suis rendu compte que leur objection principale vient du fait qu'ils n'ont pas l'impression d'éprouver quoi que ce soit provenant du corps, lorsqu'ils conduisent tel ou tel raisonnement. Je ne pense pas que cela soit un problème, cependant, parce que je ne prétends pas que les représentations du corps dominent le paysage mental (sauf dans les moments de bouleversements émotionnels). Dans la vie quotidienne de l'individu, j'estime que les images représentant l'état du corps figurent à l'arrière-plan, sans qu'il y soit généralement accordé attention, bien qu'elles soient éventuellement prêtes à venir au premier plan. Mais ma théorie s'applique principalement à l'*histoire du développement* des processus cérébraux-mentaux, beaucoup plus qu'à leur fonctionnement quotidien. Je pense qu'au cours de l'évolution, les représentations de l'état du corps ont permis de préparer l'avènement du système cérébral-mental qui existe à présent. Sans aucun doute, cependant, le fonctionnement mental quotidien d'un individu actuel est dominé par des images ne se rapportant pas au corps.

Il existe une autre catégorie de sceptiques qui pensent que le corps a, certes, occupé une place importante dans l'évolution du cerveau, mais qu'il est maintenant complètement intégré sous forme de « circuiterie logique » dans les structures cérébrales, de sorte qu'il n'a plus besoin d'être « pris en compte directement ». Mais je pense que cette manière de voir est trop extrémiste. J'admets que le corps est, en effet, bien représenté sous forme de « circuiterie logique » dans les structures cérébrales, et que ces circuits peuvent desservir des mécanismes de simulation, remplaçant les signaux émanant du corps dans le cadre du moment présent. Mais je préfère penser que le corps continue à être « pris en compte directement », pour toutes les raisons que j'ai indiquées. Il faut simplement attendre des preuves supplémentaires pour savoir si la théorie présentée ici a quelque chance d'être vérifiée. Entre-temps, je demande aux sceptiques de cette catégorie d'être patients.

LE CORPS COMME RÉFÉRENCE

Les représentations fondamentales du corps en train d'agir constitueraient un cadre spatial et temporel, sur lequel les autres représentations pourraient s'appuyer. Ainsi, la représentation que nous nous formons, à l'instant présent, d'un espace à trois dimensions serait élaborée dans le cerveau sur la base de l'anatomie du corps et des types de mouvements que nous pouvons effectuer dans l'environnement.

Bien que la réalité externe existe, ce que nous en connaissons nous parviendrait par le biais de la représentation des perturbations qu'elle subit lorsque le corps agit. Peut-être ne saurons-nous jamais dans quelle mesure les connaissances que nous acquérons ainsi reflètent fidèlement la réalité « absolue ». Il est seulement nécessaire que les représentations de la réalité que notre cerveau élabore soient tout à fait invariables, chez nous et chez les autres – et je crois qu'elles le sont.

Considérons la représentation que nous nous formons des chats : il s'agit de l'élaboration d'une *certaine* image traduisant la façon dont notre organisme tend à être modifié par une classe d'entités que nous appelons chats, et cette élaboration doit être faite de façon invariable, aussi bien par nous-mêmes que par les autres individus avec lesquels nous vivons. Ces représentations des chats, systématiques et invariables, sont, en elles-mêmes, réelles. Nos processus mentaux sont réels, les images que nous nous formons des chats sont réelles, la façon dont nous ressentons les chats est réelle. Simplement, cette réalité mentale, neurale, biologique est *la nôtre*. Les grenouilles ou les oiseaux qui regardent un chat le voient de façon différente, et c'est certainement le cas des chats eux-mêmes.

Et, peut-être plus important, les représentations fondamentales du corps en train d'agir jouent sans doute un rôle dans le phénomène de la conscience. Elles fournissent probablement une base aux représentations neurales du moi et constituent ainsi une référence naturelle pour apprécier les événements affectant l'organisme, qu'ils émanent de l'extérieur ou de l'intérieur. Si l'on considère que le corps fournit un telle base de référence fondamentale aux représentations mentales, il n'est donc pas nécessaire de faire appel à un homoncule pour expliquer la subjectivité : il suffit que les états successifs de l'organisme donnent lieu, moment après moment, à des représentations neurales constamment renouvelées, organisées en multiples cartes interconnectées, donnant ainsi une assise matérielle au moi qui existe à tout instant.

LE MOI NEURAL

La question de la conscience m'intéresse beaucoup, et je suis convaincu que la neurobiologie peut commencer à l'aborder. Certains philosophes (comme John Searle, Patricia Churchland et Paul Churchland) ont instamment demandé aux neurobiologistes de se saisir de ce problème, et de premières théories ont commencé à être avancées, aussi bien par des neurobiologistes que par des philosophes (comme Francis Crick, Daniel Dennett, Gerald Edelman ou Rodolfo Llinàs [7]). Mais puisque ce livre n'a pas pour objet de discuter de la conscience, je me bornerai à en évoquer un seul aspect, se rapportant à la question des images, de la perception des émotions et des marqueurs somatiques. Il concerne la base neurale du moi, ce qui pourrait éclairer quelque peu la notion de subjectivité, un trait important de la conscience.

Il me faut d'abord préciser ce que j'entends par moi, et pour cela je vais décrire une observation que j'ai faite de façon répétée chez de nombreux patients atteints de maladie neurologique. Lorsqu'un patient est soudain frappé d'une incapacité à reconnaître les visages familiers, ou à voir les couleurs, ou à lire, ou lorsqu'il cesse de pouvoir reconnaître une mélodie, ou de pouvoir comprendre ou d'utiliser le langage, il déclare généralement, à de rares exceptions près, que quelque chose est en train de lui arriver, quelque chose de nouveau et d'inhabituel, qu'il peut observer et dont il peut s'étonner, et qu'il peut souvent décrire de façon perspicace et concrète. Curieusement, la théorie du fonctionnement mental qui est implicite dans les descriptions avancées par ces patients signifie qu'ils « localisent » le trouble dans une partie de leur personne observée par leur moi. C'est un peu comme s'ils décrivaient un trouble affectant leur coude ou leur genou. Comme je l'ai indiqué, il existe quelques rares exceptions : certains patients atteints d'aphasie sévère peuvent ne pas avoir une conscience aussi précise de leur déficit et peuvent être incapables de faire une description très claire de ce qui se passe dans leur fonctionnement mental. Mais généralement, les patients se rappellent même le moment précis où leur déficit a commencé à se manifester (ces pathologies se déclarent souvent de façon soudaine). D'innombrables fois, j'ai entendu des patients décrire comment ils avaient vécu ce terrible moment où une lésion cérébrale avait débuté et où s'était installé un déficit moteur ou cognitif. Très souvent, ils ont rapporté qu'ils s'étaient alors dit : « Mon Dieu, qu'est-il en train de *m'*arriver ? » En d'autres termes, ils n'ont jamais dit que ces déficits complexes affectaient une vague entité, ou le voisin de palier. Ils touchaient leur moi.

Mais laissez-moi vous raconter ce qui se passe chez les patients atteints de la forme complète d'anosognosie que j'ai décrite plus haut. Ni dans les cas que j'ai pu voir, ni dans ceux rapportés dans les publications, je n'ai constaté que ces malades donnaient d'explications comparables à celles avancées par les patients décrits dans le paragraphe précédent. Pas un seul n'a dit quelque chose du genre : « Mon Dieu, comme c'est bizarre, je ne ressens plus rien de mon corps, et tout ce qui me reste est mon esprit. » Pas un seul n'a pu dire à *quel moment* son trouble avait commencé. Ils ne le savaient pas, sauf si vous le leur disiez. Contrairement aux patients que j'ai décrits dans le paragraphe précédent, aucun des anosognosiques ne pouvait dire que son trouble affectait son moi.

Mais il est une observation encore plus curieuse : les patients ne souffrant que d'un déficit partiel de la perception du corps sont capables de rapporter leur trouble à leur moi. Il s'agit de malades qui sont atteints d'anosognosie transitoire ou de ce que l'on appelle l'asomatognosie. Un exemple impressionnant en a été fourni par l'une de mes patientes : elle avait subi une perte temporaire de la perception relative à la structure de son corps et à son enveloppe corporelle (à la fois des côtés droit et gauche), mais était néanmoins parfaitement consciente de ses fonctions viscérales (respiration, battements du cœur, digestion).

Elle pouvait décrire son état comme celui d'une perte inquiétante d'une partie de son corps, mais non de son « être ». Elle possédait encore un moi – en fait, un moi tout à fait effrayé – à chaque fois qu'elle subissait cette perte partielle et temporaire de la perception de son corps, c'est-à-dire à l'occasion de crises d'épilepsie. Celles-ci étaient provoquées par une lésion peu étendue, mais localisée dans une région stratégique de l'hémisphère droit, c'est-à-dire à l'intersection de plusieurs des cartes sensorielles que j'ai décrites plus haut. La lésion ne touchait pas la portion antérieure de l'insula, région que je pense spécialement dévolue à la perception des sensations en provenance des viscères. Des médicaments contre l'épilepsie ont rapidement fait disparaître ces épisodes.

Je peux avancer l'interprétation suivante de l'état des anosognosiques complets : les lésions dont ils sont atteints détruisent partiellement la base neurale de leur moi. Ils n'ont de ce dernier qu'une notion désormais très appauvrie, parce qu'il leur est très difficile de prendre en compte, dans leurs processus mentaux, les états présents du corps. Ils ne peuvent se fonder que sur des informations anciennes, qui deviennent à chaque instant toujours plus vieilles.

Je dois souligner que la notion de moi est à, mes yeux, distincte de celle de la conscience de soi, car j'estime que le moi, ainsi que la subjectivité qui en découle, sont des facteurs nécessaires de la conscience en général et pas seulement de la conscience de soi. Ce n'est pas non plus parce que je mets l'accent sur la notion de moi que cela signifie que les autres traits de la conscience sont moins importants ou moins abordables par la neurobiologie. Le processus d'élaboration des images et les mécanismes d'éveil et de vigilance que cela suppose sont tout aussi importants que le moi, ce moi que nous nous représentons comme le sujet qui connaît et possède ces images. Cependant, le problème de la base neurale du moi et celui de la base neurale de l'élaboration des images ne se situent pas au même niveau, sur le plan cognitif ou neural. Il ne peut pas y avoir de moi sans les systèmes d'éveil, de vigilance et de formation des images, mais vous pouvez être éveillé et vigilant, et former des images dans certains secteurs de votre cerveau et de votre fonctionnement mental, tout en ayant un moi déficient. Dans certains cas extrêmes, une altération pathologique des systèmes d'éveil et de vigilance peut déterminer un état végétatif et le coma, circonstances dans lesquelles le moi disparaît complètement, comme Fred Plum et Jerome Posner l'ont bien montré [8]. Mais il peut y avoir des altérations pathologiques du moi sans que ces systèmes fondamentaux soient déficients, comme on peut le voir chez des patients souffrant de certains types de crises épileptiques ou d'anosognosie complète.

Encore une autre mise en garde avant de continuer : lorsque je me réfère à la notion de moi, je ne veux pas du tout suggérer que la *totalité* du contenu de notre esprit est examiné par une entité centrale unique, une sorte de sujet qui le connaîtrait et le posséderait ; ni que cette entité résiderait dans un site particulier du cerveau. Ce que je veux dire, cependant, c'est que nous tendons à projeter un « regard » constant sur le monde, comme s'il y avait bien un sujet qui connaissait et possédait tous les aspects de notre univers mental (du moins la plus grande partie d'entre eux, mais non tous). J'estime que l'existence de ce « regard » se fonde sur un état biologique relativement stable, indéfiniment répété. L'origine de cette stabilité est fournie par la structure et le fonctionnement en grande partie invariables de l'organisme, et sur les données de notre histoire personnelle qui n'évoluent que lentement.

La base neurale du moi, à mes yeux, est constituée par le continuel rappel en activité d'au moins deux séries de représentations. L'une de ces deux séries comprend des représentations d'événements cruciaux de l'histoire de l'individu. Grâce à eux la notion de son identité peut être reconstruite de façon répétée, par des activations partielles de cartes sensorielles topographiquement organisées. La série de représentations potentielles décrivant l'histoire de l'individu comprend un grand nombre de faits classés par catégories, qui définissent sa personne : ce qu'il fait, quelles personnes et quelles choses il aime, quelles sortes d'objets il utilise, quelles sortes de lieux il fréquente, quelles sortes d'action il fait le plus souvent. Vous pouvez vous représenter cette série de représentations potentielles à la manière des fichiers que J. Edgar Hoover savait si bien préparer *, à ceci près qu'ils sont conservés dans des cortex d'association et non pas dans des meubles à tiroirs. En outre, en plus de ces faits classés, il existe dans le passé de l'individu des faits uniques en leur genre qui font l'objet d'un rappel constant sous forme de représentations topographiquement organisées : les lieux où il vit et travaille, la nature précise de son travail, son nom et celui de ses proches parents et amis, de sa ville et de son pays, etc. Finalement, figurent aussi dans la mémoire, sous forme de représentations potentielles, une série d'événements récents, avec leur distribution temporelle approximative, ainsi qu'une série de programmes d'action, un certain nombre d'événements imaginaires que nous avons l'intention de faire se produire, ou dont nous espérons qu'ils vont se produire. Ces programmes et ces événements imaginaires constituent ce que j'appelle « les souvenirs du futur possible ». Ils sont conservés sous forme de représentations potentielles tout comme les autres souvenirs.

En bref, le rappel continuel d'images constamment remises à jour concernant notre identité (représentant des souvenirs du passé, aussi bien que des programmes pour l'avenir) est le fondement d'une part importante de l'état sous-tendant le moi, tel que je le comprends.

La deuxième série de représentations sous-tendant le moi neural est formée par les représentations fondamentales du corps de l'individu, auxquelles j'ai fait allusion plus haut : elles dépeignent non seulement à quoi a ressemblé le corps en général dans le passé, mais aussi à quoi il a ressemblé *récemment*, juste avant les processus condui-

---

* John Edgar Hoover (1895-1972) a été directeur du FBI de 1924 jusqu'à sa mort. *(N. d. T.)*

sant à la perception de l'objet X (c'est un point important : comme vous allez le voir, je pense que la subjectivité dépend en grande partie des changements survenant dans l'état du corps pendant et après le traitement neural de l'information fournie par l'objet X). Elles comprennent évidemment les états d'arrière-plan du corps et les états émotionnels. L'ensemble des représentations du corps constitue le fondement d'un « concept » du moi, tout comme l'ensemble des représentations portant sur la forme, la dimension, la couleur, la texture et le goût peut constituer le fondement du concept d'orange. Dans le cadre de l'évolution, comme dans celui du développement, les premiers signaux provenant du corps ont permis de former un « concept fondamental » du moi. Ce concept fondamental a fourni un cadre de référence permettant de prendre en compte tout ce qui est arrivé ensuite à l'organisme, y compris les états du corps momentanés qui ont été *continuellement* incorporés dans le concept du moi, et sont devenus rapidement des états passés (ces premiers signaux ont été les ancêtres et le fondement de la notion de moi, selon la formule de Jerome Kagan [9]). Ce qui nous affecte dans le moment *présent* est, en fait, en train d'affecter un concept du moi qui repose sur le passé, y compris le passé qui a eu lieu il y a un instant seulement.

À chaque instant, l'état sous-tendant le moi est l'objet d'un processus de complète élaboration. C'est un état de base évanescent, continuellement et uniformément reconstruit, au point que l'individu chez lequel il figure n'en sait rien, sauf lorsque quelque chose se passe de travers dans la reconstruction. La perception de l'état d'arrière-plan du corps du moment, ou la perception de l'émotion du moment, de pair avec les signaux sensoriels spécifiques du moment, affectent le concept du moi, celui-ci résultant à chaque instant des activités coordonnées de multiples régions cérébrales. Mais notre moi ou, mieux, notre méta-moi ne prend connaissance de ce « moment » qu'un instant plus tard. La remarque de Pascal sur le passé, le présent et l'avenir, que j'ai rapportée au début du chapitre VIII, saisit bien l'essence de ce phénomène, en l'exprimant de façon lapidaire. Le présent devient continuellement le passé et, lorsque nous en dressons l'inventaire, nous sommes déjà dans un autre présent, l'esprit accaparé par la préparation de l'avenir, tâche que nous accomplissons en prenant appui sur les marches du passé. Le présent n'est jamais là. Notre conscience est irrémédiablement en retard.

Finalement, laissez-moi envisager ce qui est peut-être la question la plus cruciale de toute cette discussion. Par quel tour de passe-passe l'image d'un objet X et un état particulier du moi, tous deux existant sous la forme d'activations momentanées de représentations topographiquement organisées, engendrent-ils cette subjectivité qui caractérise notre vécu ? La réponse que je donne tout de suite, avant de l'expliquer plus loin, est que ce phénomène dépend de l'élaboration par le cerveau d'une description, et de l'affichage des images relatives à cette description. Lorsque des images correspondant à une entité nouvellement perçue (par exemple, un visage) sont élaborées dans les cortex sensoriels fondamentaux, le *cerveau y réagit*. Il en est ainsi parce que les signaux provenant de ces images sont acheminés en direction de plusieurs noyaux subcorticaux (par exemple, l'amygdale, le thalamus) et de nombreuses régions corticales, et que ces structures contiennent des représentations potentielles capables de répondre à certaines classes de signaux. Autrement dit, les représentations potentielles de ces noyaux et de ces régions corticales sont activées et, en conséquence, déterminent tout un ensemble de changements dans l'état de l'organisme. À leur tour, ces changements altèrent momentanément l'image du corps, et perturbent donc l'élaboration *en cours* du concept du moi.

Bien que de telles réponses impliquent des connaissances, cela ne signifie pas qu'une partie quelconque du cerveau « sache » que des réponses à la présence d'une entité sont en train d'être produites. Lorsque le cerveau d'un organisme détermine une série de réponses à une entité, le fait qu'il existe une représentation du moi n'implique pas que ce moi *sache* que l'organisme est en train de répondre. Le moi, tel qu'il est décrit ci-dessus, ne peut pas savoir. Cependant, un processus que nous pourrions appeler « méta-moi » est peut-être en mesure de savoir, à condition que : 1. le cerveau puisse élaborer une certaine *description de la perturbation de l'état de l'organisme*, perturbation qui a été engendrée par les réponses du cerveau à la présence d'une image ; 2. la description puisse *engendrer une image du processus de la perturbation* ; 3. l'image du *moi perturbé* puisse être affichée en même temps que l'image qui a déclenché la perturbation (ou en rapide intercalation avec elle). En résumé, la description dont je parle concerne la *perturbation de l'état de l'organisme*, par suite des réponses du cerveau à l'image de l'objet X. Cette description n'emploie pas de langage, bien qu'elle puisse être traduite sous forme verbale.

L'obtention d'images n'est pas en soi suffisante, même si nous invoquons l'attention et la prise de conscience, parce que attention et prise de conscience caractérisent le moi lorsqu'il perçoit des images sur le plan du vécu, c'est-à-dire qu'il prend conscience des images auxquelles il fait attention. Invoquer l'obtention d'images *et* l'existence du moi n'est pas suffisant non plus. Si l'on dit que l'image d'un objet est mise en rapport avec les images qui constituent le moi, ou est mise en corrélation avec elles, cela ne nous aide pas beaucoup non plus. Car il faudrait savoir en quoi consiste cette corrélation, ou quel est son effet. Savoir comment la subjectivité émergerait d'un tel processus resterait tout aussi mystérieux.

Mais considérons les hypothèses suivantes. Supposons d'abord que le cerveau possède un troisième ensemble de structures nerveuses, qui n'est ni celui sous-tendant les images des objets, ni celui sous-tendant les images du moi, mais qui présente des connexions réciproques avec les deux. En d'autres termes, il s'agirait d'un ensemble de neurones « tierce partie » que nous avons appelé « zone de convergence », et que nous avons décrit comme le substrat neural des représentations potentielles, figurant dans tout le cerveau, dans les régions corticales aussi bien que dans les noyaux subcorticaux.

Ensuite, imaginons que cet ensemble « tierce partie »

reçoive des signaux aussi bien des représentations des objets que des représentations du moi, dans les circonstances où *l'organisme est perturbé par la représentation de l'objet*. En d'autres termes, imaginons que cet ensemble « tierce partie » élabore une *représentation potentielle du moi tel qu'il est en train de changer tandis que l'organisme répond à un objet*. Cette représentation potentielle ne serait en rien mystérieuse, dans la mesure où elle serait précisément du même type que celles élaborées, remodelées et conservées de façon courante par le cerveau. Nous savons également que le cerveau possède toutes les informations requises pour élaborer de telles représentations potentielles : peu après que nous avons vu un objet et que nous en gardons une représentation potentielle dans le cortex visuel fondamental, nous détenons aussi de nombreuses représentations de l'organisme en train de réagir à l'objet dans diverses régions somatosensorielles.

Une représentation potentielle de ce type n'est ni créée, ni perçue par un homoncule, et, comme c'est le cas de toutes les représentations potentielles, elle peut déterminer, dans les cortex sensoriels fondamentaux avec lesquels elle est reliée, la formation de l'image dont elle détient le programme : autrement dit, l'image somatosensorielle de l'organisme en train de répondre à un objet particulier.

Finalement, supposons que tous les acteurs que j'ai décrits ci-dessus – la représentation de l'objet, la réponse de l'organisme à l'objet, et l'état du moi en train de changer en raison de cette réponse – soient appréhendés simultanément dans la mémoire de travail, et examinés, côte à côte, ou en rapide succession, dans les cortex sensoriels fondamentaux. Je pense que la subjectivité émerge durant la dernière étape, au moment où le cerveau est en train d'engendrer non pas des images relatives à un objet, non pas des images des réponses de l'organisme à un objet, mais un troisième type d'images, celles d'un organisme en train de percevoir et de répondre à un objet. Je pense que le « regard » subjectif émane du contenu de ce troisième type d'image.

Les systèmes neuraux requis pour engendrer le phénomène de subjectivité doivent, au minimum, comprendre des cortex sensoriels fondamentaux (dont, notamment, les cortex somatosensoriels) ainsi que des régions d'association corticales sensorielles et motrices et des noyaux subcorticaux (principalement le thalamus et les ganglions de la base) présentant des propriétés de convergence, les rendant capables de fonctionner en tant qu'ensembles « tierce partie ».

Ces systèmes neuraux de base n'ont pas besoin de mettre en œuvre le langage. Le « méta-moi » que j'envisage est une construction purement non verbale, une représentation schématique des rapports entre les protagonistes principaux, établie depuis un point de vue extérieur à chacun d'eux. En fait, cette représentation tierce partie constitue une narration non verbale, moment après moment, des événements affectant ces protagonistes. Cette narration peut être faite sans utiliser le langage, mais en recourant aux mécanismes élémentaires de représentation dans l'espace et dans le temps des systèmes sensoriels et moteurs. Je ne vois pas de raison pour laquelle les animaux qui ne possèdent pas de langage n'élaboreraient pas de telles narrations.

Les êtres humains possèdent des capacités narratives de second ordre, fournies par le langage, grâce auxquelles peuvent être construites des narrations verbales à partir des non verbales. La forme raffinée de subjectivité qui est la nôtre émerge sans doute de ce dernier processus. Le langage n'est peut-être pas à l'origine du moi, mais il est très certainement à la source du « Je ».

À ma connaissance, personne d'autre n'a avancé d'hypothèse spécifique sur les bases neurales de la subjectivité, mais puisque cette dernière représente un trait caractérisque de la conscience, il est bon de signaler, même brièvement, comment mes propres suggestions se situent par rapport à d'autres dans ce domaine.

La théorie de Francis Crick sur la conscience se concentre principalement sur le problème de l'élaboration des images et laisse complètement de côté la question de la subjectivité. Il a, en fait, décidé de ne pas la prendre en considération pour le moment, puisqu'il doute qu'elle puisse être abordée expérimentalement. Ses choix et sa prudence sont tout à fait légitimes, mais je crains qu'en reportant à plus tard la prise en considération de la subjectivité, nous nous privions de la possibilité d'interpréter correctement les données empiriques relatives à l'élaboration et à la perception des images.

La théorie de Daniel Dennett, d'un autre côté, aborde les aspects les plus élevés de la conscience, les produits ultimes des processus mentaux. Il admet que le moi existe, mais il ne s'intéresse pas à ses bases neurales, pour se concentrer plutôt sur les mécanismes qui nous amènent à percevoir la conscience comme un flux. De façon intéressante, à ce niveau du processus, il recourt à une notion d'élaboration séquentielle (ce qu'il appelle une machine virtuelle joycienne), qui n'est pas sans rappeler le mécanisme d'élaboration des images dont j'invoque la mise en œuvre à un niveau plus bas et plus précoce. Il me semble assez clair, cependant, que le système responsable de la subjectivité, tel que je l'ai décrit, ne correspond nullement à la machine virtuelle de Dennett.

Ma théorie partage d'importants points communs avec celle de Gerald Edelman sur les bases neurales de la conscience, comme notamment la prise en compte d'un moi biologique possédant des objectifs préférés. (Edelman a pratiquement été le seul jusqu'ici, parmi les théoriciens contemporains, à mettre en avant la notion de valeurs homéostatiques innées dans les systèmes biologiques.) Edelman, cependant, restreint le moi biologique aux systèmes homéostatiques subcorticaux (tandis que j'estime que le moi biologique est pris en compte dans les systèmes corticaux dévolus à la perception des faits, de sorte que celle-ci peut conduire à la perception d'émotions). Les processus neuraux que j'envisage, ainsi que les structures où je pense qu'ils se réalisent, sont donc différents. En outre, je ne sais pas jusqu'à quel point la notion de subjectivité que j'avance recoupe celle de « conscience primaire » d'Edelman.

William James pensait qu'aucune science psychologique digne de ce nom ne pourrait mettre en question l'existence du « moi personnel » – le pire qu'une mauvaise science psychologique aurait pu faire, selon lui, aurait été de nier toute importance à ce « moi ». Il se serait peut-être réjoui de constater que, de nos jours, des hypothèses plausibles, bien qu'encore non prouvées, sont avancées sur les bases neurales de ce moi.

CHAPITRE XI

La passion fondant la raison

Au début de ce livre, j'ai suggéré que la perception des émotions exerce une puissante influence sur la faculté de raisonnement, que les systèmes neuraux desservant la première sont emmêlés avec ceux qui sous-tendent la seconde, et que ces deux catégories de mécanismes s'entrelacent avec ceux qui assurent la régulation des fonctions biologiques du corps.

Les faits que j'ai présentés vont, de façon générale, dans le sens de cette hypothèse, mais il s'agit néanmoins d'une hypothèse, avancée dans l'espoir qu'elle suscitera de nouvelles recherches et sera sujette à révision lorsque de nouveaux résultats seront obtenus. La perception des émotions paraît vraiment dépendre d'un système spécial comprenant de nombreuses composantes, qui est indissociable de la régulation biologique. La faculté de raisonnement semble vraiment dépendre de systèmes neuraux spécifiques, dont certains se trouvent desservir la perception des émotions. Ainsi, il semble bien qu'il existe un fil conducteur reliant, sur le plan anatomique et fonctionnel, la faculté de raisonnement à la perception des émotions et au corps. C'est comme s'il existait une passion fondant la raison, une pulsion prenant naissance dans la profondeur du cerveau, s'insinuant dans les autres niveaux du système nerveux, et se traduisant finalement par la perception d'une émotion ou par une influence non consciente orientant un processus de prise de décision. La raison, de sa forme pratique à sa forme théorique, se développe probablement sur la base de cette pulsion innée, par un processus ressemblant à l'acquisition d'une compétence supérieure dans la pratique d'un art. Si nous n'avez pas l'incitation de la pulsion, vous n'acquerrez jamais la maîtrise de l'art. Mais si vous possédez cette pulsion, cela ne garantit pas automatiquement que vous deviendrez un maître.

Si cette hypothèse peut être tenue pour exacte, y a-t-il des implications sociopolitiques à l'idée que la raison n'est jamais pure ? Je pense que oui, et que cela est globalement positif.

Savoir que la perception des émotions joue un rôle important *ne* doit *pas* pousser à penser que la raison a moins de valeur que celle-ci, qu'elle doit se contenter d'un strapontin à côté d'elle, ou qu'il ne vaut pas vraiment la peine de s'efforcer de la développer. Bien au contraire, se rendre compte du rôle considérable que peut jouer la perception des émotions peut nous donner la possibilité d'augmenter son impact positif et de réduire ses effets éventuellement négatifs. Plus précisément, sans vouloir diminuer en rien la valeur d'orientation que peut avoir la perception normale des émotions, on pourrait envisager de protéger la raison contre les vicissitudes que la perception anormale des émotions (ou les influences indésirables sur la perception normale) peut introduire dans le processus de prise de décision.

Je ne pense pas que la compréhension de la perception des émotions devrait nous rendre moins enclins à suivre la méthode de la vérification empirique. Il me semble plutôt qu'une meilleure connaissance des mécanismes physiologiques sous-tendant la capacité d'exprimer et ressentir des émotions devrait nous permettre de mieux être conscients des pièges guettant l'observation scientifique. La théorie que j'ai avancée dans ce livre ne devrait pas diminuer notre aspiration à vouloir maîtriser les conditions du milieu pour le plus grand bien des individus et de la société, ou à vouloir développer, inventer ou perfectionner les moyens culturels par lesquels nous pourrions rendre le monde meilleur : l'éthique, les lois, l'art, la science et la technologie. En d'autres termes, il n'y a rien dans ma théorie qui invite à accepter les choses telles qu'elles sont. Il me faut souligner ce point, puisque, lorsqu'on parle de perception des émotions, on y associe souvent l'idée de préoccupation excessive de soi, de désintérêt pour le monde qui nous entoure, et d'acceptation de normes moins exigeantes pour la création intellectuelle. En fait, c'est tout le contraire de mon point de vue, qui n'a aucune raison d'inquiéter ceux qui, comme Gunther Stent, se demandent si la valorisation excessive de l'émotion ne pourrait pas conduire à émousser la volonté de maintenir ce pacte faustien qui a apporté le progrès à l'humanité [1].

Ce qui, personnellement, me soucie est que l'on accepte d'accorder de l'importance à la perception de l'émotion, sans faire d'effort pour comprendre ses mécanismes socioculturels et biologiques complexes. Le meilleur exemple de cette position peut s'apercevoir dans les tentatives d'expliquer certaines attitudes désespérées ou certains comportements irrationnels par des causes sociales superficielles ou par l'action de neurotransmetteurs, deux explications qui envahissent le discours ambiant dans la presse écrite ou audiovisuelle ; ainsi que dans les tentatives de remédier aux problèmes sociaux et personnels par des médicaments ou des drogues. C'est précisément ce manque de compréhension de la nature de la perception des émotions et de la raison (l'un des signes patents de cette « culture de la plainte » caractéristique de la société contemporaine [2]) qui est un sujet d'alarme.

La façon dont est présenté l'organisme humain dans ce livre, et la relation entre perception des émotions et raison qui ressort des résultats discutés ici, suggèrent bien, cependant, que pour accroître la faculté de raisonnement, il est nécessaire d'accorder plus d'attention à la vulnérabilité du monde intérieur.

Sur un plan pratique, à partir du moment où l'on admet, comme il est fait dans ce livre, le rôle de la perception des émotions dans la mise en œuvre de la faculté de raisonnement, on peut en tirer certaines conséquences pour les problèmes qu'affronte actuellement la société, dans les domaines de la violence et de l'éducation. Il n'est pas possible de traiter exhaustivement ici de ces questions, mais permettez-moi de signaler que le système éducatif pourrait gagner beaucoup à mettre en avant la notion d'un lien indiscutable entre la perception d'émotions données et certaines conséquences ultérieures prévisibles. La surexposition des enfants à la violence, que ce soit dans la vie réelle, dans les actualités télévisées ou dans les films, conduit à donner moins de valeur à l'expression et à la perception des émotions dans l'acquisition et la mise en œuvre d'un comportement social adéquat. Le fait que toute cette violence par procuration, étalée dans les œuvres audiovisuelles, soit présentée en dehors de tout cadre moral, ne fait qu'augmenter son effet désensibilisant.

L'ERREUR DE DESCARTES

Il n'aurait pas été possible de tenir ma partie dans cette conversation sans invoquer Descartes, en tant que référence obligée de tout un ensemble d'idées sur les rapports du corps, du cerveau et de l'esprit, qui, d'une façon ou d'une autre, continue à exercer une grande influence dans les sciences et les lettres occidentales. Comme vous l'avez vu, j'ai combattu dans ce livre à la fois la conception dualiste de Descartes selon laquelle l'esprit est distinct du cerveau et du corps (dans sa version la plus dure, elle est moins en vogue de nos jours), et ses variantes modernes : selon l'une de ces dernières, il existe bien un rapport entre l'esprit et le cerveau, mais seulement dans le sens où l'esprit est une espèce de programme informatique pouvant être mis en œuvre dans une sorte d'ordinateur appelé cerveau ; et qu'il existe bien un lien entre le cerveau et le corps, mais seulement dans le sens où le premier ne peut pas survivre sans les fonctions vitales desservies par le second.

Quelle a donc été l'erreur de Descartes ? Ou mieux encore, *quelle* erreur de Descartes ai-je l'intention de relever, sans ménagement et avec ingratitude ? On pourrait commencer par lui reprocher d'avoir poussé les biologistes à adopter – et ceci est encore vrai à notre époque – les mécanismes d'horlogerie comme modèle explicatif pour les processus biologiques. Mais peut-être cela ne serait-il pas tout à fait équitable ; aussi vaut-il mieux se tourner vers le « Je pense, donc je suis ». Cette formule, peut-être la plus célèbre de l'histoire de la philosophie, apparaît en français dans la quatrième partie du *Discours de la Méthode* (1637), et en latin *(« Cogito, ergo sum »)*, dans les *Principes de philosophie* (1644) [3]. Prise à la lettre, cette formule illustre précisément le contraire de ce que je crois être la vérité concernant l'origine de l'esprit et les rapports entre esprit et corps. Elle suggère que penser, et la conscience de penser, sont les fondements réels de l'être. Et puisque nous savons que Descartes estimait que la pensée était une activité complètement séparée du corps, sa formule consacre la séparation de l'esprit, la « chose pensante » *(res cogitans)*, et du corps non pensant, qui est caractérisé par une « étendue », et des organes mécaniques *(res extensa)*.

Cependant, bien longtemps avant l'aube de l'humanité, des organismes ont existé. À un certain moment de l'évolution, une conscience élémentaire est apparue, correspondant à un fonctionnement mental simple. Lorsque ce dernier est devenu plus complexe, la possibilité de penser s'est instaurée, et même ultérieurement, celle d'utiliser un langage pour communiquer et mieux penser. Donc, à mes yeux, le fait d'exister a précédé celui de penser. Ceci est d'ailleurs vrai pour chacun de nous : tandis que nous venons au monde et nous développons, nous commençons par exister et seulement plus tard, nous pensons. Nous sommes, et ensuite nous pensons, et nous ne pensons que dans la mesure où nous sommes, puisque la pensée découle, en fait, de la structure et du fonctionnement de l'organisme.

Lorsqu'on replace la déclaration de Descartes dans le contexte de son époque, on peut se demander un instant si elle ne voulait pas dire autre chose que ce qui, à présent, est admis qu'elle signifie. Ne pourrait-on pas y voir simplement l'affirmation de la supériorité de la conscience et de la faculté de raisonnement, sans prise de position catégorique en ce qui concerne leur origine, leur substance ou leur permanence ? Ne se pourrait-il pas aussi que cette déclaration ait eu pour habile objectif de se concilier les autorités religieuses dont Descartes connaissait pertinemment les capacités de pression ? Cette dernière possibilité est peut-être envisageable, mais on ne peut avoir aucune certitude à ce sujet. (Descartes a choisi de faire inscrire sur sa tombe une devise qu'il semble avoir utilisée fréquemment : « *Bene qui latuit, bene vixit* », tirée des *Tristes* d'Ovide [3, 4, 25], « Qui s'est bien caché, a bien vécu » ; peut-être un désaveu cryptique du dualisme ?) Quant à l'autre hypothèse avancée ci-dessus (la simple supériorité de la conscience), tout bien réfléchi, il me semble que Descartes a *aussi* voulu dire exactement ce qu'il a écrit. En même temps qu'il énonce sa célèbre formule, Descartes se réjouit d'avoir découvert une proposition si indéniablement vraie qu'aucun scepticisme ne peut lui être opposé :

> ... et remarquant que cette vérité, *je pense donc je suis*, était si ferme et si assurée que toutes les plus extravagantes suppositions des sceptiques n'étaient pas capables de l'ébranler, je jugeai que je pouvais la recevoir sans scrupule pour le premier principe de la philosophie que je cherchais [4].

Il faut rappeler que Descartes était à la recherche d'un fondement logique pour sa philosophie, et sa formule n'est pas sans rappeler celle de saint Augustin : « *Fallor, ergo sum* » (« Je suis trompé, donc je suis [5] »). Mais quelques lignes plus loin, Descartes précise sa conception sans ambiguïté :

> Je connus de là que j'étais une substance dont toute l'essence ou la nature n'est que de penser, et qui, pour être, n'a besoin d'aucun lieu ni ne dépend d'aucune chose matérielle,

> en sorte que ce moi, c'est-à-dire l'âme par laquelle je suis ce que je suis, est entièrement distincte du corps, et même qu'elle est plus aisée à connaître que lui, et qu'encore qu'il ne fût point, elle ne laisserait pas d'être tout ce qu'elle est [6].

C'est là qu'est l'erreur de Descartes : il a instauré une séparation catégorique entre le corps, fait de matière, doté de dimensions, mû par des mécanismes, d'un côté, et l'esprit, non matériel, sans dimensions et exempt de tout mécanisme, de l'autre ; il a suggéré que la raison et le jugement moral ainsi qu'un bouleversement émotionnel ou une souffrance provoquée par une douleur physique, pouvaient exister indépendamment du corps. Et spécifiquement, il a posé que les opérations de l'esprit les plus délicates n'avaient rien à voir avec l'organisation et le fonctionnement d'un organisme biologique.

Mais, pourront se demander certains, pourquoi chicaner Descartes plutôt que Platon, dont les conceptions relatives au corps et à l'esprit étaient beaucoup plus exaspérantes, comme on peut s'en apercevoir dans le *Phédon* ? Pourquoi se soucier de cette erreur particulière de Descartes ? Après tout, certaines de ses autres erreurs paraissent plus spectaculairement fausses que celle-ci. Il pensait que la circulation du sang reposait sur des phénomènes calorifiques et que des particules extrêmement petites figurant dans le sang se volatilisaient sous forme d'« esprits animaux », qui pouvaient alors faire se mouvoir les muscles. Pourquoi ne pas l'attaquer sur l'une ou l'autre de ces notions ? La raison en est simple : nous savons depuis longtemps qu'il se trompait sur ces points particuliers, et que la question du pourquoi et du comment de la circulation a été éclaircie depuis longtemps de façon complètement satisfaisante. Ce n'est pas le cas lorsqu'on considère le problème de l'esprit, du cerveau et du corps, dans le cadre duquel l'erreur de Descartes continue à exercer une grande influence. Pour beaucoup, les conceptions de Descartes vont de soi, et n'ont nul besoin d'être réexaminées.

Il est bien possible que la notion cartésienne d'un esprit séparé du corps ait été à la source, vers le milieu du XXe siècle, de la métaphore de l'esprit considéré comme un logiciel informatique. En fait, si l'on peut considérer l'esprit séparément du corps, on peut peut-être même essayer de le comprendre sans faire appel à la neurobiologie, sans avoir besoin de tenir compte des connaissances de neuro-anatomie, de neurophysiologie et de neurochimie. Il est intéressant de noter que, de façon paradoxale, de nombreux spécialistes des sciences cognitives qui estiment que l'on peut étudier les processus mentaux sans recourir à la neurobiologie, ne se considèrent sans doute pas comme des dualistes.

On peut aussi voir un certain dualisme cartésien (posant une séparation entre le cerveau et le corps) dans l'attitude des spécialistes des neurosciences qui pensent que les processus mentaux peuvent être expliqués seulement en termes de phénomènes cérébraux, en laissant de côté le reste de l'organisme, ainsi que l'environnement physique et social – et en laissant aussi de côté le fait qu'une certaine partie de l'environnement est lui-même le produit des actions antérieures de l'organisme. Je ne partage pas ce point de vue, non pas parce que je pense que l'esprit n'est pas directement relié au cerveau (il l'est, bien entendu), mais parce que j'estime que cette façon de voir est malheureusement incomplète, et insatisfaisante sur le plan humain. Dire que les processus mentaux relèvent du cerveau est indiscutable, mais je pense qu'il faut préciser davantage cette proposition et chercher à établir pourquoi les systèmes neuraux du cerveau se comportent de façon aussi conséquente. Car c'est cela qui, à mon avis, est le problème crucial.

L'idée d'un esprit séparé du corps a, semble-t-il, également orienté la façon dont la médecine occidentale s'est attaquée à l'étude et au traitement des maladies (voir le post-scriptum). La coupure cartésienne imprègne aussi bien la recherche que la pratique médicales. Par suite, l'impact psychologique des maladies affectant le corps proprement dit (ce que l'on appelle les maladies réelles) n'est généralement pas pris en compte, ou seulement envisagé dans un second temps. Le processus inverse, la façon dont les problèmes psychologiques retentissent sur le corps, est encore plus négligé. N'est-il pas curieux de penser que Descartes, qui a véritablement contribué à modifier le cours de la médecine, lui a fait abandonner l'approche holiste, dans laquelle l'esprit et le corps ne faisaient qu'un, approche qui avait prévalu d'Hippocrate à la Renaissance ? Aristote aurait été bien mécontent de Descartes, s'il l'avait su.

L'une des variantes de l'erreur de Descartes est de ne pas voir que l'esprit humain est incorporé dans un organisme biologiquement complexe, mais unique en son genre, fini et fragile ; elle empêche donc de voir la tragédie que représente la prise de conscience de cette fragilité, cette finitude et cette unicité. Et lorsque les êtres humains sont incapables d'apercevoir la tragédie fondamentale de l'existence consciente, ils sont moins enclins à chercher à l'adoucir, et peuvent, de ce fait, avoir moins de respect pour la valeur de la vie.

Les faits que j'ai présentés au sujet de la perception des émotions et de la faculté de raisonnement, et d'autres que j'ai discutés au sujet des interrelations entre le cerveau et le corps proprement dit, viennent soutenir les idées tout à fait générales que j'ai avancées dans l'introduction : la compréhension globale de l'esprit humain nécessite de prendre en compte l'organisme ; non seulement il faut faire passer les phénomènes mentaux du plan des processus de pensée immatériels à celui d'un tissu biologique, mais il faut aussi les mettre en rapport avec l'organisme entier, dans lequel le corps et le cerveau fonctionnent comme une unité, et qui interagit pleinement avec l'environnement physique et social.

Les phénomènes mentaux véritablement intégrés dans le corps, tels que je les envisage, sont tout à fait capables de donner lieu aux plus hautes opérations, comme celles relevant de l'âme et du niveau spirituel. De mon point de vue, nonobstant tout le respect que l'on doit accorder à la notion d'âme, on peut dire que cette dernière reflète seulement un état particulier et complexe de l'organisme. La chose la plus indispensable, en tant qu'êtres humains, que nous puissions faire, chaque jour dans notre vie, est de nous rappeler et de rappeler aux autres notre complexité, notre fragilité, notre finitude et notre unicité. Et la difficulté, c'est, bien sûr, ceci : faire passer l'esprit de sa position élevée dans l'« éther » à celle d'une localisation matérielle, tout en lui conservant une grande considération ; reconnaître son origine humble et sa vulnérabilité, et cependant continuer à lui attribuer un rôle de direction. Une tâche difficile et indispensable, certes, mais en dehors de laquelle il vaudrait bien mieux laisser l'erreur de Descartes non corrigée.

Post-scriptum

LES CONFLITS AU SEIN DU CŒUR HUMAIN

« La voix du poète ne doit pas obligatoirement se cantonner à dire la condition humaine, elle peut être l'un des instruments, l'un des piliers qui lui permettent de supporter les épreuves et de triompher [1]. » William Faulkner a écrit ces mots vers 1950, mais ils sont tout aussi applicables de nos jours. L'auditoire qu'il avait en tête était celui de ses collègues écrivains, mais il aurait aussi bien pu s'adresser à ceux d'entre nous qui étudient le cerveau et les processus mentaux : il n'est pas obligatoire que la voix du scientifique se cantonne seulement à traiter de la vie telle qu'elle est ; la connaissance scientifique peut constituer un point d'appui pour aider l'homme à supporter les épreuves et à triompher. Ce livre a été écrit avec la conviction que la connaissance en général et les connaissances neurobiologiques en particulier ont un rôle à jouer dans la destinée humaine ; que si nous le voulons, l'approfondissement des connaissances sur le cerveau et les processus mentaux pourra permettre d'atteindre ce bonheur dont la recherche a été le tremplin du progrès, il y a deux siècles, et de conforter cette splendide liberté que Paul Eluard a décrite dans son poème [2].

Dans le même texte cité ci-dessus, Faulkner dit à ses collègues écrivains qu'ils ont « oublié les problèmes du cœur humain en conflit avec lui-même, qui seuls peuvent être à la source d'une bonne littérature, car c'est seulement au sujet de la souffrance et de l'inquiétude qu'il vaut la peine d'écrire ». Il leur demande de ne laisser place, dans leurs travaux, à rien d'autre « qu'aux vieilles vérités du cœur, aux vieilles vérités universelles dont toute œuvre qui ne les prend pas en compte ne peut prétendre qu'à un destin éphémère et borné – l'amour et l'honneur, la pitié et l'orgueil, la compassion et le sacrifice ».

Il est tentant et stimulant de penser, peut-être dans le prolongement de ce qu'a voulu dire Faulkner, que non seulement la neurobiologie peut aider à comprendre et à plaindre la condition humaine, mais que, ce faisant, elle peut nous aider à déchiffrer les conflits sociaux et contribuer à leur résolution. Je ne suggère pas ici que la neurobiologie va sauver le monde, mais simplement que l'accumulation graduelle des connaissances sur l'homme peut nous aider à trouver de meilleures façons de gérer les problèmes humains.

Depuis un bon moment maintenant, l'homme vit dans une phase nouvelle et réfléchie de l'évolution dans laquelle son cerveau et son esprit peuvent être à la fois serviteurs et maîtres de son corps et de sa société. Bien sûr, des dangers peuvent se faire jour, lorsque le cerveau et l'esprit, qui sont issus de la nature, veulent jouer les apprentis sorciers et décident d'influencer la nature elle-même. Mais il y a aussi des dangers à ne pas relever le défi et à ne pas essayer de réduire les souffrances. Il y a, en fait, d'énormes dangers à ne rien faire. Ne faire que ce qui est naturel ne peut contenter que ceux qui sont incapables d'imaginer un monde meilleur, ceux qui pensent que nous sommes déjà dans le meilleur des mondes possibles [3].

LA NEUROBIOLOGIE MODERNE ET LES CONCEPTIONS MÉDICALES

Il y a quelque chose de paradoxal au sujet des conceptions médicales et de ses praticiens dans notre société. Un assez grand nombre de médecins s'intéressent aux arts, à la littérature et à la philosophie. Un nombre surprenant d'entre eux sont devenus poètes, romanciers et dramaturges de grande valeur, et plusieurs ont réfléchi avec profondeur à la condition humaine et traité de façon perspicace de ses dimensions psychologiques, sociales et politiques. Et pourtant, l'enseignement qu'ils ont reçu dans les facultés de médecine ne prend pratiquement pas en compte ces dimensions humaines lorsqu'il traite de la physiologie et des pathologies du corps proprement dit. La médecine occidentale, et surtout la médecine aux États-Unis, a bâti sa renommée sur la base du développement de la médecine interne et des diverses spécialités chirurgicales, toutes disciplines ayant pour objectif le diagnostic et le traitement des maladies frappant les organes et les systèmes physiologiques dans tout le corps. Le cerveau (plus précisément, les systèmes nerveux central et périphérique), en tant qu'organe, a été pris en compte dans ce cadre. Mais son produit le plus précieux, le phénomène mental, n'a guère préoccupé la médecine classique et, en fait, n'a pas constitué un centre d'intérêt prioritaire pour la spécialité médicale consacrée à l'étude des maladies du cerveau : la neurologie. Ce n'est peut-être pas par hasard si la neurologie américaine a fait ses premiers pas en tant que sous-spécialité de la médecine interne et n'a gagné son indépendance qu'au XXe siècle.

Le résultat net de cette tradition a été de laisser de côté les processus mentaux en tant que fonction de l'organisme. De nos jours, il n'y a guère de facultés de médecine qui proposent à leurs étudiants un enseignement sur le fonctionnement mental normal, avec un ensemble de cours de psychologie générale, neuropsychologie et neurosciences. Les facultés de médecine proposent bien des études sur l'esprit malade tel qu'il se manifeste dans le cadre des maladies mentales, mais il est vraiment surprenant de voir que les étudiants apprennent la psychopathologie sans avoir jamais rien appris dans le domaine de la psychologie de l'état mental normal.

Plusieurs raisons peuvent expliquer cet état des choses,

et j'estime que l'une d'entre elles provient d'une conception cartésienne de l'homme. Depuis trois siècles, le but des études biologiques et médicales est de comprendre la physiologie et la pathologie du corps proprement dit. L'esprit a été mis de côté, pour être surtout pris en compte par la philosophie et la religion, et même après qu'il est devenu l'objet d'une discipline spécifique, la psychologie, il n'a commencé à être envisagé en biologie et en médecine que récemment. Je sais bien qu'il y a de louables exceptions à ce tableau, mais elles ne font que renforcer la présentation globale de la situation, que j'essaye de donner.

La conséquence de tout cela a été l'amoindrissement de la notion d'homme telle qu'elle est prise en compte par la médecine dans le cadre de son travail. Il ne faut pas s'étonner que le problème de l'impact des maladies du corps sur la psychologie ne soit considéré que de façon annexe ou pas du tout. La médecine a été très longue à comprendre que la façon dont les gens ressentent leur état de santé est un facteur majeur dans l'issue d'un traitement. Nous ne savons encore que très peu de choses sur l'effet placebo, grâce auquel les patients répondent de façon bénéfique bien au-delà de ce qu'on pourrait attendre d'un traitement médical donné. (L'effet placebo peut être mis en évidence par l'administration de comprimés qui, à l'insu des patients, ne contiennent aucune substance pharmacologique active et ne devraient donc exercer aucune influence, positive ou négative, et qui, pourtant, en exercent une.) Par exemple, nous ne savons pas quel type de patient a le plus de chances de répondre par un effet placebo, ni si nous en sommes tous capables. Nous ne savons pas non plus jusqu'où peut aller l'effet placebo, et jusqu'à quel point il peut mimer l'effet de la substance pharmacologique réelle. Nous ne savons pas comment le renforcer. Et nous n'avons aucune idée du degré d'erreur dont il a pu être responsable dans les études dites « en double-aveugle ».

On commence enfin à accepter l'idée que les troubles psychologiques, graves ou légers, peuvent déterminer des maladies du corps proprement dit, mais les circonstances dans lesquelles, et la mesure dans laquelle, cela peut se produire, continuent à ne pas être étudiées. Bien entendu, nos grand-mères savaient tout cela : elles pouvaient nous dire comment le chagrin, le souci obsessionnel, la colère excessive, etc., pouvaient léser le cœur, donner des ulcères, altérer la santé de la peau, et vous rendre plus vulnérables aux infections. Mais tout ce savoir était trop « folklorique », trop peu rigoureux pour être pris en compte par la science – ce qui était d'ailleurs vrai. Cela a demandé beaucoup de temps avant que la médecine ne commence à découvrir que cela valait la peine de prendre en considération et d'étudier les bases de ce type de savoir.

La mise à l'écart des phénomènes mentaux par la biologie et la médecine occidentales, par suite d'une vision cartésienne de l'homme, a entraîné deux grandes conséquences négatives. La première concerne le domaine de la science. La tentative de comprendre le fonctionnement mental en termes biologiques généraux a été retardée de plusieurs décennies, et il faut honnêtement reconnaître qu'elle a à peine commencé. Mieux vaut tard que jamais, bien sûr, mais cela veut dire tout de même que les problèmes humains n'ont jusqu'ici pas pu bénéficier des lumières qu'aurait pu leur apporter une compréhension profonde de la biologie des processus mentaux.

La seconde conséquence négative concerne le diagnostic et le traitement efficace des maladies humaines. Il est, bien entendu, vrai qu'il y a toujours eu de grands médecins à toute époque. Or, ceux-ci ont particulièrement bien réussi dans leur art, non seulement parce qu'ils ont parfaitement bien possédé les bases de la physiopathologie de leur temps, mais aussi parce qu'ils ont également bien perçu, grâce à leur perspicacité et à un savoir personnel toujours plus grand, les problèmes engendrés par les conflits internes au cœur humain. Ils ont particulièrement excellé à poser des diagnostics et à réussir des traitements, grâce à la *combinaison* de leurs connaissances et de leur talent. Cependant, nous ferions une grossière erreur si nous pensions que les normes de la pratique médicale actuelle dans le monde occidental correspondent à celles de ces remarquables médecins. Une conception faussée de l'organisme humain, combinée à l'inflation des connaissances et à une tendance accrue à la spécialisation, concourent à diminuer la qualité de la médecine actuelle plutôt qu'à l'augmenter. De plus, cette dernière n'avait guère besoin d'être accablée de problèmes économiques supplémentaires ; mais ils sont là, et cela ne pourra que détériorer un peu plus la qualité des services rendus.

Le public dans son ensemble n'a pas encore clairement compris que l'un des problèmes de la médecine occidentale est qu'elle a mis un fossé entre le corps et l'esprit, bien que certains secteurs de l'opinion semblent l'avoir décelé. Je soupçonne même que le recours de plus en plus fréquent à certaines formes « alternatives » de médecine, et notamment celles qui font appel à des traditions médicales non occidentales, provient d'une tentative de réponse à ce problème. Ces pratiques médicales alternatives méritent certainement d'être considérées et ont sûrement des choses à nous apprendre, mais malheureusement, indépendamment de leur côté humain, il ne semble pas qu'elles soient à même de traiter efficacement les maladies. En toute impartialité, il faut reconnaître que, même médiocre, la médecine occidentale peut résoudre un grand nombre de problèmes, de façon décisive. Mais les formes alternatives de médecine attirent l'attention sur un point faible flagrant de la tradition médicale occidentale, qui devrait être corrigé scientifiquement, dans le cadre de la médecine scientifique elle-même. Si, comme je le crois, le succès présent des médecines alternatives reflète bien l'insatisfaction du public devant l'incapacité de la médecine classique à considérer l'être humain globalement, alors, il faut s'attendre à ce que ce mouvement s'amplifie dans les années prochaines, tandis que la crise spirituelle de la société occidentale ira en s'approfondissant.

Il est peu vraisemblable que cessent bientôt les proclamations de désespoir, les demandes exacerbées de mettre fin à la peine et à la souffrance individuelles, les plaintes élémentaires sur la perte du sentiment de l'équilibre intérieur et du bonheur auquel la plupart des hommes aspirent [4]. Il serait absurde de demander à la médecine de remédier à elle seule à des maux sociaux, mais il est tout aussi absurde d'ignorer cet aspect des maladies humaines.

REMARQUE SUR LES LIMITES DE LA NEUROBIOLOGIE ACTUELLE

Tout au long de ce livre, j'ai parlé de faits reconnus, de faits discutés et d'interprétation des faits ; d'idées admises ou non admises par beaucoup des spécialistes des neurosciences ; de choses qui se présentent comme je le dis, et de choses qui se présentent peut-être comme je le dis. Le lecteur aura peut-être été surpris de mon insistance à souligner que tant de « faits » sont incertains et qu'il vaut mieux formuler sous forme d'hypothèse de travail une grande partie de ce qui peut être dit au sujet du cerveau. Naturellement, j'aurais aimé dire que nous savons avec certitude comment le cerveau élabore les processus mentaux, mais je ne le peux pas – et personne ne le peut, je le crains.

Je me hâte d'ajouter que le manque de réponses définitives au sujet des processus cérébraux-mentaux ne doit pas, cependant, nous faire perdre l'espoir, et ne veut pas dire que les travaux scientifiques engagés dans ce domaine n'ont pas débouché. Bien au contraire, le moral des troupes est au beau fixe, puisque le rythme auquel s'accumulent les nouveaux résultats est plus élevé que jamais. Le fait que nous ne disposons pas de toutes les explications précises et complètes n'indique pas une impasse. Il y a des raisons de croire que nous arriverons à des explications satisfaisantes, même s'il est imprudent de se prononcer sur la date à laquelle nous les obtiendrons, et encore plus d'affirmer qu'elles sont à portée de la main. Les raisons de se faire du souci ne viennent pas de l'insuffisance des progrès, mais plutôt du torrent de faits nouveaux que les neurosciences sont en train de déverser, menaçant peut-être d'empêcher toute possibilité de penser clairement.

Si nous disposons d'une telle abondance de faits nouveaux, pourrez-vous demander, comment se fait-il que nous n'ayons pas de réponses définitives ? Pourquoi ne peut-on pas donner une explication précise et complète de la façon dont nous voyons, et, encore plus important, de la façon dont le « moi » accomplit cette vision ?

La raison principale de ce retard – on pourrait même dire la seule raison – est la pure et simple complexité des problèmes auxquels nous nous attaquons. Il est évident que ce que nous cherchons à comprendre dépend largement du fonctionnement des neurones. Or nous avons de solides connaissances dans ce domaine, allant jusqu'au niveau des molécules qui les constituent et leur permettent d'émettre des potentiels d'action ou de s'engager dans certains modes d'excitation. Nous connaissons même certains des gènes qui déterminent la façon dont s'édifient et fonctionnent ces neurones. Mais clairement, l'esprit humain dépend de l'entrée en fonctionnement global de ces neurones dans le cadre des ensembles qu'ils forment, depuis les circuits locaux microscopiques jusqu'aux systèmes macroscopiques s'étendant sur plusieurs centimètres. Il y a plusieurs milliards de neurones dans le cerveau humain. Le nombre de leurs synapses est d'au moins 10000 milliards, et la longueur des câbles axoniques formant les circuits neuronaux est de l'ordre de plusieurs centaines de milliers de kilomètres. (Je remercie Charles Stevens, un neurobiologiste du Salk Institute, pour cette dernière estimation officieuse.) L'activité qui prend place dans de tels circuits consiste en séries de potentiels d'actions, qui sont transmises, avec leurs caractéristiques, à un autre circuit. Ce dernier peut, à son tour, émettre ou ne pas émettre une série de potentiels d'action, en fonction d'une grande quantité de facteurs, certains étant d'origine locale, comme la présence de terminaisons d'autres neurones dans le voisinage, et d'autres étant d'origine globale, comme des hormones apportées par le sang. Les décharges de potentiels d'action se réalisent sur des échelles de temps extrêmement petites, de l'ordre de quelques dixièmes de milliseconde ; cela veut dire que dans l'espace d'une seconde de notre vie mentale, le cerveau engendre des millions de décharges, organisées en trains qui parcourent une grande diversité de circuits, distribués dans des régions cérébrales variées.

Il est donc clair qu'on ne peut espérer découvrir les secrets des bases neurales de l'esprit en élucidant complètement le fonctionnement du neurone individuel, qu'il soit typique ou non ; ou en élucidant toutes les modalités complexes de l'activité locale au sein d'un circuit neuronal typique. En première approximation, les secrets élémentaires de l'esprit relèvent des interactions entre les séries de décharges engendrées par de nombreux circuits neuronaux, localement et globalement, moment après moment, au sein du cerveau d'un organisme vivant.

Il n'y a pas de réponse unique à l'énigme du cerveau et de l'esprit, mais bien plutôt de nombreuses réponses, liées aux innombrables composantes du système nerveux qui existent à ses nombreux niveaux d'organisation anatomique. Les recherches visant à comprendre ces derniers font appel à des techniques diverses et progressent à des rythmes différents. Certains de ces travaux peuvent se fonder sur des expériences chez les animaux et tendent à se développer rapidement. Mais d'autres ne peuvent être menés que chez l'homme, demandant de respecter les règles éthiques appropriées, et leur progression ne peut être que plus lente.

Certains ont posé la question de savoir pourquoi les neurosciences n'ont pas encore obtenu de résultats aussi spectaculaires que ceux de la biologie moléculaire dans les quarante dernières années. Certains ont même demandé s'il y avait eu une découverte dans les neurosciences équivalant à la découverte de la structure de l'ADN, et si un fait neuroscientifique correspondant avait ou non été établi. Il n'y a pas de tel fait unique équivalent, mais plusieurs faits pourraient être interprétés comme ayant une importance pratique aussi grande que la connaissance de la structure de l'ADN – comme par exemple la compréhension de la nature du potentiel d'action. Mais si l'on voulait trouver l'équivalent en question, au niveau du fonctionnement cérébral qui détermine les processus mentaux, il devrait se présenter sous la forme *d'un plan schématique d'ensemble des circuits et des systèmes neuraux*, décrivant à la fois *les niveaux micro et macrostructuraux*.

Si vous trouvez insuffisantes les raisons avancées pour justifier les limites actuelles de nos connaissances, laissez-moi vous en donner deux de plus. Premièrement, comme je l'ai indiqué antérieurement, seule une partie de la circuiterie dans notre cerveau est spécifiée par les gènes. Le génome humain préside à l'édification du corps, et cela concerne aussi la structure d'ensemble du cerveau. Mais l'influence des gènes ne va pas jusqu'à déterminer les détails de l'organisation et du fonctionnement de tous les circuits. Une grande partie de ceux-ci, chez l'adulte, sont uniques en leur genre, reflétant véritablement l'histoire de l'organisme individuel. Naturellement, cela ne facilite pas l'élucidation des mystères du cerveau. Deuxièmement, chaque être humain individuel est inclus dans un ensemble d'êtres identiques ; les processus mentaux et le comportement des individus appartenant à de tels ensembles ont donc lieu dans un environnement culturel et physique spécifique et ne sont pas simplement façonnés par les systèmes de circuits mis en place au cours du développement, et encore moins par les gènes seuls. Pour comprendre de manière satisfaisante la façon dont le cerveau détermine l'esprit et le comportement humain, il est nécessaire de prendre en compte son contexte social et culturel. Et cela rend l'entreprise d'autant plus ardue.

DES RESSORTS POUR LA SURVIE

Certaines espèces animales n'ont que des capacités de mémoire, de créativité et de raisonnement limitées, et présentent néanmoins des comportements sociaux complexes, dont les mécanismes neuraux sous-jacents sont nécessairement innés. Les insectes – les fourmis et les abeilles, notamment – fournissent des exemples de coopération sociale qui pourraient aisément faire honte à l'assemblée générale de l'ONU. Plus proches de nous, les mammifères en offrent également de nombreux et, chez le loup, le dauphin, la chauve-souris appelée vampire, parmi d'autres espèces, il semblerait même que certains comportements obéissent à des règles éthiques. Il est clair que l'homme doit posséder certains de ces mêmes mécanismes innés, et que ces derniers fournissent vraisemblablement le fondement de certaines règles éthiques employées par les êtres humains. Cependant, les conventions sociales et règles éthiques les plus complexes que nous mettons en œuvre dans notre vie ont certainement été déterminées culturellement et ont été transmises d'une génération à l'autre de la même façon.

Si c'est le cas, peut-on se demander, qu'est-ce qui a poussé à la genèse culturelle de ces règles et conventions ? Il est vraisemblable qu'elles ont été mises en place, comme moyens pour faire face aux souffrances, par des êtres dont la capacité à se rappeler le passé et à prévoir l'avenir avait atteint un remarquable développement. En d'autres termes, elles sont apparues chez des individus capables de se rendre compte que leur survie était menacée ou que la qualité de leur vie, au-delà des impératifs de la survie, pouvait être améliorée. De telles règles et conventions ne pouvaient apparaître que chez le petit nombre d'espèces dont le cerveau présentait les caractéristiques suivantes : premièrement, il devait posséder une grande capacité de mémorisation pouvant s'appliquer à des catégories d'objets et d'événements, aussi bien qu'à des objets et événements rencontrés sous forme unique ; autrement dit, il devait être capable d'élaborer des représentations potentielles pour des objets et des événements classables en catégories ou identifiables comme uniques. Deuxièmement, ce type de cerveau devait posséder une grande capacité de manipuler les composantes de ces représentations mémorisées et de déterminer de nouvelles créations au moyen de nouvelles combinaisons. Les créations les plus immédiatement utiles devaient consister en des scénarios imaginaires, portant sur la prévision des conséquences d'actions données, la formulation de plans d'action pour l'avenir, et l'élaboration de nouveaux objectifs qui pourraient favoriser la survie. Troisièmement, ce type de cerveau devait posséder une grande capacité de mémoriser les nouvelles créations décrites ci-dessus, c'est-à-dire les conséquences anticipées, les nouveaux plans et les nouveaux objectifs. J'appelle la mémorisation de ces créations des « souvenirs du futur [5] ».

Admettons donc que l'expansion du savoir formé par les expériences vécues dans le passé et les projections sur l'avenir a été la raison pour laquelle il a fallu inventer des règles sociales, afin de faire face à la souffrance. Il n'en faut pas moins essayer d'expliquer l'origine de cette dernière. Et pour cela, il nous faut considérer comment la douleur est biologiquement prescrite, ainsi que son opposé, le plaisir. Or il est intéressant de constater que les déterminants biologiques sous-tendant ce que nous appelons à présent la douleur et le plaisir ont également joué un rôle crucial, au cours de l'évolution, dans la sélection des systèmes assurant la survie, lorsqu'il n'y avait ni souffrance individuelle, ni faculté de raisonnement. Cela peut vouloir dire qu'une causalité du même type, appliquée à des systèmes présentant des ordres de complexité très variés et opérant dans des circonstances très différentes, a conduit à des résultats différents, mais apparentés. Le système immunitaire, l'hypothalamus, le cortex frontal ventromédian, et la Déclaration des droits des citoyens sont issus des mêmes déterminations fondamentales.

La douleur et le plaisir sont des ressorts dont l'organisme a besoin pour la mise en œuvre efficace de mécanismes innés ou acquis. Selon toute vraisemblance, ils ont été aussi les ressorts à l'origine de l'élaboration des stratégies de prise de décision dans le domaine social. Lorsque de nombreux individus, au sein de groupes sociaux, eurent éprouvé les douloureuses conséquences de certains phénomènes naturels, ou sociaux, ou psychologiques, il a été opportun d'élaborer des stratégies culturelles et intellectuelles pour faire face à l'expérience de la douleur et peut-être essayer de la réduire.

Nous percevons de la douleur ou du plaisir lorsque nous devenons conscients de certains états du corps qui s'écartent manifestement de la gamme des états de base. Les types de stimuli et les modes d'activité cérébrale qui sont perçus comme douleur ou plaisir sont fixés *a priori* dans les structures du cerveau. Autrement dit, leur perception dépend du fait que certains circuits entrent en activité, et l'existence de ces derniers a été déterminée génétiquement (ils se sont édifiés au cours du développement sous le contrôle du patrimoine génétique). Bien que nos réactions à la douleur et au plaisir puissent être modifiées par l'éducation, ce sont des exemples premiers de phénomènes mentaux dépendant de la mise en œuvre de mécanismes neuraux innés.

Il faut distinguer au moins deux composantes dans la perception de la souffrance et du plaisir. Dans le cadre de la première, le cerveau élabore la représentation d'un changement local de l'état du corps, qui est rapporté à une région donnée du corps. Il s'agit d'une perception somatosensorielle au sens propre. Elle part de la peau, ou d'une muqueuse, ou d'une partie d'un organe. La seconde composante dans la perception de la douleur ou du plaisir résulte d'un changement plus général dans l'état du corps ; il s'agit, en fait, d'une émotion. Ce que nous appelons plaisir ou douleur, par exemple, est le nom donné au concept correspondant à un paysage corporel particulier, que notre cerveau est en train de percevoir. La perception de ce paysage subit des modulations supplémentaires dans le cerveau par le biais de neurotransmetteurs et de neuromodulateurs, qui affectent la transmission des signaux et le fonctionnement des régions cérébrales consacrées à la représentation du corps. La libération d'endorphines (la morphine produite au sein du cerveau) qui se lient aux récepteurs des opiacés (qui sont semblables aux récepteurs sur lesquels agit la morphine), est un facteur important de la perception d'un « paysage du plaisir », et peut annuler la perception d'un « paysage de la douleur ».

Pour rendre un peu plus claire cette explication, prenons un exemple dans le cadre de la perception de la douleur. Mon analyse est la suivante : à partir des terminaisons nerveuses stimulées dans une région donnée du corps où existe une lésion tissulaire (par exemple, dans la racine d'une dent), le cerveau élabore une représentation transitoire du changement local de l'état du corps, différente de la représentation antérieure de cette région. Le type d'activité qui correspond aux signaux de la douleur, et les caractéristiques perceptives de la représentation qui en résulte, sont entièrement prescrites par le cerveau, mais ne sont, par ailleurs, pas neurophysiologiquement différentes de celles de n'importe quelle autre perception concernant le corps. Si les choses se bornaient à cela, je peux affirmer que tout ce que vous percevriez serait l'image particulière d'un changement d'état du corps, sans conséquence ennuyeuse. Peut-être que cela ne serait pas plaisant, mais cela ne vous incommoderait pas non plus. Mais le point important que je veux souligner est que *le processus ne s'arrête pas là*. L'innocent traitement de l'information relative au changement d'état corporel, mentionné ci-dessus, déclenche rapidement une vague de changements d'état du corps supplémentaires, qui font s'écarter davantage l'état du corps global de la gamme de base. *L'état qui en résulte est une émotion, dotée de caractéristiques particulières*. C'est sur la base de ces déviations de l'état du corps survenant dans un second temps que la perception désagréable de la souffrance va se former. Pourquoi ces déviations sont-elles ressenties comme douloureuses ? pouvez-vous demander. Parce que l'organisme est fait ainsi. Nous naissons dotés d'un mécanisme précâblé de perception de la douleur et du plaisir. La culture et l'histoire individuelle peuvent aboutir à changer le seuil à partir duquel il commence à être mobilisé, ou bien modifier sa force, ou bien nous fournir les moyens de l'atténuer. Mais le mécanisme fondamental nous est donné à la naissance.

Quelle peut bien être l'utilité de posséder un tel mécanisme précâblé ? Pourquoi faut-il qu'il y ait cette perception désagréable venant s'ajouter à celle du changement local d'état du corps, plutôt que cette dernière seulement ? On ne le sait pas avec certitude, mais la raison a probablement à voir avec le fait que la souffrance nous alerte de quelque chose. Elle nous offre la meilleure protection dans le cadre de la survie, puisqu'elle augmente les chances que les individus prennent garde aux signaux de la douleur, se détournent de ce qui la provoque, ou corrigent ses conséquences.

Si la douleur constitue le ressort de la mise en œuvre appropriée des pulsions et des instincts, ainsi que du développement de stratégies de prises de décision apparentées, l'altération de sa perception devrait s'accompagner de déficits comportementaux. Cela semble bien être le cas. Certains individus qui naissent atteints d'une étrange pathologie que l'on appelle l'absence congénitale de perception de la douleur, semblent être incapables d'acquérir des stratégies comportementales normales. Beaucoup semblent être continuellement en train de rire nerveusement et d'être contents, en dépit du fait que leur état les conduit à subir des lésions des articulations (ne ressentant pas la douleur, ils font jouer ces dernières bien au-delà ce qu'elles peuvent tolérer mécaniquement, ce qui détermine des déchirures des ligaments), ainsi que de graves brûlures et coupures (ils ne retirent pas leur main d'une plaque chauffante, ni ne prêtent attention à la lame d'un couteau) [6]. Comme ils peuvent encore percevoir le plaisir, et peuvent donc être influencés par des perceptions d'émotions positives, il est d'autant plus intéressant de constater que leur comportement est déficient. Leur cas permet également d'avancer l'hypothèse encore plus fascinante que les systèmes-ressorts de la douleur ou du plaisir ne jouent pas seulement un rôle dans le développement des stratégies de prises de décision, mais aussi dans la mise en œuvre de ces dernières. Les patients atteints de lésions préfrontales présentent une curieuse altération de leurs réponses à la douleur. Les mécanismes leur permettant de localiser la région du corps endommagée sont, chez eux, intact, mais les réactions émotionnelles, qui font normalement partie intégrante du processus de la douleur, sont absentes ou, pour le moins, la perception subséquente de ces réactions est anormale. On peut aussi trouver des preuves d'une telle dissociation chez des patients qui ont subi des lésions cérébrales chirurgicales, dans le but de les soulager d'une douleur chronique.

Certains états pathologiques en neurologie se traduisent par des douleurs intenses et fréquentes. C'est le cas par exemple de la névralgie trigéminale, que l'on appelle aussi « tic douloureux ». Le terme de névralgie désigne une douleur d'origine nerveuse, et celui de trigéminal se réfère au nerf trijumeau, qui innerve les tissus de la face et achemine au cerveau les signaux provenant de la face. Les névralgies trigéminales affectent le visage, généralement d'un seul côté et dans une seule région, par exemple la joue. Parfois, le simple fait de toucher la peau ou même une légère brise effleurant le même secteur de peau peut déclencher subitement une douleur atroce. Les personnes atteintes de ce trouble en parlent comme de coups de couteau dans leur chair ou d'aiguilles enfoncées dans la peau et les os. Leur vie entière en arrive parfois à être centrée sur cette douleur ; elles ne peuvent faire ou penser rien d'autre tant que durent les élancements, et ceux-ci peuvent se produire fréquemment. Les patients tendent à prendre une position repliée sur eux-mêmes, comme pour se défendre.

Pour les patients chez lesquels la névralgie ne cède à aucun médicament connu, on parle de douleurs intraitables ou irréductibles. Dans de tels cas, on peut faire appel à la neurochirurgie. À une certaine époque, l'un des traitements de ce type était constitué par la leucotomie préfrontale (décrite au chapitre IV). Cette intervention donnait des effets qui illustrent parfaitement la distinction que l'on peut faire entre le message sensoriel provenant d'une région corporelle perturbée et la souffrance, c'est-à-dire la perception d'une réaction émotionnelle déclenchée par ce message.

J'ai été personnellement témoin d'un épisode frappant, lorsque je faisais mes études de neurologie avec Almeida Lima, le neurochirurgien qui avait aidé Egas Moniz à mettre au point l'angiographie cérébrale et la leucotomie préfrontale, et avait, en fait, pratiqué la toute première opération de ce type. Lima, qui n'était pas seulement un habile chirurgien, mais faisait aussi preuve d'un grand sens humain, avait inventé une version modifiée de la leucotomie pour s'attaquer aux douleurs intraitables, et il était convaincu qu'il était justifié d'y recourir dans les cas désespérés. Il a voulu que je me rende compte du problème dans sa totalité.

J'ai encore présente à l'esprit l'image très vive de ce patient, qui, assis dans son lit, attendait d'être opéré. Il était ramassé sur lui-même, souffrant profondément, se retenant de bouger, de peur de déclencher un accroissement de la douleur. Deux jours après l'opération, lorsque Lima et moi-même l'avons revu, lors d'une ronde hospitalière, c'était une autre personne. Il paraissait détendu, et participait joyeusement à une partie de cartes avec un compagnon de chambre. Lima lui a demandé s'il ressentait encore des douleurs. Le patient a levé les yeux et dit gaiement : « Oh, les douleurs sont toujours les mêmes, mais je me sens parfaitement bien, maintenant, merci. » Ainsi, il semblait donc bien que l'intervention chirurgicale avait aboli la réaction émotionnelle, faisant partie de ce que nous appelons douleur. Elle avait mis fin à la souffrance du patient. L'expression de son visage, sa voix, son maintien étaient ceux que l'on associe aux états plaisants, non à la douleur. Mais l'opération ne semblait pas avoir modifié la perception de la partie altérée dans la région du corps innervée par le nerf trijumeau, et c'est pourquoi le patient pouvait dire que les « douleurs » étaient toujours les mêmes. Tandis que le cerveau ne pouvait plus percevoir de souffrance, il continuait à élaborer des « images sensorielles de la douleur », c'est-à-dire qu'il effectuait normalement le traitement neural de cartographie sensorielle relatif au paysage de la douleur [7]. Outre ce qu'il nous enseigne sur les mécanismes de la douleur, cet exemple montre bien qu'il existe une séparation entre l'image d'une entité particulière (l'état du tissu biologique à l'origine de la douleur) et l'image d'un état du corps qui permet de donner à la première une tonalité qualitative, grâce à sa juxtaposition avec elle dans le temps.

Je pense que l'un des principaux objectifs de la neurobiologie et de la médecine devrait être de soulager les souffrances telles que celles décrites ci-dessus. Une autre visée non moins importante devrait être de soulager les souffrances associées aux troubles mentaux. Mais savoir si l'on peut traiter la souffrance qui émane de conflits personnels et sociaux, hors du domaine médical, est une autre question, pour laquelle il n'y a pas du tout de réponse. Selon certains, il n'est pas besoin de faire de distinction entre les cas médicaux et non médicaux, et il faut se servir de la démarche médicale pour éliminer tous les malaises psychologiques. Les médecins qui proposent cela avancent un argument séduisant. Si l'on peut, en augmentant la quantité de sérotonine dans le cerveau, par exemple, non seulement traiter la dépression, mais aussi réduire l'agressivité, rendre les gens moins timides, leur donner davantage confiance en eux, pourquoi ne pas profiter de cette possibilité ? Ne faut-il pas appartenir à la pire espèce des rabat-joie et des puritains pour refuser d'apporter à nos semblables le bénéfice de tous ces miraculeux médicaments ? Le problème, bien sûr, est que le choix ne se présente pas de façon aussi tranchée, pour un grand nombre de raisons. D'abord, les effets biologiques à long terme de ces médicaments ne sont pas connus. Deuxièmement, personne ne sait non plus quelles pourraient être les conséquences de leur consommation de masse à l'échelle de la société. Troisièmement, et peut-être la plus importante des raisons : si la solution « médicamenteuse » proposée pour remédier à la souffrance dans la sphère sociale et individuelle ne tient aucun compte des causes des conflits dans le domaine en question, il est probable que son efficacité ne durera pas longtemps. Elle aura peut-être remédié à un symptôme, mais ne se sera pas attaquée aux racines du malaise.

Je n'ai pas beaucoup parlé du plaisir. La douleur et le plaisir ne sont pas des jumeaux ou des images en miroir l'un de l'autre, du moins en ce qui concerne leur rôle comme ressort déclencheur des mécanismes de survie. D'une façon ou d'une autre, le plus souvent, ce sont les signaux liés à la douleur qui nous conduisent à nous écarter d'un problème ennuyeux qui se profile, que ce soit sur le moment ou dans un avenir prévisible. Il est difficile d'imaginer que les individus et les sociétés gouvernés par la recherche du plaisir, au moins autant sinon plus que par l'évitement de la douleur, puissent arriver tout simplement à survivre. Certains phénomènes sociaux actuels, découlant d'un contexte culturel de plus en plus hédoniste, tendent à confirmer cette opinion, et les travaux que mes collègues et moi-même sommes en train de mener sur les corrélats neuraux de diverses émotions vont également dans ce sens. Il semble y avoir bien plus de diversité dans les émotions négatives que positives, et il est clair que le cerveau prend en compte ces deux catégories d'émotions par le biais de systèmes neuraux différents. Peut-être que Tolstoï en avait eu l'intuition lorsqu'il a écrit dans *Anna Karénine* : « Toutes les familles heureuses se ressemblent, mais chaque famille malheureuse est malheureuse à sa propre façon. »

Notes et références

INTRODUCTION

1. La première note de l'ouvrage original porte sur l'acception des mots *reason, rationality, emotion* et *feelings* en anglais. La traduction des deux premiers termes, dont l'auteur souligne que dans la langue anglaise, le sens est souvent problématique, a été le plus souvent rendue dans le présent ouvrage par « faculté de raisonnement » (expression évoquant parfaitement bien la fonction psychophysiologique envisagée ici par A. Damasio). Celle de *feelings* posait un problème plus délicat : il a rarement été possible de traduire ce terme par « sentiments » ou « sensations », qui renvoient à des concepts trop divers. Il a paru plus adapté de retenir, le plus souvent, l'expression « capacité de ressentir (ou éprouver ou percevoir) une émotion » ou en abrégé « perception de l'émotion ». L'auteur définit, en effet, dans cette première note, l'émotion comme « la série des changements qui se produisent dans le corps et le cerveau, le plus souvent en réaction à un contenu mental particulier », et *feeling* comme « la perception de ces changements ». *(N. d. T.)*

2. C. Darwin, *The Descent of Man,* Londres, Murray, 1871.

3. N. Chomsky, *Modular Approaches to the Study of the Mind,* San Diego, San Diego State University Press, 1984.

4. O. Flanagan, *The Science of the Mind,* Cambridge, MA, MIT Press/Bradford Books, 1991.

CHAPITRE PREMIER : DÉSAGRÉMENT DANS LE VERMONT

1. J. M. Harlow, « Recovery from the passage of an iron bar through the head », *Publications of the Massachusetts Medical Society,* n° 2, 1868, p. 327-347. « Passage of an iron rod through the head », *Boston Medical and Surgical Journal,* n° 39, 1848-1849, p. 389.

2. Voir note 1.

3. E. Williams, cité dans H. J. Bigelow, « Dr. Harlow's case of reco-

very from the passage of an iron bar through the head », *American Journal of the Medical Sciences,* n° 19, 1850, p. 13-22.

4. Voir note 3 (Bigelow).

5. Voir note 1 (1868).

6. N. West, *The Day of the Locust,* 1939, chap. 1.

7. Un bon exemple de cette position est fourni par E. Dupuy, *Examen de quelques points de la physiologie du cerveau,* Paris, Delahaye, 1873.

8. D. Ferrier, « The Goulstonian Lectures on the localisation of cerebral disease », *British Medical Journal,* n° 1, 1878, p. 399-447.

9. Pour une appréciation exceptionnellement équitable des apports de Gall, voir J. Marshall, « The new organology », *The Behavioral and Brain Sciences,* n° 3, 1980, p. 23-25.

10. M. B. MacMillan, « A wonderful journey through skull and brains », *Brain and Cognition,* n° 5, 1986, p. 67-107.

11. N. Sizer, *Forty Years in Phrenology ; Embracing Recollections of History, Anecdote and Experience,* 1882, New York, Fowler and Wells.

12. Voir note 1 (1868).

CHAPITRE II : L'ÉTUDE DU CERVEAU DE GAGE

1. P. Broca, « Sur la faculté du langage articulé », *Bull. Soc. Anthropol.,* Paris, n° 6, 1865, p. 337-393. C. Wernicke, *Der aphasische Symptomencomplex,* Breslau, Cohn und Weigert, 1874. – Pour des détails sur les aphasies de Broca et de Wernicke, voir A. Damasio, *The New England Journal of Medicine,* n° 326, 1992, p. 531-539. Pour un aperçu récent sur la neuro-anatomie du langage, voir A. Damasio et H. Damasio, *Pour la science,* novembre 1992 (numéro spécial, *Le Cerveau et la Pensée*).

2. Pour un ouvrage général sur la neuro-anatomie, voir J. H. Martin, *Neuroanatomy Text and Atlas,* New York, Elsevier, 1989. – Pour un atlas moderne du cerveau humain, voir H. Damasio, *Human Neuroanatomy from Computerized Images,* New York, Oxford University Press, 1994. – Pour une discussion sur l'importance de la neuro-anatomie dans l'avenir de la neurobiologie, voir F. Crick et E. Jones, « The Backwardness of Human Neuroanatomy », *Nature,* n° 361, 1993, p. 109-110.

3. H. Damasio et R. Frank, « Three-dimensional *in vivo* mapping of brain lesions in humans », *Archives of Neurology,* n° 49, 1992, p. 137-143.

4. Voir E. Kandel, J. Schwartz, T. Jessell, *Principles of Neuroscience,* Amsterdam, Elsevier, 1991. P. S. Churchland et T. J. Sejnowski, *The Computational Brain : Models and Methods on the Frontiers of Computational Neuroscience,* Boston, MIT Press, Bradford Books, 1992.

5. H. Damasio, T. Grabowski, R. Frank, A. M. Galaburda et A. R. Damasio, « The return of Phineas Gage : The skull of a famous

patient yields clues about the brain », *Science,* n° 264, 1994, p. 1102-1105.

CHAPITRE III : UN PHINEAS GAGE D'AUJOURD'HUI

1. À l'exception de Phineas Gage, tous les patients mentionnés dans ce texte sont désignés, pour des raisons de confidentialité, par des initiales ou des pseudonymes et on n'a rapporté aucun des détails de leur biographie qui permettraient de les identifier.

2. Un grand nombre des tests neuropsychologiques auxquels je me réfère dans cette partie du chapitre sont décrits dans M. Lezak, *Neuropsychological Assessment,* New York, Oxford University Press, 1983 et A. L. Benton, *Contributions to Neuropsychological Assessment,* New York, Oxford University Press, 1983.

3. B. Milner, « Some effects of frontal lobectomy in man », *in* J. M. Warren et K. Akert (eds), *The Frontal Granular Cortex and Behavior,* New York, McGraw-Hill, 1964.

4. T. Shallice et M. E. Evans, « The involvement of the frontal lobes in cognitive estimation », *Cortex,* n° 14, 1978, p. 294-303.

5. S. R. Hathaway et J. C. McKinley, *The Minnesota Multiphasic Personality Inventory Manual* (rev. ed.), New York, Psychological Corporation, 1951.

6. L. Kohlberg, *The Measurement of Moral Judgment,* Cambridge, Massachusetts, Cambridge University Press, 1987.

7. J. L. Saver et A. R. Damasio, « Preserved access and processing of social knowledge in a patient with acquired sociopathy due to ventromedial frontal damage », *Neuropsychologia,* n° 29, 1991, p. 1241-1249.

CHAPITRE IV : DE SANG-FROID

1. B. J. McNeil, S. G. Pauker, H. C. Sox et A. Tversky, « On the elicitation of preferences for alternative therapies », *New England Journal of Medicine,* n° 306, 1982, p. 1259-1269.

2. Pour des détails sur les stratégies de recherche en neuropsychologie, voir H. Damasio et A. Damasio, *Lesion Analysis in Neuropsychology,* New York, Oxford University Press, 1989.

3. R. M. Brickner, « An interpretation of frontal lobe function based upon the study of a case of partial bilateral frontal lobectomy », *Research Publications of the Association for Research in Nervous and Mental Disease,* n° 13, 1934, p. 259-351 et *The Intellectual Functions of the Frontal Lobes : Study based upon Observation of a Man after Partial Bilateral Frontal Lobectomy,* New York, Macmillan, 1936. – Pour d'autres études sur les lésions du lobe frontal, voir aussi D. T. Stuss et F. T. Benson, *The Frontal Lobes,* New York, Raven Press, 1986.

4. D. O. Hebb et W. Penfield, « Human behavior after extensive bila-

teral removals from the frontal lobes », *Archives of Neurology and Psychiatry,* n° 44, 1940, p. 421-438.

5. S. S. Ackerly et A. L. Benton, « Report of a case of bilateral frontal lobe defect », *Research Publications of the Association for Research in Nervous and Mental Disease,* n° 27, 1948, p. 479-504.

6. Parmi le petit nombre de publications portant sur des cas comparables à celui du patient de Ackerly et Benton, on peut citer : B. H. Price, K. R. Daffner, R. M. Stowe et M. M. Mesulam, « The comportmental learning disabilities of early frontal lobe damage », *Brain,* n° 113, 1990, p. 1383-1393. L. M. Grattan et P. J. Eslinger, « Long-term psychological consequences of childhood frontal lobe lesion in patient DT », *Brain and Cognition,* n° 20, 1992, p. 185-195.

7. E. Moniz, *Tentatives opératoires dans le traitement de certaines psychoses,* Paris, Masson, 1936.

8. Pour une discussion sur cette forme agressive de traitement (et sur d'autres) voir E. S. Valenstein, *Great and Desperate Cures : The Rise and Decline of Psychosurgery and Other Radical Treatment for Mental Illness,* New York, Basic Books, 1986.

9. J. Babinski, « Contributions à l'étude des troubles mentaux dans l'hémiplégie organique cérébrale (anosognosie) », *Revue neurologique,* n° 27, 1914, p. 845-847.

10. A. Marcel, « Slippage in the unity of consciousness », in *Experimental and theoretical studies of consciousness* (Ciba Foundation Symposium, n° 174), New York, John Wiley & Sons, 1993, p. 168-186.

11. S. W. Anderson et D. Tranel, « Awareness of disease states following cerebral infarction, dementia, and head trauma : Standardized assessment », *The Clinical Neuropsychologist,* n° 3, 1989, p. 327-339.

12. R. W. Sperry, « Cerebral organization and behavior », *Science,* n° 133, 1981, p. 1749-1757. J. E. Bogen et G. M. Bogen, « The other side of the brain. III : The corpus callosum and creativity », *Bull. Los Angeles Neurol. Soc.,* n° 34, 1969, p. 191-220. E. De Renzi, *Disorders of Space Exploration and Cognition,* New York, John Wiley & Sons, 1982. D. Bowers, R. M. Bauer et K. M. Heilman, « The nonverbal affect lexicon : Theoretical perspectives from neuropsychological studies of affect perception », *Neuropsychologia,* n° 7, 1993, p. 433-444. M. M. Mesulam, « A cortical network for directed attention and unilateral neglect », *Ann. Neurol.,* n° 10, 1981, p. 309-325. E. D. Ross et M. M. Mesulam, « Dominant language functions of the right hemisphere », *Arch. Neurol.,* n° 36, 1979, p. 144-148.

13. B. Woodward et S. Armstrong, *The Brethren,* New York, Simon & Schuster, 1979.

14. D. Tranel et B. T. Hyman, « Neuropsychological correlates of bilateral amygdala damage », *Archives of Neurology,* n° 47, 1990, p. 349-355. F. K. D. Nahm, H. Damasio, D. Tranel et A. Damasio, « Cross-modal associations and the human amygdala », *Neuropsycho-*

logia, n° 31, 1993, p. 727-744. R. Adolphs, D. Tranel, H. Damasio et A. Damasio, « Bilateral damage to the human amygdala impairs the recognition of emotion in facial expression », *Nature*, n° 372, 1994, p. 669-672.

15. L. Weiskrantz, « Behavioral changes associated with ablations of the amygdaloid complex in monkeys », *Journal of Comparative and Physiological Psychology,* n° 49, 1956, p. 381-391. J. P. Aggleton et R. E. Passingham, « Syndrome produced by lesions of the amygdala in monkeys *(Macaca mulatta)* », *Journal of Comparative and Physiological Psychology,* n° 95, 1981, p. 961-977. – Pour des études sur le rat, voir J. E. LeDoux, « Emotion and the amygdala », *in* J. P. Aggleton (ed.), *The Amygdala : Neurobiological Aspects of Emotion, Mystery, and Mental Dysfunction,* New York, Wiley-Liss, 1992, p. 339-351.

16. R. J. Morecraft et G. W. Van Hoesen, « Frontal granular cortex input to the cingulate (M_3), supplementary (M_2), and primary (M_1) motor cortices in the rhesus monkey », *Journal of Comparative Neurology,* n° 337, 1993, p. 669-689.

17. A. R. Damasio et G. W. Van Hoesen, « Emotional disturbances associated with focal lesions of the limbic frontal lobe », *in* K. M. Heilman et P. Satz (eds), *Neuropsychology of Human Emotion,* New York, The Guilford Press, 1983. M. I. Posner et S. E. Petersen, « The attention system of the human brain », *Annual Review of Neuroscience,* n° 13, 1990, p. 25-42.

18. F. Crick, *The Astonishing Hypothesis : The Scientific Search for the Soul,* New York, Charles Scribner's Sons, 1994.

19. J. F. Fulton et C. F. Jacobsen, « The functions of the frontal lobes : A comparative study in monkeys, chimpanzees and man », *Advances in Modern Biology (Moscow),* n° 4, 1935, p. 113-123. J. F. Fulton, *Frontal Lobotomy and Affective Behavior,* New York, Norton and Company, 1951.

20. C. F. Jacobsen, « Functions of the frontal association area in primates », *Archives of Neurology and Psychiatry,* n° 33, 1935, p. 558-569.

21. R. E. Myers, « Neurology of social behavior and affect in primates : A study of prefrontal and anterior temporal cortex », *in* K. J. Zuelch, O. Creutzfeldt et G. C. Galbraith (eds), *Cerebral Localization,* New York, Springer-Verlag, 1975, p. 161-170. E. A. Franzen et R. E. Myers, « Neural control of social behavior : Prefrontal and anterior temporal cortex », *Neuropsychologia,* n° 11, 1973, p. 141-157.

22. S. J. Suomi, « Genetic and maternal contributions to individual differences in rhesus monkey biobehavioral development », in *Perinatal Development : A Psychological Perspective,* New York, Academic Press, Inc., p. 397-419.

23. Pour un article de synthèse sur les données neurophysiologiques relatives à cette question, voir L. Brothers, « Neurophysiology

of social interactions », *in* M. Gazzaniga (ed.), *The Cognitive Neurosciences* (à paraître).

24. P. Goldman-Rakic, « Circuitry of primate prefrontal cortex and regulation of behavior by representational memory », *in* F. Plum et V. Mountcastle (eds), *Handbook of Physiology : The Nervous System*, vol. 5, Bethesda, MD, American Physiological Society, 1987, p. 373-417. J. M. Fuster, *The Prefrontal Cortex : Anatomy, Physiology, and Neuropsychology of the Frontal Lobe* (2e éd.), New York, Raven Press, 1989.

25. M. J. Raleigh et G. L. Brammer, « Individual differences in serotonin-2 receptors and social behavior in monkeys », *Society for Neuroscience Abstracts*, nº 19, 1993, p. 592.

CHAPITRE V : L'ÉLABORATION D'UNE EXPLICATION

1. E. G. Jones et T. P. S. Powell, « An anatomical study of converging pathways within the cerebral cortex of the monkey », *Brain*, nº 93, 1970, p. 793-820. Les travaux des neuro-anatomistes D. Pandya, K. Rockland, G. W. Van Hoesen, P. Goldman-Rakic et D. Van Essen ont de nombreuses fois confirmé ces modes de connexion et élucidé leur nature complexe.

2. D. C. Dennett, *La Conscience expliquée*, trad. P. Engel, Paris, Éd. Odile Jacob, 1993.

3. A. R. Damasio, « The brain binds entities and events by multiregional activation from convergence zones », *Neural Computation*, nº 1, 1989, p. 123-132 ; « Time-locked multiregional retroactivation : A systems level proposal for the neural substrates of recall and recognition », *Cognition*, nº 33, 1989, p. 25-62. A. R. Damasio et H. Damasio, « Cortical systems underlying knowledge retrieval : Evidence from human lesion studies », in *Exploring Brain Functions : Models in Neuroscience*, New York, Wiley & Sons, p. 233-248 ; « Cortical systems for retrieval of concrete knowledge : The convergence zone framework », *in* C. Koch (ed.), *Large-Scale Neuronal Theories of the Brain*, Cambridge, MA, MIT Press, 1994.

4. Parmi d'autres références, voir C. von der Malsburg, « Synaptic plasticity as basis of brain organization », *in* J.-P. Changeux et M. Konishi (eds), *The Neural and Molecular Bases of Learning* (Dahlem Workshop Report 38), Chichester, England, Wiley, 1987, p. 411-431. G. Edelman, *Neural Darwinism : The Theory of Neuronal Group Selection*, New York, Basic Books, 1987. R. Llinas, « Coherent 40-Hz oscillation characterizes dream state in humans », *Proceedings of the National Academy of Sciences*, nº 90, 1993, p. 2078-2081. F. H. Crick et C. Koch, « Towards a neurobiological theory of consciousness », *Seminars in the Neurosciences*, nº 2, 1990, p. 263-275. W. Singer, A. Artola, A. K. Engel, P. Koenig, A. K. Kreiter, S. Lowel et T. B. Schillen, « Neuronal representations and temporal codes », *in*

T. A. Poggio et D. A. Glaser (eds), *Exploring Brain Functions : Models in Neuroscience,* Chichester, England, Wiley, 1993, p. 179-194. R. Eckhorn, R. Bauer, W. Jordan, M. Brosch, W. Kruse, M. Munk et H. J. Reitboeck, « Coherent oscillations : A mechanism for feature linking in the visual cortex », *Biologica Cybernetica,* n° 60, 1988, p. 121-130. S. Zeki, *A Vision of the Brain,* Londres, Blackwell Scientific, 1993. S. Bressler, R. Coppola et R. Nakamura, « Episodic multiregional cortical coherence at multiple frequencies during visual task performance », *Nature,* n° 366, 1993, p. 153-156.

5. Voir la discussion dans le chapitre IV de ce livre, et voir M. I. Posner et S. E. Petersen, « The attention system of the human brain », *Annual Review of Neuroscience,* n° 13, 1990, p. 25-42. P. S. Goldman-Rakic, « Circuitry of primate prefrontal cortex and regulation of behavior by representational memory », *in* F. Plum et V. Mountcastle (eds), *Handbook of Physiology : The Nervous System,* vol. 5, Bethesda, MD, American Physiological Society, 1987, p. 373-417. J. M. Fuster, *The Prefrontal Cortex : Anatomy, Physiology, and Neuropsychology of the Frontal Lobe* (2e éd.), New York, Raven Press, 1989.

6. Pour des études de neuro-anatomie, de neuropsychologie et de psychophysique sur la vision, voir J. Allman, F. Miezin et E. McGuiness, « Stimulus specific responses from beyond the classical receptive field : Neuropsychological mechanisms for local-global comparisons in visual neurons », *Annual Reviews of Neuroscience,* n° 8, 1985, p. 407-430. W. Singer, C. Gray, A. Engel, P. Koenig, A. Artola et S. Brocher, « Formation of cortical cell assemblies », *Symposia on Quantitative Biology,* n° 55, 1990, p. 939-952. G. Tononi, O. Sporns et G. Edelman, « Reentry and the problem of integrating multiple cortical areas : Simulation of dynamic integration in the visual system », *Cerebral Cortex,* n° 2, 1992, p. 310-335. S. Zeki, « The visual image in mind and brain », *Scientific American,* n° 267, 1992, p. 68-76. – Pour des études sur les perceptions auditives et somatosensorielles, voir R. Adolphs, « Bilateral inhibition generates neuronal responses tuned to interaural level differences in the auditory brainstem of the barn owl », *The Journal of Neuroscience,* n° 13, 1993, p. 3647-3668. M. Konishi, T. Takahashi, H. Wagner, W. E. Sullivan et C. E. Carr, « Neurophysiological and anatomical substrates of sound localization in the owl », *in* G. Edelman, W. Gall et W. Cowan (eds), *Auditory Function,* New York, John Wiley & Sons, 1988, p. 721-746. M. M. Merzenich et J. H. Kaas, « Principles of organization of sensory-perceptual systems in mammals, *in* J. M. Sprague et A. N. Epstein (eds), *Progress in Psychobiology and Physiological Psychology,* New York, Academic Press, 1980, p. 1-42. – Pour des études sur la plasticité corticale, voir C. D. Gilbert, J. A. Hirsch et T. N. Wiesel, « Lateral interactions in visual cortex », in *Symposia on Quantitative Biology,*

vol. 55, Codl Spring Harbor, New York, Laboratory Press, 1990, p. 663-677. M. M. Merzenich, J. H. Kaas, J. Wall, R. J. Nelson, M. Sur et D. Felleman, « Topographic reorganization of somatosensory cortical areas 3B and 1 in adult monkeys following restructured deafferentation », *Neuroscience,* n° 8, 1983, p. 33-55. V. S. Ramachandran, « Behavioral and magnetoencephalographic correlates of plasticity in the adult human brain », *Proceedings of the National Academy of Science,* n° 90, 1993, p. 10413-10420.

7. F. C. Barlett, *Remembering : A Study in Experimental and Social Psychology,* Cambridge, England, Cambridge University Press, 1964.

8. S. M. Kosslyn, N. M. Alpert, W. L. Thompson, V. Maljkovic, S. B. Weise, C. F. Chabris, S. E. Hamilton, S. L. Rauch et F. S. Buonanno, « Visual mental imagery activates topographically organized visual cortex : PET investigations », *Journal of Cognitive Neuroscience,* n° 5, 1993, p. 263-287. H. Damasio, T. J. Grabowski, A. Damasio, D. Tranel, L. Boles-Ponto, G. L. Watkins et R. D. Hichwa, « Visual recall with eyes closed and covered activates early visual cortices », *Society for Neuroscience Abstracts,* n° 19, 1993, p. 1603.

9. On commence à comprendre les mécanismes neuraux à la base des reconstitutions d'images. Voir G. W. Van Hoesen, « The parahippocampal gyrus : New observations regarding its cortical connections in the monkey », *Trends in Neurosciences,* n° 5, 1982, p. 345-350. M. S. Livingstone et D. H. Hubel, « Anatomy and physiology of a color system in the primate visual cortex », *The Journal of Neuroscience,* n° 4, 1984, p. 309-356. D. H. Hubel et M. S. Livingstone, « Segregation of form, color, and stereopsis in primate area 18 », *The Journal of Neuroscience,* n° 7, 1987, p. 3378-3415. M. S. Livingstone et D. H. Hubel, « Connections between layer 4B of area 17 and thick cytochrome oxidase stripes of area 18 in the squirrel monkey », *The Journal of Neuroscience,* n° 7, 1987, p. 3371-3377. K. S. Rockland et A. Virga, « Terminal arbors of individual "feedback" axons projecting from area V2 to V1 in the macaque monkey : A study using immunohistochemistry of anterogradely transported *Phaseolus vulgaris* leucoagglutinin », *Journal of Comparative Neurology,* n° 285, 1989, p. 54-72. D. J. Felleman et D. C. Van Essen, « Distributed hierarchical processing in the primate cerebral cortex », *Cerebral Cortex,* n° 1, 1991, p. 1-47.

10. R. B. H. Tootell, E. Switkes, M. S. Silverman et S. L. Hamilton, « Functional anatomy of macaque striate cortex. II. Retinotopic organization », *The Journal of Neuroscience,* n° 8, 1988, p. 1531-1568.

11. M. M. Merzenich, voir note 3.

12. Il est impossible de citer toute la littérature sur l'apprentissage et la plasticité. Le lecteur pourra se référer aux chapitres qui s'y rapportent dans E. Kandel, J. Schwartz et T. Jessel, *Principles of Neuroscience,* Amsterdam, Elsevier, 1991. P. S. Churchland et T. J. Sejnowski,

The Computational Brain : Models and Methods on the Frontiers of Computational Neuroscience, Cambridge, MA, MIT Press/Bradford Books, 1992.

13. L'importance des images n'a été reconnue que récemment, dans le cadre de la révolution de la psychologie cognitive qui a suivi la longue nuit du behaviorisme et l'accent qu'il mettait sur le couple stimulus-réponse. Nous devons cette révolution en grande partie aux travaux de Roger Shepard et Stephen Kosslyn. Voir R. N. Shepard et L. A. Cooper, *Mental Images and Their Transformations,* Cambridge, MA, MIT Press, 1982. S. M. Kosslyn, *Image and Mind,* Cambridge, MA, Harvard University Press, 1980. – Pour une synthèse historique, voir aussi Howard Gardner, *The Mind's New Science*, New York, Basic Books, 1985.

14. B. Mandelbrot, communication personnelle.

15. A. Einstein, cité dans J. Hadamard, *The Psychology of Inventions in the Mathematical Field*, Princeton (NJ), Princeton University Press, 1945.

16. Les références importantes sur ce sujet sont les suivantes : D. H. Hubel et T. N. Wiesel, « Binocular interaction in striate cortex of kittens reared with artificial squint », *Journal of Neuropsychology,* n° 28, 1965, p. 1041-1059. D. H. Hubel, T. N. Wiesel et S. LeVay, « Plasticity of ocular dominance columns in monkey striate cortex », *Philosophical Transactions of the Research Society of London,* série B, n° 278, 1977, p. 377-409. L. C. Katz et M. Constantine-Paton, « Relationship between segregated afferents and post-synaptic neurons in the optic tectum of three-eyed frogs », *The Journal of Neuroscience,* n° 8, 1988, p. 3160-3180. G. Edelman, *Topobiology,* New York, Basic Books, 1988. M. Constantine-Paton, H. T. Cline et E. Debski, « Patterned activity, synaptic convergence, and the NMDA receptor in developing visual pathways », *Annual Review of Neuroscience,* n° 13, 1990, p. 129-154. C. Shatz, « The developing brain », *Scientific American,* n° 267, 1992, p. 61-67.

17. Pour une approche globale pertinente sur cette question voir R. C. Lewontin, *Biology as Ideology,* New York, Harper Perennial, 1992. Stuart A. Kauffman, *The Origins of Order. Self-Organization and Selection in Evolution,* New York, Oxford University Press, 1993.

18. Les remodelages importants et rapides des circuits qui semblent se produire s'appuient sur l'abondance des synapses à laquelle j'ai fait allusion précédemment, ainsi que sur la grande diversité des neurotransmetteurs et des récepteurs disponibles à chaque synapse. La description des processus qui sont à la base de la plasticité sort du cadre de ce livre, mais les explications avancées ici sont compatibles avec l'hypothèse selon laquelle ils dépendent de la sélection de circuits au niveau synaptique. L'application de la notion de sélection a été pour la première fois proposée par Niels Jerne et J. Z. Young, et utilisée par

Jean-Pierre Changeux. Gerald Edelman l'a largement mise en avant dans une théorie globale du cerveau et du fonctionnement mental.

CHAPITRE VI : LA RÉGULATION BIOLOGIQUE ET LA SURVIE

1. C. B. Pert, M. R. Ruff, R. J. Weber et M. Herkenham, « Neuropeptides and their receptors : A psychosomatic network », *The Journal of Immunology,* n° 135, 1985, p. 820-826. F. Bloom, « Neuropeptides and other mediators in the central nervous system », *The Journal of Immunology,* n° 135, 1985, p. 743-745. J. Roth, D. LeRoith, E. S. Collier, N. R. Weaver, A. Watkinson, C. F. Cleland et S. M. Glick, « Evolutionary origins of neuropeptides, hormones, and receptors : Possible applications to immunology », *The Journal of Immunology,* n° 135, 1985, p. 816-819. B. S. McEwen, « Non-genomic and genomic effects of steroids on neural activity », *Trends in Pharmacological Sciences,* n° 12 (4), 1991, p. 141-147. A. Herzog, « Temporal lobe epilepsy : An extrahypothalamic pathogenesis for polycystic ovarian syndrome ? », *Neurology,* n° 34, 1984, p. 1389-1393.

2. J. Hosoi, G. F. Murphy et C. L. Egan, « Regulation of Langerhans cell function by nerves containing calcitonin gene-related peptide », *Nature,* n° 363, 1993, p. 159-163.

3. J. R. Calabrese, M. A. Kling et P. Gold, « Alterations in immunocompetence during stress, bereavement and depression : Focus on neuroendocrine regulation », *American Journal of Psychiatry,* n° 144, 1987, p. 1123-1134.

4. E. Marder (ed.), « Neuromodulation in circuits underlying behavior », *Seminars in the Neurosciences,* n° 1, 1989, p. 3-4. C. B. Saper, « Diffuse cortical projection systems : anatomical organization and role in cortical function », *in* V. B. Mountcastle (ed.), *Handbook of Physiology,* Bethesda, Maryland, American Physiological Society, 1987, p. 169-210.

5. C. S. Carter, « Oxytocin and sexual behavior », *Neuroscience Biobehavioral Review,* n° 16, 1992, p. 131. T. R. Insel, « Oxytocin, a neuropeptide for affiliation : Evidence from behavioral, receptor autoradiographic, and comparative studies », *Psychoneuroendocrinology,* n° 17, 1992, p. 3.

6. R. Descartes, « Les Passions de l'âme », dans *Œuvres et lettres,* Paris, Gallimard, « Bibliothèque de la Pléiade », 1983.

7. S. Freud, *Malaise dans la civilisation*, trad. Ch. et J. Odier, Paris, PUF, 1971.

CHAPITRE VII : LES ÉMOTIONS ET LEUR PERCEPTION

1. J. M. Allman, T. McLaughlin et A. Hakeem, « Brain weight and life-span in primate species », *Proceedings of the National Academy of Science,* n° 90, 1993, p. 118-122.

2. J. M. Allman, T. McLaughlin et A. Hakeem, « Brain structures and life-span in primate species », *Proceedings of the National Academy of Science*, n° 90, 1993, p. 3559-3563.

3. W. James, *The Principles of Psychology*, vol. 2 (1890), New York, Dover, 1950.

4. En guise d'introduction à la vaste littérature scientifique sur ce sujet, je recommande les références suivantes : P. Ekman, « Facial expressions of emotion : New findings, new questions », *Psychological Science*, n° 3, 1992, p. 34-38. R. S. Lazarus, « On the primacy of cognition », *American Psychologist*, n° 39, 1984, p. 124-129. G. Mandler, *Mind and Body : Psychology of Emotion and Stress*, New York, W. W. Norton & Co, 1984. R. B. Zajonc, « On the primacy of affect », *American Psychologist*, n° 39, 1984, p. 117-123.

5. M. H. Bagshawn, D. P. Kimble et K. H. Pribram, « The GSR of monkeys during orienting and habituation and after ablation of the amygdala, hippocampus and inferotemporal cortex », *Neuropsychologia*, n° 3, 1965, p. 111-119. L. Weiskrantz, « Behavioral changes associated with ablations of the amygdaloid complex in monkeys », *Journal of Comparative and Physiological Psychology*, n° 49, 1956, p. 381-391. J. P. Aggleton et R. E. Passingham, « Syndrome produced by lesions of the amygdala in monkeys *(Macaca mulatta)* », *Journal of Comparative and Physiological Psychology*, n° 95, 1981, p. 961-977. J. E. LeDoux, « Emotion and the amygdala », *in* J. P. Aggleton (ed.), *The Amygdala : Neurobiological Aspects of Emotion, Memory, and Mental Dysfunction*, New York, Wiley-Liss, 1992, p. 339-351.

6. M. Davis, « The role of the amygdala in conditioned fear », *in* J. P. Aggleton (ed.), *The Amygdala : Neurobiological Aspects of Emotion, Memory, and Mental Dysfunction*, New York, Wiley-Liss, 1992, p. 255-305. S. Zola-Morgan, L. R. Squire, P. Alvarez-Royo et R. P. Clower, « Independence of memory functions and emotional behavior : Separate contributions of the hippocampal formation and the amygdala », *Hippocampus*, n° 1, 1991, p. 207-220.

7. P. Gloor, A. Olivier et L. F. Quesney, « The role of the amygdala in the expression of psychic phenomena in temporal lobe seizures », *in* Y. Ben-Air (ed.), *The Amygdaloid Complex* (INSERM Symposium 20), Amsterdam, Elsevier North-Holland, 1981, p. 489-498. W. Penfield et W. Jasper, *Epilepsy and the Functional Anatomy of the Human Brain*, Boston, Little, Brown, 1954.

8. H. Kluver et P. C. Bucy, « "Psychic blindness" and other symptoms following bilateral temporal lobe lobectomy in rhesus monkeys », *American Journal of Physiology*, n° 119, 1937, p. 352-353.

9. D. Laplane, J. D. Degos, M. Baulac et F. Gray, « Bilateral infarction of the anterior cingulate gyri and of the fornices », *Journal of the Neurological Sciences*, n° 51, 1981, p. 289-300. A. R. Damasio et G. W. Van Hoesen, « Emotional disturbances associated with focal

lesions of the limbic frontal lobe », *in* K. M. Heilman et P. Satz (eds), *Neuropsychology of Human Emotion,* New York, The Guilford Press, 1983.

10. R. W. Sperry, M. S. Gazzaniga et J. E. Bogen, « Interhemispheric relationships : The neocortical commissures ; syndromes of their disconnection », *in* P. J. Vinken et G. W. Bruyn (eds), *Handbook of Clinical Neurology,* vol. 4, Amsterdam, North Holland, 1969, p. 273-290. R. Sperry, E. Zaidel et D. Zaidel, « Self recognition and social awareness in the deconnected minor hemisphere », *Neuropsychologia,* n° 17, 1979, p. 153-166.

11. G. Gainotti, « Emotional behavior and hemispheric side of the lesion », *Cortex,* n° 8, 1972, p. 41-55. H. Gardner, H. H. Brownell, W. Wapner et D. Michelow, « Missing the point : The role of the right hemisphere in the processing of complex linguistic materials », *in* E. Pericman (ed.), *Cognitive Processes and the Right Hemisphere,* New York, Academic Press, 1983. K. Heilman, R. T. Watson et D. Bowers, « Affective disorders associated with hemispheric disease », *in* K. Heilman et P. Satz (eds), *Neuropsychology of Human Emotion,* New York, The Guilford Press, 1983, p. 45-64. J. C. Borod, « Interhemispheric and intrahemispheric control of emotion : A focus on unilateral brain damage », *Journal of Consulting and Clinical Psychology,* n° 60, 1992, p. 339-348. R. Davidson, « Prolegomenon to emotion : Gleanings from Neuropsychology », *Cognition and Emotion,* n° 6, 1992, p. 245-268.

12. C. Darwin, *The Expression of the Emotions in Man and Animals,* New York, Philosophical Library, 1872.

13. G.-B. Duchenne, *Mécanisme de la physionomie humaine ou Analyse électro-physiologique de l'expression des passions*, Paris, V ; zve Jules Renouard, 1862, p. 55-64.

14. P. Ekman, « Facial expressions of emotion : New findings, new questions », *Psychological Science,* n° 3, 1992, p. 34-38. P. Ekman et R. J. Davidson, « Voluntary smiling changes regional brain activity », *Psychological Science,* n° 4, 1993, p. 342-345. P. Ekman, R. W. Levenson et W. V. Friesen, « Autonomic nervous system activity distinguishes among emotions », *Science,* n° 221, 1983, p. 1208-1210.

15. P. Ekman et R. J. Davidson, « Voluntary smiling changes regional brain activity », *Psychological Science,* n° 4, 1993, p. 342-345.

16. Tandis que les émotions primaires comportent une large composante biologique, la façon dont nous nous représentons les émotions secondaires sur le plan conceptuel dépend de la culture (pour des données sur la façon dont la culture détermine des variations dans le système de classement des émotions, voir James A. Russell, « Culture and the categorization of emotions », *Psychological Bulletin,* n° 110, 1991, p. 426-450).

17. O. Sacks, *L'homme qui prenait sa femme pour un chapeau*, trad. E. de la Héronnière, Paris, Éd. du Seuil, 1988.

18. On peut de nouveau se référer à l'ouvrage de William Styron pour avoir une description perspicace de ce mode de fonctionnement mental. On peut aussi trouver des données venant à l'appui du tableau que je suis en train de dresser dans des études portant sur le mode de pensée des écrivains. N. J. Andreasen et P. S. Powers, « Creativity and psychosis : An examination of conceptual style », *Archives of General Psychiatry*, n° 32, 1974, p. 70-73.

CHAPITRE VIII : L'HYPOTHÈSE DES MARQUEURS SOMATIQUES

1. Blaise Pascal, *Pensées* (1670). La source utilisée pour le présent livre est une édition publiée à Paris par Mercure de France en 1976. Le passage cité apparaît dans la subdivision n° 80. La phrase citée page 257 apparaît dans la subdivision n° 680.

2. Philip N. Johnson-Laird et Eldar Shafir, « The interaction between reasoning and decision-making : an introduction », *Cognition*, n° 49, 1993, p. 109.

3. H. Gardner, *Frames of Mind : The Theory of Multiple Intelligences*, New York, Basic Books, 1983.

4. A. Tversky et D. Kahneman, « Availability : A heuristic for judging frequency and probability », *Cognitive Psychology*, n° 2, 1973, p. 207-232.

5. S. Sutherland, *Irrationality : The Enemy Within*, Londres, Constable, 1992.

6. L. Cosmides, « The logic of social exchange : Has natural selection shaped how humans reason ? Studies with the Wason selection task », *Cognition*, n° 33, 1989, p. 187-276. Jerome H. Barkow, Leda Cosmides et John Tooby (eds), *The Adapted Mind : Evolutionary Psychology and the Generation of Culture*, New York, Oxford University Press, 1992. L. Brothers, chap. IV, n. 23 et Suomi, chap. IV, n. 22.

7. Sur l'anatomie du lobe frontal, voir F. Sanides, « The cytomyeloarchitecture of the human frontal lobe and its relation to phylogenetic differentiation of the cerebral cortex », *Journal für Hirnforschung*, n° 6, 1964, p. 269-282. P. Goldman-Rakic, « Circuitry of primate prefrontal cortex and regulation of behavior by representational memory », *in* F. Plum et V. Mountcastle (eds), *Handbook of Physiology : The Nervous System*, vol. 5, Bethesda, MD, American Physiological Society, 1987, p. 373-401. D. Pandya et E. H. Yeterian, « Prefrontal cortex in relation to other cortical areas in rhesus monkey : architecture and connections », *in* H. B. M. Uylings (ed.), *The Prefrontal Cortex : Its Structure, Function and Pathology*, Amsterdam, Elsevier, 1990, p. 63-94. H. Barbas et D. N. Pandya, « Architecture and intrinsic connections of the prefrontal cortex in the rhesus

monkey », *The Journal of Comparative Neurology,* n° 286, 1989, p. 353-375.

8. M. Petrides et B. Milner, « Deficits on subject-ordered tasks after frontal and temporal lobe lesions in man », *Neuropsychologia,* n° 20, 1982, p. 249-262. J. M. Fuster, *The Prefrontal Cortex : Anatomy, Physiology, and Neuropsychology of the Frontal Lobe* (2e éd.), New York, Raven Press, 1989. P. Goldman-Rakic, « Working memory and the mind », *Scientific American,* n° 267, 1992, p. 110-117.

9. R. J. Morecraft et G. W. Van Hoesen, « Frontal granular cortex input to the cingulate (M_3), supplementary (M_2), and primary (M_1) motor cortices in the rhesus monkey », *Journal of Comparative Neurology,* n° 337, 1993, p. 669-689.

10. L. A. Real, « Animal choice behavior and the evolution of cognitive architecture », *Science,* n° 253, 1991, p. 980-986.

11. P. R. Montague, P. Dayan et T. J. Sejnowski, « Foraging in an uncertain world using predictive hebbian learning », *Society for Neuroscience,* n° 19, 1993, p. 1609.

12. H. Poincaré, « L'invention mathématique », dans *Science et Méthode*, Paris, Flammarion, 1908, p. 49-50.

13. L. Szilard *in* W. Lanouette, *Genius in the Shadows,* New York, Charles Scribner's Sons, 1992.

14. J. Salk, *The Anatomy of Reality,* New York, Praeger, 1985.

15. T. Shallice et P. W. Burgess, « Supervisory control of action and thought selection », *in* A. Baddeley et L. Weiskrantz (eds), *Attention : Selection, Awareness, and Control : A Tribute to Donald Broadbent,* Oxford, Clarendon Press, 1993, p. 171-187.

16. Voir note 4.

17. Voir note 5.

18. G. Harrer et H. Harrer, « Music, emotion and autonomic function », *in* M. Critchley et R. A. Henson (eds), *Music and the Brain,* Londres, William Heinemann Medical, 1977, p. 202-215.

19. S. Dehaene et J.-P. Changeux, « The Wisconsin Card Sorting Test : Theoretical analysis and modeling in a neuronal network », *Cerebral Cortex,* n° 1, 1991, p. 62-79.

20. Voir Posner et Petersen, chap. IV, n. 17.

21. Voir Goldman-Rakic, *Working Memory and the Mind*, chap. 8, n. 7.

22. K. S. Lashley, « The problem of serial order in behavior », *in* L. A. Jeffress (ed.), *Cerebral Mechanism in Behavior,* New York, John Wiley & Sons, 1951.

23. C. D. Salzman et W. T. Newsome, « Neural mechanisms for forming a perceptual decision », *Science,* n° 264, 1994, p. 231-237.

24. B. Pascal, *Pensées*. Voir note 1.

25. J. St. B. T. Evans, D. E. Over et K. I. Manktelow, « Reasoning, decision-making and rationality », *Cognition,* n° 49, 1993, p. 165-187.

R. De Sousa, *The Rationality of Emotion,* Cambridge, MA, MIT Press, 1993. P. N. Johnson-Laird et K. Oatley, « Basic emotions, rationality, and folk theory », *Cognition and Emotion,* n° 6, 1992, p. 201-223.

CHAPITRE IX : LA MISE À L'ÉPREUVE DE L'HYPOTHÈSE DES MARQUEURS SOMATIQUES

1. A. R. Damasio, D. Tranel et H. Damasio, « Somatic markers and the guidance of behavior : Theory and preliminary testing », *in* H. S. Levin, H. M. Eisenberg et A. L. Benton (eds), *Frontal Lobe Function and Dysfunction,* New York, Oxford University Press, 1991, p. 217-229. Il est intéressant de remarquer que des individus atteints de pychopathie du développement et des individus ayant subi des condamnations pénales, se comportent de façon tout à fait semblable lorsqu'on les soumet à des expériences très similaires. Voir R. D. Hare et J. M. Quinn, « Psychopathy and autonomic conditioning », *Journal of Abnormal Psychology,* n° 77, 1971, p. 223-235.

2. A. Bechara, A. R. Damasio, H. Damasio et S. Anderson, « Insentivity to future consequences following damage to human prefrontal cortex », *Cognition,* n° 50, 1994, p. 7-12.

3. C. M. Steele et R. A. Josephs, « Alcohol myopia », *American Psychologist,* n° 45, 1990, p. 921-933.

4. A. Bechara, D. Tranel, H. Damasio et A. R. Damasio, « Failure to respond autonomically in anticipation of future outcomes following damage to human prefrontal cortex », *Society for Neuroscience,* n° 19, 1993, p. 791.

CHAPITRE X : LE CORPS DANS LE FONCTIONNEMENT MENTAL DU CERVEAU

1. G. Lakoff, *Women, Fire, and Dangerous Things : What Categories Reveal About the Mind,* Chicago, University of Chicago Press, 1987. M. Johnson, *The Body in the Mind : The Bodily Basis of Meaning, Imagination, and Reason,* Chicago, University of Chicago Press, 1987.

2. G. W. Hohmann, « Some effects of spinal cord lesions on experienced emotional feelings », *Psychophysiology,* n° 3, 1966, p. 143-156.

3. H. Putman, *Reason, Truth, and History,* Cambridge, England, Cambridge University Press, 1981.

4. Pour des articles sur les aspects viscéraux de la représentation somatosensorielle, voir M. M. Mesulam et E. J. Mufson, « The insula of Reil in man and monkey », dans A. Peters et E. G. Jones (éd.), *Cerebral Cortex,* vol. 5. New York, Plenum Press, 1985, p. 179-226. Voir aussi J. R. Jennings, « Is it important that the mind is in the body ? Inhibition and the heart », *Psychophysiology,* n° 29, p. 369-383. Voir aussi S. M. Oppenheimer, A. Gelb, J. P. Girvin et V. C. Hachinski,

« Cardiovascular effects of human insular cortex stimulation », *Neurology*, n° 42, 1992, p. 1727-1732.

5. N. Humphrey, *A History of the Mind,* New York, Simon & Schuster, 1992.

6. Voir note 1 et F. Varela, E. Thompson et E. Rosh, *The Embodied Mind,* Cambridge, MA, MIT Press, 1992. G. Edelman, *Biologie de la conscience* (trad. A. Gerschesfeld), Paris, Éd. Odile Jacob, 1992.

7. J. Searle, *The Rediscovery of the Mind,* Cambridge, MA, MIT Press, 1992. P. S. Churchland, *Neurophilosophy : Toward a Unified Science of the Mind-Brain,* Cambridge, MA, Bradford Books/MIT Press, 1986. P. M. Churchland, *Matter and Consciousness,* Cambridge, MA, Bradford Books/MIT Press, 1984. F. Crick, *L'Hypothèse stupéfiante : À la recherche scientifique de l'âme,* trad. H. Prouteau, Éd. Plon, 1995. D. C. Dennett, *La Conscience expliquée,* trad. P. Engel, Paris, Éd. Odile Jacob, 1993. G. Edelman, voir note 6. R. Llinás, « Commentary of dreaming and wakefulness », *Neuroscience,* n° 44, 1991, p. 521-535.

8. F. Plum et J. Posner, *The Diagnosis of Stupor and Coma* (Contemporary Neurology Series, 3e éd.), Philadelphie, F. A. Davis, 1980.

9. J. Kagan, *Unstable Ideas : Temperament, Cognition, and Self,* Cambridge, MA, Harvard University Press, 1989.

CHAPITRE XI : LA PASSION FONDANT LA RAISON

1. G. S. Stent, *The Coming of the Golden Age : A View of the End of Progress,* New York, Doubleday, 1969.

2. On trouvera une riche description de cet état des choses dans Robert Hughes, *The Culture of Complaint*, New York, Oxford University Press, 1992.

3. R. Descartes, *Discours de la méthode,* Paris, Le Livre de Poche, 1970, p. 128.

4. *Ibid.*

5. R. Cottingham, *A Descartes Dictionary,* Oxford, Blackwell, 1992, p. 36. Plato, *Phaedo, The Collected Dialogues of Plato,* 1971, E. Hamilton et H. Cairns (eds), Bollingen Series, Pantheon Books, p. 47-53.

6. *Ibid.*, p. 129.

POST-SCRIPTUM

1. W. Faulkner, « Discours de réception du Prix Nobel ». Le contexte exact dans lequel Faulkner a prononcé ces mots était représenté par la montée de la menace nucléaire, mais son message est valable pour toute époque.

2. P. Eluard, « Liberté », *in* G. Pompidou (éd.), *Anthologie de la poésie française,* Paris, Hachette, 1961.

3. Les écrits de Jonas Salk et ceux de Richard Lewontin (chap. V, n. 17) que ces mots évoquent sont pleins de cet optimisme et de ce

volontarisme qui sont indispensables à la mise en œuvre d'une biologie humaniste et globale.

4. Voir chap. XI, n. 2.

5. David Ingvar a également utilisé le terme de « souvenirs du futur », précisément dans le même sens.

6. Howard Fields, *Pain*, New York, McGraw-Hill Book Co, 1987 ; B. Davis, *Behavioral Aspects of Complex Analgesia* (à paraître).

7. Depuis l'époque de Lima, on a mis au point de nouvelles interventions chirurgicales moins mutilantes. Bien que la leucotomie préfrontale ne fût pas aussi agressive que les autres techniques dites « psychochirurgicales », et qu'elle eût vraiment un côté positif, dans la mesure où elle soulageait les douleurs intraitables, elle entraînait aussi des conséquences négatives : elle amoindrissait la capacité d'expression et de perception des émotions, ce dont on mesure seulement maintenant les effets à long terme.

Pour en savoir plus

Les références bibliographiques suivantes sont constituées par une brève liste de livres, dont les sujets se rapportent à ceux que j'ai discutés, et qui ne prétend évidemment pas à l'exhaustivité. Les titres sont groupés par sujet, mais il est évident que beaucoup d'entre eux pourraient se ranger dans plus d'une catégorie.

OUVRAGES CLASSIQUES

Darwin Charles, *The Expression of the Emotions in Man and Animals,* New York, New York Philosophical Library, 1872.

Geschwind N., *Selected Papers on Language and Brain,* Boston Studies in the Philosophy of Science, vol. XVI, The Netherlands, D. Reidel Publishing Company, 1974.

Hebb D. O., *The Organization of Behavior,* New York, Wiley, 1949.

James W., *The Principles of Psychology* (1890), vol. 1 et 2, New York, Dover Publications, 1950.

OUVRAGES SPÉCIALISÉS RÉCENTS

Churchland P. S. et Sejnowski T. J., *The Computational Brain : Models and Methods on the Frontiers of Computational Neuroscience,* Cambridge, MA, Bradford Books/MIT Press, 1992.

Damasio H. et Damasio A. R., *Lesion Analysis in Neuropsychology,* New York, Oxford University Press, 1989.

Damasio H., *Human Brain Anatomy in Computerized Images,* New York, Oxford University Press, 1994.

Kandel E. R., Schwartz J. H. et Jessel T. M. (eds), *Principles of Neural Science,* 3e éd., Norwalk, CT, Appleton and Lange, 1991.

ÉMOTION

De Sousa R., *The Rationality of Emotion,* Cambridge, MA, MIT Press, 1991.

Izard C. E., Kagan J. et Zajonc R. B., *Emotion, Cognition and Behavior,* New York, Cambridge University Press, 1984.

Kagan J., *Unstable Ideas : Temperament, Cognition, and Self,* Cambridge, MA, Harvard University Press, 1989.

Mandler G., *Mind and Body : Psychology of Emotion and Stress,* New York, W. W. Norton & Co, 1984.

PENSÉE ET RAISONNEMENT

Fuster Joaquim M., *The Prefrontal Cortex : Anatomy, Physiology, and Neuropsychology of the Frontal Lobe,* 2e éd., New York, Raven Press, 1989.

Gardner H., *Frames of Mind : The Theory of Multiple Intelligences,* New York, Basic Books, 1983.

Johnson-Laird P. N., *Mental Models,* Cambridge, MA, Harvard University Press, 1983.

Pribram K. H. et Luria A. R. (eds), *Psychophysiology of the Frontal Lobe,* New York, Academic Press, 1973.

Sutherland S., *Irrationality : The Enemy Within,* Londres, Constable, 1992.

DE LA PHILOSOPHIE DE L'ESPRIT AUX NEUROSCIENCES COGNITIVES

Churchland P. S., *Neurophilosophy : Toward a Unified Science of the Mind-Brain,* Cambridge, MA, Bradford Books/MIT Press, 1986.

Churchland P. M., *Matter and Consciousness,* Cambridge, MA, Bradford Books/MIT Press, 1984.

Churchland P. M., *The Engine of Reason, The Seat of the Soul : A Philosophical Journey into the Brain,* Cambridge, MIT Press, 1994.

Dennett D. C., *La Conscience expliquée*, trad. P. Engel, Paris, Éd. Odile Jacob, 1993.

Dudai Y., *The Neurobiology of Memory : Concepts, Findings, Trends,* New York, Oxford University Press, 1989.

Flanagan O., *Consciousness Reconsidered,* Cambridge, MA, MIT Press, 1992.

Gazzaniga M. S. et LeDoux J. E., *The Integrated Mind,* New York, Plenum Press, 1978.

Hinde R.A., « The Interdependence of the Behavioral Sciences », *Phil. Trans. of the Royal Society,* n° 329, Londres, 1990, p. 217-227.

Hubel D. H., *Eye, L'Œil, le cerveau et la vision,* coll. l'Univers des Sciences, Paris, Éd. Pour la Science, 1994.

Humphrey N., *A History of the Mind : Evolution and the Birth of Consciousness,* Norwalk, CT, Simon & Schuster, 1992.

Johnson M., *The Body in the Mind : The Bodily Basis of Meaning, Imagination, and Reason,* Chicago, University of Chicago Press, 1987.

Kosslyn S. M. et Koenig P., *Wet Mind : The New Cognitive Neuroscience,* New York, The Free Press, 1992.
Lakoff G., *Women, Fire, and Dangerous Things : What Categories Reveal About the Mind,* Chicago, University of Chicago Press, 1987.
Magnusson D., *Individual Development in an Interactional Perspective : A Longitudinal Study,* Hillsdale, NJ, Erlbaum Associates, 1988.
Miller J., *States of Mind,* New York, Pantheon Books, 1983.
Ornstein R., *The Nature of Human Consciousness,* San Francisco, W. H. Freeman, 1973.
Rose S., *La Mémoire*, trad. M. Blanc, Paris, Éd. du Seuil, 1994.
Rutter S. et Rutter M., *Developing Minds : Challenge and Continuity Across the Lifespan,* New York, Basic Books, 1993.
Searle J. R., *The Rediscovery of the Mind,* Cambridge, MA, Bradford Books/MIT Press, 1992.
Squire L. R., *Memory and Brain,* New York, Oxford University Press, 1987.
Zeki S., *A Vision of the Brain,* Cambridge, MA, Blackwell Scientific Publications, 1993.

BIOLOGIE GÉNÉRALE

Barkow J. H., Cosmides L. et Tooby J. (eds), *The Adapted Mind : Evolutionary Psychology and the Generation of Culture,* New York, Oxford University Press, 1992.
Bateson P., *The Development and Integration of Behavior : Essays in Honour of Robert Hinde,* New York, Cambridge University Press, 1991.
Edelman G., *Topobiology,* New York, Basic Books, 1988.
Finch C. E., *Longevity, Senescence, and the Genome,* Chicago, The University of Chicago Press, 1990.
Gould S. J., *The Individual in Darwin's World,* Edinburgh, Scotland, Edinburgh University Press, 1990.
Jacob, F., *Le Jeu des possibles*, Paris, Fayard, 1981.
Kauffman S. A., *The Origins of Order : Self-Organization and Selection in Evolution,* New York, Oxford University Press, 1993.
Lewontin R. C., *Biology as Ideology : The Doctrine of DNA,* New York, Harper Perennial, 1991.
Medawar P. B. et Medawar J. S., *Aristote to Zoos : A Philosophical Dictionary of Biology,* Cambridge, MA, Harvard University Press, 1983.
Purves D., *Body and Brain : A Trophic Theory of Neural Connections,* Cambridge, MA, Harvard University Press, 1988.
Salk J., *Survival of the Wiset,* New York, Harper Row, 1973.
Salk J., *The Anatomy of Reality,* New York, Praeger, 1985.
Stent G. S. (ed.), *Morality as a Biological Phenomenon,* Berkeley, University of California Press, 1978.

NEUROBIOLOGIE THÉORIQUE

Changeux J.-P., *L'Homme neuronal*, Paris, Fayard, 1983.
Crick F., *L'Hypothèse stupéfiante : À la recherche scientifique de l'âme*, trad. H. Prouteau, Paris, Plon, 1995.
Edelman G. M., *Biologie de la conscience,* trad. A. Gerschenfeld, Éd. Odile Jacob, 1992.
Koch C. et Davis J. L. (eds), *Large-Scale Neuronal Theories of the Brain,* Cambridge, Bradford Books/MIT Press, 1994.

OUVRAGES D'INTÉRÊT GÉNÉRAL

Blakemore C., *The Mind Machine,* New York, BBC Books, 1988.
Johnson G., *In the Palaces of Memory,* New York, Knopf, 1991.
Ornstein R. et Ehrlich P., *New World New Mind : Moving Toward Conscious Evolution,* Norwalk, CT, Simon and Schuster, 1989.
Restak R. M., *The Mind,* New York, Bantam Books, 1988.
Pour la Science, n° sp. n° 181, *Le Cerveau et la Pensée*, nov. 1992.

Remerciements

Pendant la préparation du manuscrit, j'ai eu la chance de pouvoir disposer de l'avis de plusieurs collègues qui ont lu le texte et proposé des suggestions. Il s'agissait de Ralph Adolphs, Ursula Bellugi, Patricia Churchland, Paul Churchland, Francis Crick, Victoria Fromkin, Edward Klima, Frederick Nahm, Charles Rockland, Kathleen Rockland, Daniel Tranel, Gary Van Hoesen, Jonathan Winson, Steven Anderson et Arthur Benton. J'ai énormément appris au cours des débats amicaux qu'ont souvent suscités leurs commentaires, surtout quand, comme c'était parfois le cas, aucun accord n'était possible. À tous, j'adresse mes remerciements pour le temps qu'ils m'ont consacré et le savoir et la sagesse qu'ils m'ont apportés, bien qu'il n'y ait pas de mots assez forts pour exprimer ma reconnaissance à Ralph, Dan, Mme Lundy, et Charles, à proportion de la patience avec laquelle ils ont lu différentes versions de plusieurs chapitres et m'ont aidé à les améliorer.

Les travaux sur lesquels je me suis appuyé pour écrire ce livre ont été poursuivis sur une période d'environ vingt-cinq ans, dont dix-sept passés à l'université de l'Iowa. Je suis reconnaissant à tous mes collègues du département de Neurologie, et surtout aux membres de la Division des neurosciences cognitives (Hanna Damasio, Daniel Tranel, Gary Van Hoesen, Arthur Benton, Kathleen Rockland, Matthew Rizzo, Thomas Grabowski, Steven Anderson, Ralph Adolphs, Antoine Bechara, Robert Jones, Joseph Barrash, Julie Fiez, Ekaterin Semendeferi, Ching-Chiang

Chu, Joan Brandt, et Mark Nawrot), pour tout ce qu'ils m'ont appris durant toutes ces années, et pour l'état d'esprit et la compétence dont ils ont fait preuve, ce qui a permis de créer un climat unique en son genre pour mener des recherches sur le cerveau et les phénomènes mentaux. Il me faut tout autant exprimer ma reconnaissance aux patients neurologiques qui ont été étudiés dans mon unité (et dont le nombre dépasse maintenant 1 800), dans la mesure où ils nous ont donné l'occasion d'essayer de comprendre leur problème.

J'aurais aimé pouvoir remercier John Harlow pour les documents qu'il nous a laissés sur Phineas Gage, et qui ont permis d'écrire les chapitres d'ouverture de ce livre. À la lumière de nos connaissances actuelles, ils permettent de faire un assez grand nombre de déductions et d'hypothèses intéressantes, mais ils n'ont pourtant pas été à la source de la description que j'ai donnée de M. Adams, ou du temps qu'il faisait le jour de l'accident, circonstances dont la relation doit tout à la pure licence littéraire.

Betty Redeker a préparé le manuscrit avec le soin, le professionnalisme et le sens de l'humour qui caractérisent son travail. John Spradling et Denise Krutzfeld m'ont aidé dans mes recherches bibliographiques avec leur compétence habituelle. Et je remercie Timothy Meyer pour son habile travail de remaniement littéraire du manuscrit.

Ce livre n'aurait pu être écrit sans la profonde influence et les avis compétents de deux amis, Michael Carlisle et Jane Isay, dont la fidélité et l'enthousiasme n'ont pas de prix. Et la version française n'aurait pu voir le jour sans l'enthousiasme et le soutien d'Odile Jacob et de son équipe, et sans la traduction fidèle et l'adaptation de Marcel Blanc. Les idées d'Hanna Damasio, les résultats de ses travaux, ses critiques, ses suggestions et son inspiration imprègnent totalement ce livre. Il m'est impossible d'essayer même de la remercier pour ses contributions.

Index

Table des matières

Dans la collection « Poches Odile Jacob »

N° 1 : Aldo Naouri, *Les Filles et leurs mères*
N° 2 : Boris Cyrulnik, *Les Nourritures affectives*
N° 3 : Jean-Didier Vincent, *La Chair et le Diable*
N° 4 : Jean François Deniau, *Le Bureau des secrets perdus*
N° 5 : Stephen Hawking, *Trous noirs et bébés univers*
N° 6 : Claude Hagège, *Le Souffle de la langue*
N° 7 : Claude Olievenstein, *Naissance de la vieillesse*
N° 8 : Édouard Zarifian, *Les Jardiniers de la folie*
N° 9 : Caroline Eliacheff, *À corps et à cris*
N° 10 : François Lelord, Christophe André, *Comment gérer les personnalités difficiles*
N° 11 : Jean-Pierre Changeux, Alain Connes, *Matière à pensée*
N° 12 : Yves Coppens, *Le Genou de Lucy*
N° 13 : Jacques Ruffié, *Le Sexe et la Mort*
N° 14 : François Roustang, *Comment faire rire un paranoïaque ?*
N° 15 : Jean-Claude Duplessy, Pierre Morel, *Gros Temps sur la planète*
N° 16 : François Jacob, *La Souris, la Mouche et l'Homme*
N° 17 : Marie-Frédérique Bacqué, *Le Deuil à vivre*
N° 18 : Gerald M. Edelman, *Biologie de la conscience*
N° 19 : Samuel P. Huntington, *Le Choc des civilisations*
N° 20 : Dan Kiley, *Le Syndrome de Peter Pan*
N° 21 : Willy Pasini, *À quoi sert le couple ?*
N° 22 : Françoise Héritier, Boris Cyrulnik, Aldo Naouri, *De l'inceste*
N° 23 : Tobie Nathan, *Psychanalyse païenne*
N° 24 : Raymond Aubrac, *Où la mémoire s'attarde*
N° 25 : Georges Charpak, Richard L. Garwin, *Feux follets et champignons nucléaires*
N° 26 : Henry de Lumley, *L'Homme premier*
N° 27 : Alain Ehrenberg, *La Fatigue d'être soi*
N° 28 : Jean-Pierre Changeux, Paul Ricœur, *Ce qui nous fait penser*
N° 29 : André Brahic, *Enfants du Soleil*
N° 30 : David Ruelle, *Hasard et Chaos*

N° 31 : Claude Olievenstein, *Le Non-dit des émotions*
N° 32 : Édouard Zarifian, *Des paradis plein la tête*
N° 33 : Michel Jouvet, *Le Sommeil et le Rêve*
N° 34 : Jean-Baptiste de Foucauld, Denis Piveteau, *Une société en quête de sens*
N° 35 : Jean-Marie Bourre, *La Diététique du cerveau*
N° 36 : François Lelord, *Les Contes d'un psychiatre ordinaire*
N° 37 : Alain Braconnier, *Le Sexe des émotions*
N° 38 : Temple Grandin, *Ma vie d'autiste*
N° 39 : Philippe Taquet, *L'Empreinte des Dinosaures*
N° 40 : Antonio Damasio, *L'Erreur de Descartes*
N° 41 : Édouard Zarifian, *La Force de guérir*

Imprimé en France sur Presse Offset par

BRODARD & TAUPIN

GROUPE CPI

La Flèche (Sarthe) - le 04-12-2000

N° d'impression : 5279
N° d'édition : 7381-0920-X
Dépôt légal : décembre 2000